新知
文库

136

XINZHI

The Universal Sense:
How Hearing Shapes the Mind

©2012 BY SETH S. HOROWITZ together with the following acknowledgement:
"This translation of THE UNIVERSAL SENSE: HOW HEARING SHAPES THE MIND By SETH
S. HOROWITZ AND SETH HOROWITZ is published by SDX JOINT PUBLISHING CO. LTD.
by arrangement with Bloomsbury Publishing Inc..
All rights reserved.

万有感官

听觉塑造心智

[美]塞思·霍罗威茨 著
蒋雨蒙 译 葛鉴桥 审校

生活·讀書·新知 三联书店

Simplified Chinese Copyright © 2020 by SDX Joint Publishing Company.
All Rights Reserved.

本作品简体中文版权由生活·读书·新知三联书店所有。
未经许可，不得翻印。

图书在版编目（CIP）数据

万有感官：听觉塑造心智／（美）塞思·霍罗威茨著；
蒋雨蒙译；葛鉴桥审校．—北京：生活·读书·新知三联书店，2020.10
(2022.3 重印)
（新知文库）
ISBN 978 - 7 - 108 - 07018 - 0

Ⅰ．①万… Ⅱ．①塞… ②蒋… ③葛… Ⅲ．①听觉－研究
Ⅳ．① B842.2

中国版本图书馆 CIP 数据核字（2020）第 268246 号

责任编辑	李　佳
装帧设计	陆智昌　刘　洋
责任印制	卢　岳
出版发行	生活·讀書·新知 三联书店
	（北京市东城区美术馆东街 22 号　100010）
网　　址	www.sdxjpc.com
图　　字	01-2018-7519
经　　销	新华书店
印　　刷	三河市天润建兴印务有限公司
版　　次	2020 年 10 月北京第 1 版
	2022 年 3 月北京第 2 次印刷
开　　本	635 毫米 × 965 毫米　1/16　印张 17.5
字　　数	204 千字
印　　数	6,001 - 8,000 册
定　　价	48.00 元

（印装查询：01064002715；邮购查询：01084010542）

新知文库

出版说明

在今天三联书店的前身——生活书店、读书出版社和新知书店的出版史上，介绍新知识和新观念的图书曾占有很大比重。熟悉三联的读者也都会记得，20世纪80年代后期，我们曾以"新知文库"的名义，出版过一批译介西方现代人文社会科学知识的图书。今年是生活·读书·新知三联书店恢复独立建制20周年，我们再次推出"新知文库"，正是为了接续这一传统。

近半个世纪以来，无论在自然科学方面，还是在人文社会科学方面，知识都在以前所未有的速度更新。涉及自然环境、社会文化等领域的新发现、新探索和新成果层出不穷，并以同样前所未有的深度和广度影响人类的社会和生活。了解这种知识成果的内容，思考其与我们生活的关系，固然是明了社会变迁趋势的必需，但更为重要的，乃是通过知识演进的背景和过程，领悟和体会隐藏其中的理性精神和科学规律。

"新知文库"拟选编一些介绍人文社会科学和自然科学新知识及其如何被发现和传播的图书，陆续出版。希望读者能在愉悦的阅读中获取新知，开阔视野，启迪思维，激发好奇心和想象力。

生活·讀書·新知三联书店
2006年3月

致

希娜·布卢（China Blue）和兰斯（Lance）

我在声音"犯罪"路上的同伙们

以及

阿诺德·霍罗威茨（Arnold Horowitz）

为午夜里的怪点子

目 录

前言与致谢　　1

导言　　1
第一章　最初是"轰隆"巨响　　6
第二章　空间与地点：公园漫步　　22
第三章　低端听众：鱼和青蛙　　42
第四章　高频俱乐部　　65
第五章　表象之下：时间、注意与情绪　　84
第六章　定义音乐　　120
第七章　难伺候的耳朵：声轨、笑声和广告歌　　148
第八章　用耳朵操纵大脑　　169
第九章　武器与怪诞　　198
第十章　声音的未来　　226
第十一章　所听即我　　249

前言与致谢

第一本书的写作是件非常困难的事，尤其是涉及那些让你满怀热情的内容。它需要你收集散落在数十年时光中的素材，其中包括数量庞大的在不同地方为了各种不同的事情和不同的人打交道的经历，他们有些还活着、有些则不然。把关于听觉的东西写成书又是更加困难的事情，因为人们感知声音的一大部分内心活动都隐藏于意识思维之下。乍一想这事好像挺容易，日常生活中我们注意到的声音很多都是词语。你能够直白地将听到的对话或者歌词依据语言规则变成文字。但是假如我们往文字和言语这个基本层的下面再多走一步，你就会发现文字其实只表达了语言的很小一部分——即便是在像英语这种非声调语言的平实言语中。如果我在纸上写下"什么？"给你看，你作为读者就能够明白我问了一个问题。可是你想象一下，假如我是冲着你把它喊出来（"什么！！！"），顷刻间这个声音的变化使得整个对话的情境都变了——可能是我因为你打断了我而非常生气或者不耐烦了；抑或是你刚刚告诉我一个很不好的消息，我要用这样的方式确认信息的真实性。另一种情况下，要是我沉默良久后轻声说了一句"……什么？"，那还有可能是你刚告诉我了一个特别坏的消息吗？仅仅通过改变一个简单词语的声音，你就可以洞见到说者和听者双方的情绪状态、注意状态和行为状态。诚然，你可以将一只猫酒足饭饱后的叫声描述为"噜"，可你怎么能解释清楚这个声音如何引发了主人内心的宁静感呢？又或是引发了一位爱猫却对猫毛严重过敏人士的郁闷心情？尝试解释这些反应需要涉及振幅调制、跨物种交流以及人和猫科动物大脑边缘系统的情绪功能。那如果是指甲在黑板上刮过的刺耳声音呢？直到1815年黑板工艺才被发明出来，但是为何我们对这样的行为早已经进化出了生理上的厌恶反应？

声音从产生到被你听见（或听不见），继而对你的思维、情绪、注意、记忆和心境产生影响的整个过程复杂到几乎难以描述。目前已经有好几百本优秀（和一些不那么优秀的）书籍，也只涵盖了这个复杂声音拼图的某些碎片。而所有声音的核心问题——生物体对声音的感知及其受声音的影响——在于数学问题，正是这个数学核心将物质、能量和心智之间最基本的相互作用联结在了一起。

我之所以决定撰写此书，是因为在痴迷于声音的三十余年里，我从你能想到的每一个角度都对声音进行了探索。从R&B音乐家到数码音频程序员，从海豚训练师到听觉神经科学家，从音乐制作人到声波品牌设计师，声音就这样占据着我的注意力和热情，让我尝试着从所有这些不同角度理解它，并试图把所有这些整合为一个主题：我们心智的进化、发展及其日常功能是如何被声音和听觉塑造的？

下面我说几句为什么这本书和你读过的其他声音相关书籍有所不同。最新的关于声音及其分支领域——比如言语、音乐和用科学方法设计出的噪音等——的工作是基于神经影像（neural imaging）的研究。这些研究产出了我们在网上和报纸上看到的那种活体人脑的漂亮图像，其中用到了诸如功能磁共振成像（fMRI）等技术来展示出大脑的哪些部位在人们听到、看到或者思考特定事物时是活跃的。这些研究主要关注在"脑皮层"，即人类和海豚、黑猩猩等大脑发达的哺乳类动物标志性的体积巨大的褶皱脑区域。因此，这些研究被称作"自上而下"的，也就是去观察你所感兴趣的行为活动的最终加工涉及哪些脑区。而我的背景和看法则是基于事物如何在外部世界产生并传进来的：从最初耳朵（偶尔是其他感受器）里的生理感觉经由脑干的最底端。也就是说，我的视角是"自下而上"的，我关注的是要素如何构成基础以及如何驱动大脑高级皮层和认知功能。这两种视角在科学研究中都很关键，但对我来说自下而上的方法会让你对这个经由你的感官所创造出来的世界（the *umwelt*）*有更加深切的理解。对我而言（我希望你读完此书之后也会这么想），在我们所处的这个不断变化的世界大背景中，这给了一个人的大脑更好去了解另一个人大脑深层加工方式的机会。

正如所有那些尝试用广博的视角讨论一个庞大主题的书一样，这当中许多精妙的细节都会在混搭中丢失。本书不会是一本关于听觉神经科学与知觉的教科书，但是我会尽量阐述我的奇思妙想，比如，为使你辨认出你母亲的声音，那些几十微米大小的细胞是如何接收皮伏特（1pV＝10^{-12}V）量级的电信号，并在一秒之内将分子通道进行数千次开合的。本书不会给出任何关于"音乐的生理基础"的终极答案，但它会告诉你为何人们在研究音乐这一基本人类行为的历程中经历诸多坎坷。同样，它也不会告诉你如何成为一名

---

* the *umwelt*，德语，来自 Jakob von Uexküll 和 Thomas A. Sebeok 的符号学理论，常译作"自我中心的世界"。Uexküll 的理论是生物有机体可以有不同的主观感知环境——*umwelt*，即便他们共享同一个客观环境。——译者注

获大奖的声学工程师，却可以让你明白，为何不该花钱买那些所谓可以使异性对你无法抗拒或把熊孩子从你家门口草坪上赶走的手机铃声。这本书或许没办法解释为什么有的电影制作人执意要在外太空战争中加入爆炸的声音（事实上那里听不到任何声音），但它会带领各位读者开始一段听觉旅行，去到地球以外的那些地方。希望当诸位年轻读者将来有机会亲临火星听到上面刮风的声音时，可要记得你们最先是在这本书里读到的哦。

我琢磨着写一本关于声音的书已经三十年了，即使再等上另一个三十年，我还是不可能变得对声音全知全能，更不用说这样的话我还会更严重地拖稿，这对我极富耐心的出版编辑本杰明·亚当斯（Benjamin Adams）又是一个大麻烦。然而在这前三十年里，我何德何能，有幸拥有一大帮老师、支持者、同事以及朋友和我分享对于声音和听觉研究的热情，他们也把我的这份热情塑造成了理想。他们来自各行各业：科学界、音乐界、美术界还有教育界，或仅仅是一直以来能无限包容我的人。这些人里面包含已故的杰拉尔德·索芬（Gerald Soffen）博士，他是前任美国国家航空航天局（NASA）生命科学主任，是他让我燃起了对太空生物学（astrobiology）的兴趣（他也是第一个问我"觉得火星上的声音应该是怎样"的人）。纽约水族馆的玛莎·希亚特（Martha Hiatt）是第一个成功教会我耐心的人，她奖励我可以和莉莉（Lily）、斯塔基（Starkey）以及米米（Mimi）这三头海豚一起工作和学习，正是它们激发了我对于动物行为研究的热忱。纽约城市大学亨特学院（Hunter College）的彼得·莫勒（Peter Moller）把我"骗"进了心理学研究这个领域，但是我爱上了这个工作。他向我打开了动物神经行为学（neuroethology）的大门，建议我将其发展为职业，并开始在布朗大学进行研究工作。在那里我认识了我的导师安德烈娅·梅格拉·西蒙斯（Andrea Megela Simmons）和我的博士后导师詹姆斯·西蒙斯（James Simmons），还有许多优秀的老师和学生——他们后来成了我的同事，包括巴里·康纳斯（Barry Connors）、戴维·贝尔松（David Berson）、黛安娜·利普斯孔（Diane Lipscombe）、朱迪丝·查普曼（Judith Chapman）、丽贝卡·布朗（Rebecca Brown）、玛莉·贝茨（Mary Bates）、杰弗里·诺尔斯（Jeffrey Knowles）等，篇幅所限，不一一枚举。我的朋友彼得·舒尔茨（Peter Schultz），科学"密探"，也是美国国家航空航天局罗得岛太空基金主管，一直鼓励并资助我做些最古怪的项目。还有我特别想念的，伟大的已故杰出工程师埃德·马伦（Ed Mullen），是他最先赐予我"邪恶博士"的桂冠以及"打着科学名义做出最古怪作品"奖（一个让蝙蝠背着的激光背包），他帮助我做了许多最有意思的研究。跟我一同在布朗大学受学术折磨之苦的同事：《欲望的味道》（The Scent of Desire）的作者雷切尔·赫茨（Rachel Herz），撺掇我跳进了写这本书的坑里。莱顿·托尔森（Layton Tolson）一直以来给我呐喊助威，也在我最初关于声音和睡眠的临床研究中提供了帮助。我还对狐火互动公司（Foxfire Interactive）的布拉德·莱尔（Brad Lisle）深怀感激，是他带领我进入"请听"（"Just Listen"）项目，让我有机会得以和伊芙琳·格伦尼（Evelyn Glennie）共事并向她学习。伊芙琳是一个出色的打击乐演奏家，她对于音乐的独特知觉给了我许多奇妙的洞见。还有我十分喜爱的科学作家玛莉·罗奇（Mary Roach），在我写初稿发脾气的时候一直给我提供精神慰藉。另外还要感谢我的经纪人温迪·施特罗特曼（Wendy Strothman）以及前面提到过的来自美国布鲁姆斯伯里（Bloomsbury）出版社的耐心编辑本杰明·亚当斯。

在所有人中，我最需要感谢的有四个人。从某种意义上来说，他们也是我最想要"责怪"的。首先是我的母亲玛莉·菲什曼（Marle Fishman），她一直坚持认为无论我做什么，它们总可以带我去想去的地方。其次是我的父亲阿诺德·霍罗威茨（Arnold Horowitz），他是我充满智慧且富有创造力的偶像。他在我很小的时候就反复教导我，没有什么事是不可能完成的，只是有些需要稍微长一点的时间来达成罢了。他还说，只要你的仪器设备没有把你电死，那么你就总能用它成功完成手上的工作。其三是兰斯·马西（Lance Massey），我在声音"罪行"路上的同伙、十五年的好朋友。他是首个在欧柏林学院（Oberlin College）取得电子音乐学位的人，同时也是T-Mobile音频标志的设计者。他和我十几年来一直在试图创造出可以作为武器的声音，这全仗他一直不断提醒我：无论我在书中写了多少"科学"的东西，这些最终不过就像首广告歌一样。最后要感谢的是我美丽天才的夫人希娜·布卢（China Blue），一位非凡的声音艺术家。她不仅默默容忍我的研究，还与我合作完成它们。这些项目换作别人估计早就想把我锁进小黑屋了，而她只会和我争执谁能先使用烙铁。

谢谢你们所有人。不过，也是你们把我推进了写书这个大坑里，怪你们。

导　言

最近几年，我有很大一部分时间都待在布朗大学亨特心理学实验室的地下室里，我的办公室在那儿。我被实验研究过程中产生的杂七杂八的东西包围着，其中有让蝙蝠可以携带激光器的小背包、一只恒河猴的中耳骨、我夫人喜气洋洋蜷缩在艾姆斯研究中心垂直炮室的照片及部分录音，还有数量庞大的校准设备，多到连我都不知道它们全部的用途*。尽管身处这些让人分心的杂物之间，我却时常欣慰于自己能有个如此安静的环境。大部分人做梦都想要一间有窗户的办公室，但是我想想这种可能性都觉得害怕。诚然，我有时也要忍受各种奇怪的声音：商店漫水的警报、青蛙房温控系统坏掉了的警报，或者是过道对面的实验室做心理声学实验时发出的"哔—哔—"声。但是总的来说，我还是喜欢这种与世隔绝的环境以及有时间去思考的感觉。思考的时间，对于一个在常春藤联盟大

---

* 艾姆斯研究中心最初成立于1939年12月20日，位于加州山景城，是美国国家航空咨询委员会（NACA）下属的第二个航空实验室。1958年10月，艾姆斯中心整体划归NASA，现在是加州硅谷的一部分。艾姆斯垂直炮射击场（AVGR）是阿波罗计划支持下的一个研究月球冲击过程的实验室。——译者注

学科学院系工作的人来说简直是限量货，因为你的大部分时间都得花在一些琐事上——比如在备忘录上记下：上述温控系统在过去的两周内坏掉了五次。

有了思考的时间，我就会去想这样的问题：门外的走廊里真的安静吗？即使没有警报也没有研究生在调试实验程序，如果我凝神细听，还是能听见许多持续而低沉的声音：排风口的震动声、外边的车流声、过道对面的说话声、一盏有年头的荧光灯及其电子元件在我头顶的嗡嗡声，还有我桌边的小冰箱发出的奇怪咯咯声。假如我翻出一只声级计测量一下，会发现房间里的噪音水平大概是45—50分贝。（分贝的测量零点是20微帕声压级而不是0帕，这是对声音强度定义的重要部分，却经常被忽略。）是的，这已经算是我们日常经验里的"安静"了，但是它显然并不算是寂静无声。当然，这比枪声要安静多了，不过假如我是一只蝙蝠或是老鼠，荧光灯的嗡嗡声听起来就会有80—90分贝那么吵。又如果我是一只青蛙，街上车流带来的轻微震动在我感觉起来就会像里氏5.0级的地震一样剧烈。

根本就不存在"寂静无声"这回事儿。我们时刻沉浸在一个充满声音与振动的环境中并受其影响。不管你走到哪里，无论是水下最深处的海沟还是陆地上最高、空气稀薄的喜马拉雅山山巅，声音无处不在。在真正很安静的空间里，你甚至能够听见空气分子在你的外耳道中振动的声音，或是你自己耳朵里的液体流动的声音。我们生活的这个世界充满了能量，而且这些能量一直作用在物质上，这些就和生命的存在本身一样基本。这些持续存在的声音没有把我们搞疯的原因，和我们会被电台广告歌分散注意力，或者开着电视就看不下去书的原因一样：我们善于选择自己听见什么。而即便我们什么声音也没有听见，别人也可能听见了。

差异性是自然界的基础，即使是在进化史上拥有许多共同祖先的脊椎动物之间也会有巨大的差异。许多动物都是盲的，比如洞穴鱼一辈子生活在光线无法到达的地下洞穴中，它们依靠身体周围水流的变化来感知这个世界；还有恒河豚，由于水中的泥沙过多阻挡了光线，迫使它们只能依靠回声定位以及侧身游泳的奇怪习性来感受泥沙里有些什么。有许多动物（包括我们）不能探知电场的"歌声"，而电鱼的许多行为和鲨鱼的捕猎都是依靠这种感觉，就像我们看不到蜜蜂所能看见的紫外波段世界的美丽。许多动物的嗅觉非常有限（人类又中枪了），而像穿山甲这样的动物则对触觉不敏感，还有秃鹫这种动物，我们只能希望它们的味觉有缺陷。但是有一种东西你永远也找不到：那就是没有听觉的动物。这是为什么呢？

让我们暂且退一步讲：有很多生物，比如没有神经系统的单细胞动物，我们说它们有听觉其实是不太合适的。还有许多动物，甚至家里养的宠物，它们的听觉会随着年龄的增长而衰退，或者由于一些意外事故而丧失。所以更加准确地讲则是，通常情况下没有任何脊椎动物是聋的。这使得听觉从所有其他我们已知的感觉——包括对电场和紫外线的感觉——之中脱颖而出。

那么，为什么所有脊椎动物都能听见呢？或者我们换个方式来问：为什么听觉是所有感觉之中最普遍的？此外，如果它是一种如此至关重要的感觉，为何我们人类经常在意识层面上忽略它呢（除非是我们正要不顾一切地尝试屏蔽地铁噪声或是搜索最新音乐下载）？

声音无处不在。从雨林深处青蛙的夜间合唱到南极不毛之地最空灵的寒风凄厉，你一直都被各种声音与振动包围、充满以及塑造着。包括深空星系之间的空间在内，任何有能量的地方都是一个有振动的区域。它们只有振动强弱之分，但是并没有绝对的安静。可被测量到的振动范围极大，其中波谱的顶端是激发态铯-133原子每秒9192 631 770次的疯狂高频；接近底端的则是由引力波导致的黑洞的声波频率［根据剑桥大学天文学研究院安德鲁·费边（Andrew Fabian）的说法，这是个比中央C低57个八度的降B音高的声音］。但是这些振动方面的极限与我们的生物特性并没有太大关系，因为我们大脑能够处理的事件都处在一个更受约束的时间框架内：从几百纳秒（1纳秒为10^{-9}秒）到几年，这与波谱的两端相去甚远。生命体是被调谐到去获取那些让自己感兴趣或对自己有用的信息的，比如能让其获得有关环境、朋友与家庭、天敌，甚至是起床闹铃这类信息的信号。而即使在这些强加于生命体的限制之内，仍有着涵盖范围极大的信息需要被获取，不管是对人类的听力或是蝙蝠的声呐，抑或是裸鼹鼠自己开发的一套依靠敲脑袋来交流的方法都是这样。

视觉是一个相对来说运作速度较快的感觉，它工作的速度比我们意识上能认识到自己看见的速度要稍快一些。嗅觉和味觉则显得慢条斯理，往往需要好几秒甚至更长的时间来运作。触觉作为一种机械感觉可快（比如轻轻触碰）可慢（比如疼痛），但是触觉所能感觉到的范围太有限了。然而，动物和人类则可以在百万分之一秒内探测到声音的变化并做出反应，在数小时的时间里持续探测并对复杂声音的内容做出反应。任何可被探测到的振动都包含着信息，生物体只需要选择利用它或是忽略它。这个概念表面上简单，但是其下却隐藏着声音与心智的整个王国。无论是蝙蝠利用回声的亚微秒级差异来判断远处物体是食物还是需躲避的树杈，抑或是座头鲸在迁徙的过程中聆听长达数小时的歌曲循环，声音帮助动物们找到食物、求得伴侣、嬉戏和睡觉，忽略声音信号相比于忽略其他感官信号会让动物更迅速地成为天敌的腹中之物。这或许就是为什么生物对声波振动的感觉是地球上任何有机体都可以拥有的、最基本最普遍的万有感觉系统——包括我们人类这一双马马虎虎凑合用的耳朵所谓的"听觉"在内。什么是可被觉察的、什么是可被分辨的以及什么是相关联的，此三者就是将原始的声波振动解析为寂静、信号以及噪音的基石。

所有关于听觉的研究看起来都专注于这样两个基本事实：1）如果有一种信息渠道可供使用，那么生物体就会对其加以利用；2）只要是有生命的地方就有声音（当然，其他地方可能也有）。任何有物质和能量的地方就会有振动存在，这些振动波可以将能量和信息传递给正在聆听的接收者。生物能感知到的振动频率范围非常广，从让青蛙停止合唱的走路脚步，到海豚那与生俱来的频率高到不可思议的超声波，都需要一个比视觉、嗅觉、味觉这些慢得跟老爷车一样的感官快成千上万倍的感觉系统。这就是比思维更快的听觉速度，它拥有比视觉颜色更广阔的音调和音色、比嗅觉和味觉的化学敏感性更大的灵活度。这些都使得声音在生命有机体中构建并驱动着丰富的潜意识元素。考虑到不同的物种聆听声波振动的方式千姿百态，它们利用声音信息的方式也日益复杂，声音的存在可以说推动了心智的进化、发展，以及日常功能。那么声音究竟是如何做到这一点的呢？这就是本书接下来要讨论的问题了。

第一章
最初是"轰隆"巨响

2009年夏天,我和太太应邀前往 NASA 艾姆斯研究中心去尝试一些在垂直炮上面进行的声音记录工作。垂直炮是一个 0.30 口径(7.62 毫米)的轻气炮,它能够将从冰块到钢铁在内的各种定制射弹以不可思议的高速发射出去,最高可达 15 千米/秒(是 M16 来复枪子弹出膛速度的 15 倍),被用于模拟陨石和小行星的撞击。垂直炮的动力来源于约 0.23 千克重的火药在 50 升氢气中点燃产生的一次高能爆炸。

这个亮红色的炮管处在垂直位置,它足足有三层楼高,穿过一个密闭的中心舱直指地面。你可以想象一下,那就好像一个又大又宽的电梯井,你一定不会想在错误的时间站在里面的。枪的角度由一台旧式耐基(Nike)地对空导弹的发射升降器来控制,开火时射弹从四个炮口的其中之一射出、以不同的角度进入中心舱。主舱被漆成了明快的天蓝色,舱壁厚度堪比战舰的外甲,因此其内部可以用来模拟接近外太空的真空水平,也可以充入特制的混合气体,来模拟在像月球一样没有空气的天体上或在如地球大气层里发生的撞击。这个测试舱围绕着中心靶的直径大约 2.5 米,中心靶可以被沙子、水、冰或者任何其他物质所填充，只要这些物质在受到一个射弹高达数万倍于重力加速度的撞击时，就会发生点儿什么有趣的事情。测试舱还有许多各式各样的端口，使得撞击瞬间的景象可以被立体录像机和热感应照相机以高达每秒 100 万帧的采样率捕获。舱内壁被之前实验的"靶"和"炮弹"的残留物装点起来——璐彩特①、LEXAN②、玻璃、钢铁，无一不展示着高速撞击所带来的弹坑和脱落效应。控制发射的红色大按钮则被安全地放置在另外一间屋子里。

邀请我们的彼得·舒尔茨（Peter Schultz）来自布朗大学行星地质系，是我们的同事和朋友。他是研究陨石坑形成过程的世界级专家之一，可以滔滔不绝地讲述陨石坑的形成率及以此确定行星表面形成的年代、地质构造，基于撞击历史对行星结构进行的重新建模，以及我们的地球又是如何从古至今在这样的撞击里被塑造出来的。但这都不是他成名的原因。他之所以是世界级的专家，主要还是因为他擅长在物体上"打洞"。大多数在这方面有一定专业知识的人所谈论的，都是法医学中子弹进入和穿出人体时产生的伤口、武器设计中弹道冲击效应的计算，或者是爆破建筑物时出现的各种状况。但是彼得的想法比这些宏伟许多。他在彗星上轰出了一个坑，来探索它里面到底有些什么东西；他在月球上轰了一个更大的坑，来寻找水的痕迹。彼得每每看着撞击后各种碎渣飞溅时都极其陶醉，无论飞出来的是什么：他曾轰掉过数吨重的岩石、坦普尔一号彗星（Tempel 1）上的冰和挥发物（volatiles），甚至是一大堆牙签——以模拟 1908 年西伯利亚通古斯卡（Tunguska）大爆炸时那

---

① 一种高强度透明合成树脂。
② 聚碳酸酯，一种无色透明的无定性热塑性材料。

些被夷为平地的树木。

我被彼得邀请来帮他用一种全新的方式记录这些撞击。我们认为，通过广谱记录技术，我们可以捕获到目标区域在撞击瞬间所弹射出物质的相关信息，以此基于声学技术进行 3D 建模来获知物质是怎样从撞击点飞出的。从许多方面来讲，这都是一种重要且有用的技术。首先，撞击后碎渣的飞溅不仅取决于射弹本身（我们的模拟小行星）和目标物（一个装满沙的盘子）的物理特性，还取决于这个过程中能量在此二者间转移的方式。让我们想象一颗石子投入水中的过程。那些从中心散开的一圈圈同心涟漪波纹，其实是能量从石子转移到水里而引发的振动波。同样的事情其实也发生在石子打在坚固的东西上时，只不过很难用肉眼发现罢了。

撞击能量的转移可以部分地通过撞击过程中来自初始撞击本身以及传导介质（碎渣飞溅运动所经过的大气或水）所产生的多重压力波来分析。声音是对撞击和压力流这类波现象的绝佳建模方式。因此在彼得设置好沙盘靶、技术人员给炮上了膛之后，我进入中心舱，在靶子周围的平台上放置了一系列地震波麦克风（也叫地震波检测器，用来记录地震），还在舱壁上安放了一些压力区麦克风（PZM），并在靠近射弹进来的炮口旁装上了一个超声麦克风。麦克风之间的距离可以让我们知道声音传播的速度有多快，这样随后就能让我们开始建立起三维声音模型。我的太太启动了数码记录仪，炮管被抬升到了合适的角度，中心舱被降压至接近真空，然后我们也都被送进了数据中心——一个全是监视器的房间，以便我们通过高速摄像机远程观看这次撞击。这个房间还可以保护我们的安全、免遭意外——速度快如小行星一般的射弹、火药以及可燃气体的侵害（虽然在这支炮 40 年的历史中，还没有上述意外发生过）。房间随即变暗，开枪警报响起，我们除了"砰"的一声闷响，什么也没有听见。不过紧接着，屏幕上出现了一段慢放的录影：沙堆被点亮，灿烂如千阳，之后四散的沙粒和玻璃（来自高温下熔化的沙粒）组成一个中空的圆锥向外飞出。其中有些颗粒的速度甚至比原始射弹的 5 千米 / 秒还要快，将整个中心舱变成了一个玻璃和尘埃的大旋涡。

我们回到中心舱外，彼得打开了它。面对这个新打出的坑，他嘴角洋溢着幸福的笑。然而我却忧心忡忡地检查着他的"小宝贝们"有没有把我的麦克风打坏。我对器械这类东西向来不拘小节，但是即便我要虐待这些设备最多也就是不小心把麦克风掉在一堆蝙蝠粪便里面，或是把记录仪的电池正负极放反了，但绝不会像这样让它们经历一场微型的火星沙暴。不过幸运的是，所有的东西都还能正常工作，于是我们清理了靶区、更换了沙盘、又装载了一枚射弹——只是这次中心舱里将充满地球上的空气——来模拟地球上的一次小行星撞击，而不是模拟在外太空中没有空气的某个星体上。再一次，我们检查了记录仪、撤退到数据中心并等待着警报。这一次却有些不一样了。隔着安全门和战舰外甲一样厚实的舱壁，我们又听见了点火时同样的"砰"的一声闷响，可是大气的存在似乎改变了些什么。那个碎渣飞溅出的圆锥再度出现，不过似乎沙粒的运动比刚才要多得多。我直到去听过了声音记录才分辨出其中的差别。

第一次实验中的声音是分散且近乎低沉的。地震波麦克风捕捉到了初始撞击以及一些微弱的嗒嗒声，即一些沙粒撞击舱壁后又落回沙盘的声音。压力区麦克风用来捕捉空气中的声音，它不出意外地什么也没有记录到。大多数我们所认为的普通录音功能的麦克风都是用来检测空气中压力变化的，当测试舱内接近真空时，它们就少有用武之地了。超声麦克风的记录同理也是相似的安静。

可是有了大气之后的第二次撞击实验就截然不同了。超声麦克风捕捉到了一段长度不超过一毫秒的射弹在临撞击前"咻"飞行的声音。相较于上次地震波麦克风记录到一记闷响和温和的"嗒嗒"声以及普通麦克风没有记录到任何声音，这次我们在撞击瞬间听到了一个爆炸般的响声，接踵而来的是整整一分钟的沙暴声音，听起来它几乎能把整个撒哈拉沙漠埋掉。大气的存在完全改变了我们这次模拟小行星撞击的碎渣飞溅情况及其声学动态，将它从一声闷响变成了一场充满连续噪声的狂暴事件。而我则慢慢开始明白，这些有控制的模拟过程告诉了我们，在录音机被发明用来记录声音之前，甚至是在出现了耳朵去聆听之前所发生过的故事——关于地球如何诞生，以及传遍它整个表面的那第一次石破天惊。

大约45亿年前，地球从宇宙中的一大堆尘土和碎石聚合成了一块巨大的岩石球，周围还环绕着一团气体。这是个嘈杂的地方，不断被大块大块的岩石轰击，偶尔路过的彗星和小行星拼命试图在绕地球轨道上找寻容身之地，而不是一头扎进这个宇宙级的大塞车里，火山喷发使得熔融的岩石再沉积，还将巨石扔得到处都是。在几百万年后，另一个与火星大小差不多的行星，给予了新生的地球沉重的一击，撕劈下大块的岩球硬皮和碎片进入了绕地轨道，最终慢慢再合并而形成了月球。

那绝对是要了命的一声巨响。

这次撞击很有可能也带走了不少大气，这让除了地震以外的声音都安静了许多。但是狂轰滥炸还在继续，每一个撞击物不仅为地球带来了更多的岩石和金属，还带来了大量易挥发的冰和固态气体，这些物质创造出一个新的大气，并带来了可以将地球冷却的水。它们也带来了新的声音——雨声。雨水自新生大气中巨量的水蒸气凝结而成，落到地球表面形成了海。

于是地球再次越来越吵闹，火山喷泻和陨石爆炸之中都多出了水的声音。这些声音不仅通过刚刚冷却的岩层进行高速度的横波传播，还在大气中以球面波轰鸣而过，并在新生的海洋中以柱面波散布开来。地球创造了属于自己的专属配乐，尽管那是一种几乎完全从所谓噪音中产生的音乐，几乎等同于（至少很大程度上）覆盖了整个声学范围的能量分布。

在几亿年后如今被称作"后期重轰炸期"的阶段，这些配乐开始愈发强烈，因为地球（以及太阳系的其他所有地方）成为数量众多的小行星如雨点一般撞击的目标。但在这期间，有一件奇怪的事情发生了：在原始海洋的某个角落（也有理论认为是在深海中的热泉附近），一小部分在海浪中翻滚的有机物开始自我复制；在所有这些噪声和震动之中，生命诞生了。目前有化石证据的最早的生命形式是伟大的蓝绿藻叠层石。它们生活在有听力的生命体出现之前的数十亿年里，在原始海洋的波涛和震动中翻滚着。它们将自己鲜活的表面暴露在甲烷中*来制造我们在大气中呼吸所需要的氧气。然而这些早期生命在接下来的 20 亿年中为了给大气提供氧气而安静地让自己中毒，几近灭亡，但它们也为后来的生命——真核生物铺就了生存的舞台。

最早的非自养真核生命体不再只是永远停留在某一个地方进行光合作用了。它们开始尝试制造与它们内部细胞骨架蛋白相似的蛋白质放在身体外面。这些新制造的蛋白质被组装成链条状，成为可摆动的细小毛发——纤毛。纤毛的出现使得有机体获得了自由移动的能力。通过四处游走，它们能够找到更多的食物。这一变化使得生命在新生的生态系统中由被动玩家变成了主动玩家，也推动了最

---

* 当时地球大气的主要成分是甲烷，即沼气。——译者注

初的捕食者的进化。

很快，这些纤毛中的一些叫作初级纤毛的变体，涌现出了新的功能。它们不再像桨手一样推动单细胞生物移动，而是以另外一种不同的模式来运动。当它们朝一个方向弯曲时，它们会打开细胞膜上的小通道；而朝另一个方向弯过去时，这些小通道又会被使劲关上。有了这一功能后，它们就变成了感受器，可以探测周围水流中的运动。最先进化出这些感受器的有机体非常简单，却是感官世界里最初的真正飞跃。它们是这个世界上最早感觉并利用振动信息来探测环境变化的生命体，不是仅仅依靠水流变化把它们被动地从食物贫瘠之处带到食物富足之处，而是主动去检测水流中标志着食物存在的振动。振动感受性是最早出现的远程感觉系统之一，它不需要刺激源直接触到或接近细胞表面，就能够远距离探察到环境中的变化。

了解到这些，大家很可能会说，这些纤毛应该就是如今我们人类耳朵中用于感受振动的那些小毛发的祖先吧。然而进化的过程却没有这么简单。

当今我们对振动的感知确实是基于这种形似毛发的纤毛的替代物。但是，现代脊椎动物内耳的毛细胞的进化之路却并非始于最古老的鞭毛，即单细胞生物用来在希腊亚加亚海域转来转去的那种鞭毛。实际上，内耳毛细胞起始于多细胞生物中出现的机械力感受神经元，这种生物可能和15亿年前的原始水母比较相似。而在接下来的4亿—5亿年间，它们发展成了类似现代感觉毛细胞的样子；又花了10亿年左右，这些毛细胞才整合到精密的感觉器官当中，被我们脊椎动物的早期祖先用于感受流体中的运动。这就是内耳的雏形。

让我们花点时间来思考一下耳朵究竟是个什么东西吧。它其实是一个感觉周围分子压力变化的器官。一般情况下我们会想象耳朵听见音乐或者汽车喇叭的声音，但是它们本质上注意到的是振动。对振动的敏感性对早期的脊椎动物来说有两个不同的用途。一个用途是监测它们身边液体流的变化，用到所谓的侧线系统。这一系统如今仍见于几乎所有的两栖动物幼体和鱼类中。第二个用途是监测位于它们头部两侧一些特化器官内部的液体流的变化。由于当时几乎所有生物都还生活在海洋中，这些特化结构还并没有专门获取通过空气传播声音的器官。但是它们却可以检测到动物头部的角加速度和线性加速度，其对应的两种器官分别被称为半规管和耳石。它们是内部振动感受器，专门采集动物头部运动时的加速度信息。即使是在最早的具有内耳的脊椎动物化石（*Sibyrhynchus denisoni*，一种古银鲛，是鲨鱼的亲戚，长相特别奇怪）上也展现出了这两种结构。这些器官构成了前庭系统的基础。前庭是一个加速度传感系统，与其他感官和肌肉骨骼系统紧密协作，使动物以一种协调的方式运动，同时对抗重力的拉力作用。但是对于古银鲛及同时代的早期脊椎动物，这也是听觉的开端。内耳球囊是感知重力方向的耳石器官，在水里的压力有变化时它也会相应地振动。换句话说，耳朵从此就被发明出来，生物们进入了有听觉的时代。

然而与今天的动物相比，这些早期脊椎动物的听力可能是非常有限的——毕竟我们在这一能力上又历练了超过3.5亿年。古银鲛的后代，当今的鲨鱼，有相对较高的听觉阈限，也就是说它们只对较大音量的声音才有反应。它们在水下对声音进行定位的能力也十分有限。这是水中听力的通病：由于水比空气的密度要大许多，所以水中声音传播的速度大约是在空气中传播速度的5倍，因而基于声音到达双耳的时间差来判断声源位置的难度就变得更大。但是它们有其他感官来帮忙——不仅有视觉（其实鲨鱼的视力也很差）、嗅觉和电感觉（使现在的鲨鱼有能力感知到周围猎物游动时的神经肌肉反应），也包括它们的侧线系统。所有这些感觉被协调而形成了一个完整的感官世界。在这里，由于对来自振动、光、加速度和化学物质这些感觉有了把它们投射到大脑中的新需求，因而产生了声音世界最初的分水岭，将听觉涌现之前生命发展所处的声音世界和听觉涌现之后声音世界所变成的样子区分开来。

我们作为听者，所谓的声音，其实分为物理和心理两个部分。当我们描述一个声音的参数——它的频率（介质每秒振动的次数）、振幅（一个给定的振动波的最高和最低压力峰值的差），还有相位（声音开始振动后在时间中的相对位置点）——的时候，体现的就是声音的物理属性。理论上说，如果你能全面地描述这三个参数，那么你就可以完整地描述一个声音。这些特征或许看上去非常简单，但是在声学实验室之外，声音比这要复杂得多。平时走在路上，你很难找到一个连接上校准过的放大器与扬声器的独立发声装置。即使你真遇到了，你很可能更需要呼叫拆弹小组，而不是把它当成一个可以帮助你过马路的有用的环境信号。声学家们常常基于这些简单且受到精确控制的声音来描述声音是如何运作的，但是用它们来描述真实世界中的声音就好比是让一位物理学家来描述牛群的运动一样。当然，物理学家可以完美地为牛群的行为建模，但前提是这些质地均匀的球形牛正在真空中一个没有摩擦的光滑表面上运动。

相比上面提到的牛，真实的世界在声学上就更加混乱了，尤其是在最早期的听者所诞生的原始海洋里。虽然声音的物理属性可以被它们的频率、振幅和时间或相位来刻画，但真实世界中的声音完全是基于环境中的细节来变化的。所谓魔鬼都在细节中，正是这些环境的细节让声音变得无比复杂。环境中的声音发自几乎所有存在相互作用的物体，并且一旦发出又会受到环境中所有东西的影响，直到能量在这些相互作用中逐渐消弭，变成背景中的噪声。如果有充分的耐心、精良的设备和强大的计算能力（以及足够大笔的预算），你可以很好地模拟出声音发出后所发生的一切（这实际上就是录音产业的后期制作工作的大部分基础）。这也是脊椎动物大脑所做的主要工作：整合所有基于感官换能的物理刺激，并将它们集合成为单独一个关于外部世界的知觉模型，以便基于这个模型来行动。行动与行为及其背后的机制是心理学要研究的基本问题。而物理学则是无论是否有听者在听都会继续做下去的（俗谚：森林里的树木倒下都会发出声响，无论是否有谁在那里）。但是一旦有一个听者（也可能是观者或是嗅者）进入了这个世界，一切就都不一样了。物理世界在感受器和神经元尺度上与心理世界分离开来并被重新解读，这也是为何我们需要一个新术语——心理物理学来描述它。

  我们自认为通过打量我们周围的世界，就可以实实在在地看到、听到、尝到，或者触碰到其中发生的一切，但是事实上并非如此。我们解读的是周遭世界基于心理物理学的一个表征，心理物理学通过把一种形式的能量重新映射成为可用的信号而创造出这个表征。所有的感官输入——有机体可利用的各种不同形式的能量——都会被重新映射。任何刺激的起始能量——景象、气味、声音等——都会引起感受器的某些变化，随后被转化成另一种能量形式并作为感觉继续传播。感觉信号被整合成一个处理我们周遭能量变化的连贯一体模型，从而产生知觉。组成知觉的一个个"原子"就是把物理世界中的一个单独事件从一个单独类型的感受器来进行的重新映射。

  当你把所有这些单独的知觉元素加起来，你得到的就是这个"世界"（the *umwelt*，详见导言相关部分的阐述），即大脑通过我们的感官为我们构建的世界。比如，颜色是光线波长的心理物理学的重新映射，而其亮度则是对光线强度的重新映射（我接收到了多少光子）。或轻或重的触碰，是对某种结构的机械形变的重新映射。味道是特定的化学成分混合在一起的结果。而声音则是振动信号——压强在空气、水、泥土或岩石等介质里的变化——的心理物理学的重新映射。

当一个有机体成为"听者"——一个声学信息的接收者时，它就不再是像我们叠层石里的祖先那样仅仅随着周围的振动而做出反应。它从此成为声能的转换和检测过程的主动参与者。这些有机体发展出了把声音能量通过生物换能进行映射，以及创造神经冲动来代表这些声音的新需要，有时甚至还需要模仿它们（比如耳蜗微音电位），但这从来都不是个比例尺1∶1的映射地图。由于这个映射依赖于大脑这个在时间进程上相对模糊的生物系统，这意味着我们只能把声音能量通过感觉来映射到它在知觉中的表征上面。

然而，心理物理学把物理世界重新映射到心理的过程是因人而异的，这个过程也会随着进化和发育发展而有所变化。从进化或是物种的尺度来看，这就能解释为何你在夏天的傍晚坐在门廊里谈论着村子里是多么安静的时候，实际上此刻却有许多只蝙蝠正从你头顶飞过，一边以地铁轰鸣般的大音量嘶叫一边捕捉虫子，因为它们的叫声频率只不过是在你无法听见的范围罢了。这还能解释为何城市动物园离高速公路很近时其中的大象会感到不适，因为来自一千米外的车流所产生的低频噪音干扰了大象之间的次声波交流。从个体和发展的角度来看，这也可以解释为什么青少年听到大音量的音乐会感到兴奋，以及为什么一位随着年龄增长听力出现正常老化损伤的老年人可能看上去会有些偏执，因为他或她监测周围环境的能力正在逐步下降。正是因为对心理物理的需要产生，生物体向心智的涌现迈出了第一步。

就在生命体变得足够复杂而产生了对心理物理的需求之后不久,生命又在进化的道路上向前迈出了有意思的一步。它们也开始"发声"了。在生命出现以前,整个地球其实已经非常嘈杂——惊涛拍岸、清风低吟、电闪雷鸣。这些自然现象所产生的持续的声能量流具有不同的频率,而且几乎是随机地分布在频率谱上(除了风偶尔吹过山洞时的低语和沙粒掠过沙丘时的吟唱)。但是随着日渐复杂的多细胞生命体的出现以及听者的逐渐发展,地球的声音也开始改变。生命体对振动的敏感性之所以不断提升是因为进化中的一个经验规则:无论何时,只要出现一个资源丰富的空缺生态龛,就一定会有某种生物试图占据它。初期那些具有增强的振动敏感性的简单生物把这种能力作为监测自身周围水流变化的一个提前警报系统。这些局部水流可能代表着周围大环境的任何一个变化,比如水流流向的偏移,或是附近天敌或猎物的靠近而带来的一阵波浪,诸如此类。然而,一旦有机体发展到足够复杂以至于可以"聆听"环境的程度,那么就开放了一个全新的感官生态龛可被拓展利用。动物们可以制造声音了。这使得动物行为的复杂度发生了质的飞跃:这和视觉的不同之处在于,视觉依赖的是对光能的被动检测,且光能普遍源于日光;然而忽然间这里开启了一个全新的交流渠道,它可以在黑暗中运作,绕过拐角,并且再也不依赖光线了。[①]声音一下子不再仅仅是一个提前警报系统了,它被用作一种跨越长距离来

---

① 这并不表示一大批靠自己发光来交流的奇妙有机体就低人一等。在生物光这方面我推荐由文森特·彼里博恩(Vincent Pieribone)、戴维·格鲁贝尔(David F. Gruber)和西尔维娅·纳萨尔(Sylvia Nasar)合著的《黑暗中的炽光》(*A Glow in the Dark*)一书。书中讲述了生物光在植物、真菌、无脊椎动物和脊椎动物中的自然发展史以及基因改变的历程。

协调物种内或物种间个体行为的主动方式。

对于最早发声的动物，除了它们不可能是脊椎动物之外，我们对它们几乎一无所知。无脊椎动物无论在生物量还是多样性上总是远超脊椎动物，并且早于我们数十亿年出现在地球上。只是，在发声行为的涌现上我们并没有任何化石或遗传进化方面的数据。化石和遗传进化这两种追寻生物发展历史中特定元素的方式都需要一些共识、一系列针对共性的假设链条，以及至少得是数量有限的进化适应实例才能考究下去。然而我们现在却有着成百上千个动物能够发声的进化适应实例。现代鼓虾可以在水下发出震耳欲聋的 100 分贝声音，靠的是它的超级大钳子以闪电般的速度夹合，速度快到甚至能带出水中的气泡。这些气泡随即破裂而放出极强的压力波，强到甚至在水中形成光脉冲。龙虾则可以将其触角的外缘在外壳靠近眼睛的区域摩擦，发出锯小提琴般的声音。甚至脊椎动物也进化出了多种多样的发声方式，其中许多都不需要复杂的发声器官。当动物们开始听见之后，几乎所有产生的声音都变得富有含义了。

最早的发声动物很有可能不是用专门的发声结构来发声，因为几乎所有可被控制的声音都能用来交流，这从脊椎动物中最不寻常的交流方式——鲱鱼的快速重复嘀嗒法（FRT）中就可见一斑。鲱鱼的听力十分强大，但是大家都搞不懂为什么它们看上去并没有发声器官，也从没被听到过发出声音。直到一项 2003 年的研究表明，大群的鲱鱼会从它们的肛门释放气泡，发出恰好处于它们听觉范围的超声波噪音，这表明鲱鱼在运用这种 FRT 的快速重复信息进行交流与社交协调［这项发现也为该研究的领衔作者本·威尔逊（Ben Wilson）在首字母缩写词的历史上赢得了一席之地，注：FRT 念起来正好就像"放屁"一词］。这个略有点令人反胃的例子其实说明了很重要的一点，即所有在水中制造声音的动物用的都不是我们一般想象的那些"典型的"发声器官。陆生脊椎动物通常会采取改造它们呼吸道的方法来让空气经过某些组织并使之按照可控的方式振动。比如歌剧演员会引导空气从肺腔中通过声带，再从口腔出来，而吵闹的蝙蝠则会让空气通过鼻叶上方的古怪褶皱来形成回声定位信号的波束。不过水下脊椎动物很少用这样的方式发声，由于水的密度比空气大得多，将水推过小的开口会比将空气推过同样结构来制造振动消耗多得多的能量。因此，许许多多诸如海鳟的水下动物会使用摩擦的方式发声。它们将硬鳍相互摩擦，与陆生的蟋蟀"唱歌"的方式相类似。其他的生物，例如蟾鱼，会用声学肌肉与气囊进行摩擦发声，类似于咱们用手来回摩擦气球来让它发出吱吱咕咕的声音。

尽管最早的那些发声者并非现代海鳟、蟾鱼乃至放屁的鲱鱼，但它们发声的机制是类似的。它们发出的声音越多，它们的行为就会变得越复杂，而它们力所能及的社会和生存范围也会越来越宽广，就像乘着声波的翅膀传播开来一样。伴随越来越多的物种加入发声者的行列，地球上发生了非常有趣的事情——它的声音也与往常不同了。就在这个以往充斥着撞击声、塌方声、沙尘肆虐声以及风暴白噪声的地方，生命开始创造自己有目的且调和的声音，更有调性、更有规律，也具有了含义。这些声音的数学机制也变得更像是数轴上的整数，有了各自的规矩而少了些随机。大地的乐章从一片意外的噪声变成了交错的歌声。在生物圈逐渐复杂的同时，地球也发展出了自己的声音生态，这是一种陆地、海洋和空气中的振动能量受到我们星球出现了生命的影响而产生的可被测量到的变化。

尽管以往那些从天而降带着铁和冰的陨石雨已经降级成为偶尔飞过加拿大上空的火球，或是掉落的太空垃圾碎片（至少是落到地面的那些），地球依然十分嘈杂，但至少现在周围有了听众来欣赏这个充满生机的星球之音了。我们确实也应该好好听听这些自然的声音：把地球当一口大钟来撞的每一次陨石撞击，板块间上下滑动而形成的每一次碾磨般的地震，每一股潮汐，每一阵促进生命形成的微风，都搅拌着这个原始星球的泥浆，为地球上这些生物前化学物质注入能量，让它们相互碰撞、相互作用并复制。直到今天，这一过程仍在继续。

那么今天，声音对我们有什么用呢？其实我们身边还保留着地球原始的声音——地震、风、落石、雨雪，但现在还有一大堆充斥在我们星球薄薄的皮肤层里（夹在最深的海洋和大气层之间）、来自生命的声音。生命其实是挺聒噪的一个东西，这一点每个刚为父母的人都很明白。无论是声音还是噪声，都曾驱动着生命的进化与发展并将持续驱动下去，塑造着大到环境、小到我们大脑中突触的事物。而通过听觉，我们不只听到了每个动物的声音，更能听见一个健康生物圈的乐章。

我最近在读一篇文章，叙述了一些尝试克隆出袋狼的工作。袋狼是一种塔斯马尼亚虎（其实不是虎，而是一种大小与狗相近的有袋目动物。20世纪在澳大利亚由于捕猎而灭绝）。我很想知道它们的声音是怎样的。在搜寻资料的过程中，我找到了几段野生袋狼的短片，但遗憾的是它们都没有声音。我的脑海中闪过了一个念头，那就是我将永远没有机会听见袋狼的声音了。同样地，每当一个物种灭绝，我们都失去了声音生态圈中的一部分。不会再有上百万只北美旅鸽拍打翅膀的声音了；也不会再有渡渡鸟笨拙的嘎嘎叫声了。尽管有好莱坞最好的特效，我们也不可能再听到恐龙的吼声或是歌声了。不过，走到野外单纯地录制环境中的声音（这是一种生物声学中常见的技术，顾名思义，生物声学是对基于生物体的声音进行研究）有时也会有意外的发现。它给人们增添了希望，或许人类好几十年没有发现、恐怕已经灭绝了的物种就出现了呢。了不起的象牙喙啄木鸟是北美最大的啄木鸟，在 1944 年就被认为由于栖息地被破坏而灭绝。但是依据 1935 年阿瑟·艾伦（Arthur Allen）制作的录音，科学家在 70 年后的 2005 年宣布他们即便没有见到，但仍听到了象牙喙啄木鸟的声音。于是人们重拾希望，认为可能有一小部分象牙喙啄木鸟在美国南部存活了下来。（当然了，也有许多来自太平洋东北部的录音资料中有大脚怪跺脚和嚎叫的声音，不过事实上后来的分析表明这些声音可能是包括从人到熊的任何东西制造的。）

当人类向未开发的大自然扩张时，我们也让那些地方有了人类的声音：说话声、车流声、音乐、广告歌、街角的传道士和街头乐队的声音等。人类还带来了噪声，并且，如今我们忍受吵闹和嘈杂居住环境的能力越来越强，也让我们对自然的声音干扰越来越严重。我想我们是到了理性地思考这个问题的时候了。这需要彻底地转变注意力以及换位思考才能使我们意识到宁静的价值。只有这样，我们才能听见那些越来越少、离我们越来越远的物种的声音。与其说我们让自然充满了人类的声音，倒不如说其实人类正在将其他物种的声音挤了出去，让它们的呼唤只能消失在这繁弦急管之中。

但另一方面，人类的科技和创新正让我们听见前所未有的声音。貌似宁静的夏夜里，超声麦克风让我们听到一大群蝙蝠在我们头顶以 120 分贝的音量喧哗打闹的声音。星际探测仪器也将外太空的声音带回了地球，让我们听到了金星上的雷暴声，或是土星的卫星泰坦上的风声。人类有能力比地球上任何其他物种听到更多、更远的声音，这是它们梦也梦不到的。但是，这需要我们侧耳聆听并欣赏我们所在之处的感官丰富性，就像我们偶尔在刚到一个新地方的时候会保持安静一样。用心听吧。

第二章
空间与地点：公园漫步

当我还是一个孩子的时候，我的母亲常常用收音机听让·谢泊德（Jean Shepherd）的广播节目。让·谢泊德以会讲故事而著称，他也是一位诙谐艺术家［今天最为人所铭记的是他的《圣诞故事》（*A Christmas Story*）的电影版］。而我记得他则是因为他曾经讲过一些关于声音的故事。他说，他去旅游的时候从来不带相机，因为每个人都在拍照；而他，则将去过的每一处地方的声音录下来。

他最让我记忆犹新的节目是关于1964年世博会的。他在不同的场馆之间游走，录下了它们的声音。那时我因为住在离会场两个街区的地方，恰是世博会的常客。还记得当我听到这期节目的时候真是兴奋极了，因为他提到的每个地方我都准确地知道是哪里。我听过"小世界"展馆的歌曲，也听过辛克莱恐龙乐园里那些恐龙玩具压造机挤压塑料的声音。在我很喜欢的其中一集里，他在开场的时候谈到了一个名叫厄尼的棒球场小贩。厄尼和当时的一些棒球选手一样出名，因为他一直在科米斯基体育场的媒体席前面卖爆米花。我起初对这个话题并不感冒，但当他后来开始模仿起厄尼那出名的叫卖声，并讲述这个声音是如何在场馆里回荡的时候，我就开始有兴趣了：厄尼的吆喝声被左场的墙壁和右场的计分板弹回来，然后就能听到它"穿过大洞穴般的观众席，飘过整个场馆，从人山人海中"来回穿梭的回声。让·谢泊德在这里引出了下一个话题：在约 1220 米高空的热气球中聆听这个世界是一种怎样的体验？他说他能听见犬吠，能听见私人谈话，能听见熊孩子用棍子敲栅栏的声音。这些都是他本来在地面上或飞机上绝对听不到的，因为飞机上的人被包围在发动机的轰鸣声里。热气球上的体验如此不同，因此他很好奇为何会这样，他谈到或许声学家或气象学家能告诉大家一些他不知道的原因。

几十年后的今天我依然记得那期节目，[①]并且我发觉现在我可以回答他当初的问题了。声波在空气中是以以声源为中心逐渐扩大的球面波形式传播的。理论上它可以传播到无限远处，然后能量随着与声源距离的平方而递减。不过声音传播的过程中总会遇到障碍物，所以能量会损失。声波也是会被折射的，一些简单的事物比如空气密度的变化就会使它的传播方向改变或被反射，就像被坚硬的表面反弹，抑或是被一个表面吸收、通过衰减声音的能量而为其增加一点热能。当一个物体将声音折射、反射或吸收掉的时候，声音会变得扭曲，失去了强度和内聚力。障碍物越多，声音减弱得越厉害。但是声音竖直向天上传播的一部分不会遇到地面上这么多的障碍物，于是空中的听众（被飞机发动机响声包围的不算）自然能听得更清楚。由此可见，仅仅是改变位置就会显著地影响到你听到的

---

① 事实上我这逐渐老化的记忆全靠我的一个老同学布鲁斯特·卡尔（Brewster Kahle）的莫大帮助。他运作的互联网档案库（Internet Archive）是任何想要寻找声音录制材料的人都梦寐以求的奇妙资源。他的目标是将世界上所有的多媒体全部归档到一起，而现在他已经有了一个很好的开端。如果你想听这期节目，可以访问如下网址：http://www.archive.org/download/JeanShepherd1965Pt1/1965_03_24_Pop_Art_Worlds_Fair.mp3。

效果：比如1200米的高空中，比如地下的蝙蝠洞穴里，再比如我的办公室里，仅仅是我把一个书架从这边挪到另一边，声音都会不一样。

在欣赏声音于不同空间和地点的变化之外，我还在让·谢泊德的故事中发现了一些别的东西。当我和太太一起旅行的时候，我们通常会将照相机带在身上。但是更常见的情况是，我们携带了过多的音频设备，以至于在过安检的时候总是很有趣。最有意思的一次是我们要去给埃菲尔铁塔录音：我夫人是一位艺术家，她的工作主要关注点就是声音，而她希望能够录下铁塔的真实声音，包括那些人类听不到的低频次声。因此，在她取得了新埃菲尔铁塔开发公司（SNTE）的必要许可之后，我们带上了4台数字录音机，几副入耳式双声道麦克风，几根百米长的电缆以及8台地质录音机——地震检波器，通常是用来记录地震和钻探工作的。似乎也就是一般游客的基本配备，对吧？（笑）

我们的地质录音机是"罐头"类型的。它们是黄铜制成的圆柱体，相对较小但是很沉，两端有导线。换言之，它们长得就跟雷管炸弹一样，接着一条100米长的引线，此外还连着一大堆闪烁着小灯的电子器件和计时器。但令我吃惊的是，肯尼迪机场的安检人员只是简单询问了一下那是什么东西，然后滔滔不绝地讲述她有多么喜欢巴黎。她还问我们在哪里可以听到我们录音的成果，并祝我们一路平安，然后就放我们过去了。到巴黎的第二天，在当地的SNTE办公室办好手续后，我开始将这些地质录音机用胶带粘捆到铁塔南角的柱子上，当时我那会说法语的夫人正和摄影团队在别的地方。随后我听到一些狂乱的吼叫声，说的是法语，我听不懂。于是我探头向下看，发现一群法国警官从他们的办公室出来径直出现在我正下方。他们荷枪实弹，显然是态度坚决地要让我做些什么或者让我停止做什么。我向他们挥舞着保卫部领导的信件，操着带有浓重纽约口音的法语反复喊着"la papier！（文件！）"，但是并没有什么用，因为领导好像完全没有告诉当地警官有这码事。所幸这时我夫人回来平息了事态，没有让我因声学研究而吃枪子儿。

但是这次误会其实是值得的。和警察沟通后，我们获得允许可以在铁塔周边录制所有人类能听见的声音，以及从塔基、塔顶、地下机械室（在当时是严格限制出入的）以及塔尖无线电天线下的逃生滑道上录制它们产生的次声波振动。如果你去那里听一听，你会听见成千上万的游客正用数百种不同的语言在交流，堵在车流中的出租车司机在不停地鸣笛，试图疏导交通的双声调欧洲警笛声，还有巴黎城市中的其他环境声音，诸如空气中的风声和无处不在的鸽子咕咕叫与拍打翅膀的声音。但是站在最高的平台上、远离其他大部分游客的时候，我确信了让·谢泊德效应（我这样称呼它）的存在：在地面上听战神广场上的声音，它完全就和附近的普通噪声混杂模糊在一起；而在这个高处，当风在下方停止吹拂，我偶尔甚至能听见几乎 300 米之下游人的对话。他们的声音（当然说的是法语）沿着一个不受阻挡的特定弧度完好无损地传了上来。

然而，铁塔自身也有一些没有被听到的声音。你可能认为这 7300 吨金属、2500 吨石头和 50 吨的油漆肯定能让塔身保持岩石般稳定，但事实是这个庞然大物仍在以次声波的频率持续振动着。古斯塔夫·埃菲尔（Gustave Eiffle）宣称最初的设计是将风阻降低到最小的，而铁塔的实际表现也证明了他的成功。即便是在强风之下，塔身也只有 5—7.6 厘米的晃动。与之相比，曾经的世贸大厦会有 3—4 米的晃动。不过，几百名游客的脚步落地、19 世纪的升降梯用平衡锤吊起的机车运动（升降梯依然使用着和古斯塔夫·埃菲尔当年几乎同样的技术），以及塔尖天线或照明设备随风摇动，都使得铁塔一直在不停地响应并到处发出低频振动。

这些声音是不被人类听见的，它们是铁塔自己的歌。有很大一部分原因是我们听到的是通过空气传播的声音。声音的传播依赖于介质密度而有所改变。铁塔各个坚固的构件阻隔掉了高频声音，而钢铁较高的密度使得声音在其中以在空气中15倍的速度传播，这也意味着任何振动都会传播到比在空气中远15倍的地方，并在整个塔结构中不断反射、回响。所以随便在塔上敲击一下就会使得整个铁塔"响"起来，然后很快就会被其他振动带来的普遍低鸣所淹没。然而只有采用地震检波器记录下从0.1赫兹到20赫兹——包括地震和滑坡——的声音范围，并把那些录下声音的音高调回我们的听觉频段，我们才可能听得到铁塔的呼吸与低吟、颤抖与摇摆，就像它是一个有生命的存在，对这些攀爬其上的东西以及风吹雨淋都有所响应。

埃菲尔铁塔可能看起来是一个特例，它当然也是我造访过的最有意思的声学空间之一了。但是其实所有的空间和地点在声学意义上都是有自己生命的，这是以它们的形状、建造材料、填充物以及最重要的——它们周边有些什么声音为基础的。尽管声学研究往往都在干净整洁、恰当合理、照明充足且有着隔声小房间和令发烧友垂涎的精校设备的实验室中进行，但在此之外的真实世界中，也就是我们的听觉真正发挥作用的地方，则充满了复杂的声音。它们有不止一个频率，其振幅和相位也在或长或短的时间尺度上皆有变化。大部分人可以检测到的声音频率范围最低可以到重低音的20赫兹，最高可到尖锐刺耳的高音20千赫。每种频率的声波都有它自己的波长——声波中一个完整周期的长度。这对于声音如何在空间中发生变化具有重要含义。鉴于声音在给定的介质中大部分都以相同的速度传播，所以可以很容易计算出它在一个完整的波或周期里可以走多远。由雾笛所发出的 100 赫兹的低频声波其波长是 3.4 米，而一只蝙蝠的超声声呐发出的 100 千赫的声波，其波长只有区区 0.3 厘米。

那么问题来了：为什么雾笛声音的音调如此低呢？让我们来考虑一下"物流"问题。现在你需要从岸边把一个信号送给很远处的一个人，你不知道他的位置，甚至都无法看见他，在此过程中还要避免和船只与礁石产生不愉快的碰撞。你需要用声音来完成这项任务（当然我们也有灯塔），但为什么是低频的声音呢？因为声音的频率越低，波长就越长。如果波长比较长，那么在传播的过程中其声压的改变就不会太受到途中的小尺寸障碍物的影响。此时所有进入单个周期的能量都被延伸到比途中障碍物的尺寸还大的程度，因此低频的声音可以传得更远。而高频的声音，比如蝙蝠的声呐，其波长更短，从而在传播相同的距离时能量损失更快。所以高频的声音相比之下更容易被较小的障碍物反弹、吸收或扭曲，因此它们传不远。所幸蝙蝠真的不需要依赖雾笛，相应地，蝙蝠发出的一大堆高频声音使其可以从相对较近的东西（食物）上获得回声从而吃掉它们。

然而，回声并不仅仅是为蝙蝠而存在的。记得我最早接触到回声，是小时候在卡茨基尔（Catskills）胡乱挖化石的时候。当时我的父母在忙着做他们大人那些无聊的事情。我挖了好久好久，挖过了足够盖住好几只霸王龙那么多的泥土。这时妈妈在山下隔着一块距离我大约 250 米露出地面的岩石开始喊我的名字，于是我就听见她的声音一直重复着，每次重复之后音量都变得越来越小。我刚刚燃起的对于声音反射的好奇心，在她吼出"赶紧下来！现在！立刻！马上！"之后一下就被浇灭了，到处都是那句"马上！马上！马上！"，一遍又一遍地强调着。我听了妈妈的话马上下去，因为她显然精通能让岩石重复她说过的话这种秘术。但是事实上仅仅是因为她面对的是一面非常致密、相对平整，故而声学反射性能很好的崖壁，这就把她的声音反射成了一系列扭曲和越来越弱的版本，最终才完全消失。声音大约传播了800米远再回来，所以基于声音的速度第一次回声只需要1/3秒就能到达我这里，同时失去高频部分的能量。然后回声撞上我身后的山坡，一半向上反射，一半返回远处的崖壁。由于散射和之前高频段的损失，后续回声的强度减弱了，而高音部分甚至减弱得更加厉害。直到最初的那一声"马上！"盖过了后来的回声，它们才一起消失在周围算得上是宁静的山区噪声之中。

不过，物体影响声音的传播远远不止回声这一种方式。无论你是坐在卧室里、火车上、巴士中还是教室里读着这本书，每一个表面、每一张桌子、每一面墙壁，甚至是那个空间中的每一个其他人，在你听力所及范围之内产生的任何声音都会受到它们的影响。声波触及的每个表面都会以某种方式改变这个声音，而且还会因这个表面的制成材料或覆盖物的不同而有所不同。即便是在一间空旷的房间里播放最简单的声音，3米见方的裸墙也会产生数千个互相重叠的回声。由于每个频率的声波有它自己特定的波长，并在碰到墙壁表面时改变了相位和振幅，所以这些回声之间也会互相干涉，有时由于干涉增强会使特定频率的回声显得更响一些，或是因干涉减弱而使其声音显得更小一些。

这些对初始声音的复杂改变通通叠加到一起，即被称为"混响"。它不仅仅是成千上万个回声的混合叠加，还包括来自空间中任何东西的增强干涉和减弱干涉所导致的声音的放大和减弱。铺有硬瓷砖的墙面和地板（正如在浴室里，其声学属性会掩饰掉你原本也挺完美的洗澡歌声中一些小的瑕疵）具有较强的反射性，所以让房间具有了丰富的混响，但是也让声音有了糊成一片的潜在可能性。如果地板上有地毯，或者天花板表面是柔软不规整的声学砖材，那么空气分子振动中所携带的能量将有可能被吸收而不是被反射。许多需要减弱声音的地方，比如办公室，就是通过这种方式。在对声音质量要求更高的地方，比如录音棚或是消音室里，人们会采用更高级的方法：在墙上铺设按一定几何样式排布的软泡沫块来进一步增强对声音的吸收能力。如果你想在家里简单尝试一下的话可以这么做：假设你的立体声音响是在一个有硬地板的房间里，那么试着在扬声器下面铺上一块地毯，这样你就能听到被消声，或者说是阻尼减振的声音，因为你不仅降低了声音在那部分地板上的回弹，还减弱了它经过房间内其他表面的反射。接下来，你可以把椅子挪到扬声器前方，你会发现高频的声音被削弱了。这是由于低频的声音成功地从椅子旁边穿过，而高频的则被椅子反弹了。这样的尝试可以让你明白什么是一个空间的声学标志，以及为何在一个空间中设计和摆放音响是一门实实在在的艺术。要获得最棒的声音，不仅要求声音被最佳复现，还需要考虑到这些声能是如何流进听众耳朵里的。

尽管这是一门很复杂的学问，但我们的心智相当擅长用这些复杂的声学标志来鉴别空间的相关信息。另一方面，我们的心智又相当不擅长去搞清一些看似简单的东西，比如用回声的延时来判断距离，而这对蝙蝠而言却是小菜一碟。过去许多年我一直讲授一门关于心理声学的课程，每回上课我都惊叹于两个演示样例的效果。我会播放两种录制的声音，都是用钢琴弹奏的单个音符接着一个音节和一个和弦。我在第一次播放的时候加入简单回声，使声音和回声之间有不同的延时，并且根据声波球面扩散的正常衰减而相应降低音量。而在第二次播放的时候，我把同样的声音基于算法修改了，这个算法模拟创造了不同尺寸和内容物的空间，每一个都可以产生10—30000次的回音，还能根据模拟空间的内容物产生恰当的频率变化，其中内容物包括如地毯、金属座椅、人、岩石还有天花板高度等（也可能没有天花板）。

其实通过单一回声来确定其相应的距离应该是一件很简单的事情，因为你只需要知道原声和回声之间隔多长时间就够了，剩下的都是些简单计算。这有点像在闪电（速度约30万千米/秒）和随后的雷声（速度是相对慢吞吞的0.34千米/秒）之间计时数秒。接下来，正如父母可能曾经告诉过你的那样，你只需把计到的这个时间除以5，就可以知道打雷的位置在多少英里之外了。当然这可能只是用来帮你舒缓对电闪雷鸣的恐惧的，但这一经验定律不仅告诉了我们物理世界的规律，还教给我们如何去做人耳几乎不需要用到大脑就已经在做的事情——估算危险事物的距离。

回想一下你经历电闪雷鸣的日子，如果声音的传播速度是每秒340米，并且它还会经过另一个表面的反射再回来，那么你应该可以轻松地算出这个反射墙在离你多远的地方。而另一方面，不同空间的声学指标则实在是多种多样。小到木头棺材、大到布莱斯大峡谷（Bryce Canyon），只用混响来搞清楚相关的参数真是难上加难。即便如此，每年都是老样子，我的学生中几乎没有人能够分辨出前后两个回声中哪个的反射面比较远，但是他们中每次都有80%的人可以通过不同空间的模拟混响正确地回答出空间的大小、形状、材质甚至其内容物。这看起来似乎是反直觉的：确定回声反射面的距离只是简单的算术而已，而计算一个未知空间中有什么东西，甚至知道金属椅子里有没有坐人、房间是不是空的（超过一半的学生都能胜任这项任务）则需要对时间和频率特征进行上百万次的精细运算，这可能需要一个小型计算机网络花相当长的时间才能完成。

但是别忘了，你的耳朵和大脑日常就暴露在这样一个复杂的声音世界中，却能够在听到声音之后几百毫秒的时间里就完成所有那些计算，并将所获信息传递到你的意识当中（与我们在回声方面的糟糕能力相比，蝙蝠大概会觉得计算回声距离是下意识就可以完成的一件小事。因为假使没有快速且正确地完成这一过程的话，它们可能就吃不到东西、飞撞到树上，甚至更糟——一头撞进研究者的网兜里）。

我们鉴别空间声音的能力经常被用在对人造空间和建筑的运用方式当中，这也形成了一个新的领域：建筑声学，主要是通过对场所的设计使其声音展现出特殊的效果。而建筑物，尤其是像机场和食堂这样拥有较大开放空间的地方，往往都非常吵闹且混响严重，这样的噪声水平甚至让听清一段对话都十分困难。举个例子，纽约中央火车站的大厅就是一个有着巨大开放空间的宏伟建筑。其主厅的拱顶有40米高，还配有巨大的弧形吊顶，墙壁表面都由花岗岩、大理石和石灰石砌成。再加上所有这些表面的高硬度和方向性，中央火车站的主大厅就变成了一个对于人和火车低频轰鸣还有周围车流所产生声音的巨大的低保真反射器（这些声音都通过它内部的钢铁与石头材料而高速传播开来）。于是年度的假日音乐会——更不用提火车出入站的广播——都很难听清楚。不过即便在这样嘈杂的环境中，还是有一些绝佳的好去处。你只要向下走一层，在牡蛎吧餐馆对面瓷砖铺成的拱门处面向墙壁低语，那么在走廊另一头的人也可以非常清晰地听到你说的话。这是因为坚硬而弯曲的反射性表面充当了波导的角色，让不算大的声音直接沿着表面传导，而不是在它们之间不断反射。正因为这个特性，人们美其名曰"耳语拱门"。

不过这个建于世纪之交的火车站并不是典型的围绕其声学特性

而设计的。建筑声学是一个非常庞大的领域，代表着一个数十亿美元的，尤其对我们在城市环境中生活质量日益重要的产业。在最基本的建筑层面上，比如像办公室、宾馆这样的空间，以及那些想让自己的地盘更宜居的私人建筑师，每年都会在减少内部噪音污染这方面花费上亿美元。在更大的建筑尺度上，每个音乐厅、剧院、礼堂，任何一个以听觉为重的场馆，都会采用独特的设计来让听众该听到的声音达到最大化，同时减弱其他的声音或将声音的扭曲降到最低（有的地方因为缺少这种设计就惨了）。建筑声学并不是一个新的领域：公元前4世纪，古希腊埃皮达鲁斯的圆形露天剧场就是声学工程史上的一颗明珠。尽管它是露天结构且没有音响系统，它的声音质量在那个时代是绝无仅有的，而其音响效果直到今天也依旧是个传奇。这个成就背后的原理直到2007年才为人们所了解：佐治亚理工大学的尼科·德克莱尔（Nico Declercq）和工程师辛迪·德凯泽（Cindy Dekeyser）发现，剧场座椅的形状充当了一个声学滤波器，它阻碍了低频的声音，并将高频的声音继续传播开来。此外，由于使用了具有多孔表面的石灰石作为材料，吸收掉了大多数的局部随机噪声（在意大利威尼斯，由于石灰石被广泛地用作建材，再加上那里没什么机动车，这两个主要原因使得这个城市格外安静）。

在近现代，18、19世纪的音乐厅有着巨大的开阔空间，其悬挂的幔帐以及巴洛克式内饰往往都经过了精心的设计，使得从舞台传向观众席每一处的声音都被最大化了。另外，这些剧场里的精巧装饰大小各异，因此创造出了一个丰富的声学环境，它们为声音加入了混响且不让它们变得糊成一片。然而20世纪以来的建筑风格因为采用了简洁朴实的几何线条，所以许多建筑的空间中都遭遇了声学"盲区"或者是糊成一片的声音。我从朋友那里听说，以前去纽约爱乐乐团音乐厅听音乐会，除了木管乐器和弦乐其他什么都听不见。后来，在已故著名声学工程师西里尔·哈里斯（Cyril Harris）的主持下，对那里进行了整体结构性翻新，才解决了原本建筑过于简洁与奇怪朝向的座位所带来的一系列局限性和问题，让这个音乐厅终于配得上那里所演奏的音乐了。

通常，当你从繁忙的工作中偷空在城市街道上漫步时，也许你正在听音乐，并没有对周围的声音给予太多的注意。但偶尔你也会停下脚步聆听鸟儿婉转的歌声，或是在走神的时候被一声喇叭吓一跳。不过只要仔细倾听哪怕仅仅是很短的一段时间，就能让你不光体悟到周围的声音资源多么丰富，还能深刻地认识到空间是如何塑造声音的，以及你的大脑又是如何把这些物理上的声音重新映射，成为对这个空间的心理物理表征的。

声音不同于视觉，它需要更多对细节的注意，以便把事物从你有意忽略的背景信息里抓出来，然后输送给你的心智来识别。这里我想说说我多年前一次散步的经历。那是一个10月底的周日下午两点半左右，天气晴朗、气温大约15摄氏度，微风拂面。我和太太（她是一位声音艺术家，所以她手上那些制造噪声和录制声音的玩意儿比我实验室里的还多）一起在纽约中央公园里散步。为了你们这些非纽约客我再补充一句，中央公园是一个周末不对机动车开放的地方，所以比平时更挤满了一群骑自行车、滑旱冰、跑步、玩乐器，以及装作漫步于田园乌托邦其实终点站是卖热狗小摊那里的人。我们一路走一路录音，这也作为我太太城市生物声学项目的一部分。她戴着一个入耳式的双声道麦克风，连接到一个便携数字录音机上。这个入耳双声道款是非常小巧的特制麦克风，录制大约40—17000赫兹的声音，可以很好地覆盖人类的听觉频段，并且适合放在耳道中朝向外面。用这种麦克风录音最特别的地方在于，因为它就在耳朵里，所以它们录到的声音就是你的耳朵接收到的声音，这就能利用到每个人耳廓的独特形状，从而给出进入你耳朵的声音波形和频谱里的微妙改变。同时，用它们来捕捉声音到达每只耳朵的微小时间差也很棒。当时这个录音舞台的设置是，我和太太的身高分别是 1.73 米和 1.68 米，我俩沿着大都会艺术博物馆西侧的沥青路向北走：她在右边靠路的一侧，而我在左边，靠草地更近。你很快就会了解到为何需要这种层面的细节了。

尽管我们走了差不多一个小时，但是录制的材料中大概只有 34 秒值得研究。图 1 展示了两种类型的图，每种都分成了两个声道：左声道（来自左耳）在上，右声道（来自右耳）在下。靠上的图叫作波形图，展示的是声压大小随时间的变化，在纵轴上以分贝（dB）为单位表示，横轴以秒为单位表示时间。波形图是分析整体信号强度随时间变化的标准工具，也可以用来反映一个信号波形在采用高分辨率记录时（采样时间相应缩短）更细致结构上的变化。由于这个样本只有大约 34 秒，所以它没有办法展现波形的精细变化，只能看到声音相对的整体振幅变化——亦被称为声音的包络，它是在中心线（有 -∞ 标志的地方）上下变动。这一录音样本设定的声音强度为 0 到 90 分贝，其中 90 分贝基本是任何录音设备能采集到的最大音量，而任何 0 分贝以下的声音都因过于安静而无法被麦克风捕捉到。中心线（穿过波形的零线）被标记为 -∞ 是因为它代表着完全没有声能，这种情况只有用大量液态氢来把物体温度冷却到绝对零度附近时才能达到。

靠下的图被称为频谱图，其展现的是不同频率的声音强度随时间的变化。尽管它和波形图都是从同一个声音里得到的，但它们表现了同一声音的不同细节。其横轴表示时间，与上方的波形图对齐，从左端开始到右端的 34 秒左右停止。其纵轴标有不同的频率，从 0 开始到大约 9000 赫兹。虽然这个录音样本最高频率达到 17000 赫兹，不过由于大部分我们感兴趣的声音能量都在 9000 赫兹以下，所以这个频谱图是被截去了顶端的，这样让我们更容易看到细节。从图本身来看，黑色表示没有声学能量，所以每个浅色的点都表示在那里检测到了特定频率的声音。这个声音的强度越大，点的颜色就会越亮。从听者的角度来看，图像中部一条白色水平线表示的是有一个响亮的 4500 赫兹（白线对应的横轴频率）音调在

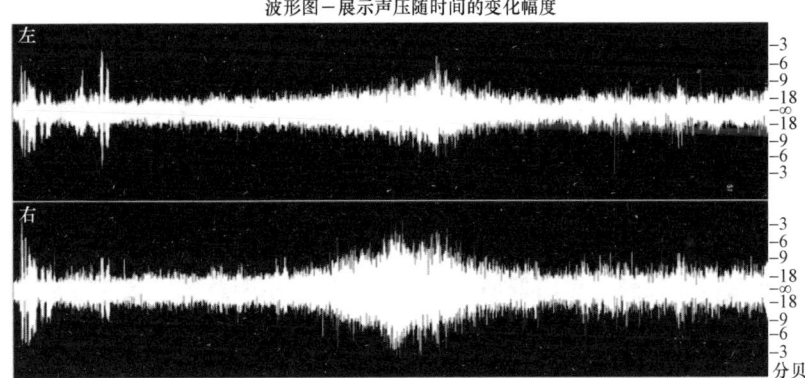

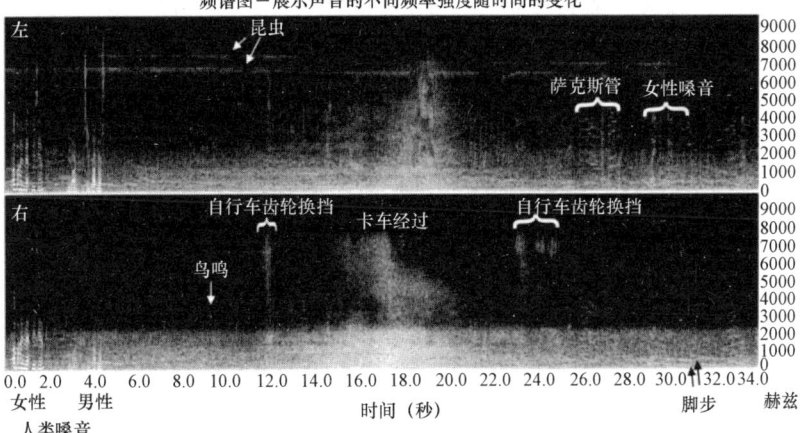

图 1

第二章 空间与地点：公园漫步

这条线所持续的时间内出现。由于频谱图将不同的频率分离开来展示，而不是像波形图那样把它们糅起来变成对某个时间点所有频率幅度的一个总体幅度值，这样就方便我们不仅能检测到独立的声音事件，也更容易确定它的频率内容。

让我们一起来开始这段 34 秒的听觉漫步吧。首先是一些"声景"的基本特征：你可以注意到，在波形图里，声音的整体包络从来没有低于 −15 以下；与之相比，在频谱图中则在左右两个通道都存在灰色的条带，覆盖了整个从 2000 赫兹到 0 赫兹的录音，其中右侧通道又更密集一些。这个条带在频谱图上的密度几乎是均匀的，这就意味着声能在 2000 赫兹以下是平均分布的。其实它就是一条噪音带。假如我们远离城市，在树林或者草丛中录音，噪音的水平和频率就都会下降，但仍不会消失。背景噪声在任何环境下都会有所不同，但一定是存在的，因此你几乎从没有注意到它，除非你下意识地提高了嗓门说话，或是调大了音乐的音量。这种背景噪声来自于上千个混杂的源头，包括说话声、风声、交通噪声，它们都离你有段距离，但混合成了这一片无形的沙沙声。不过这其中最主要的贡献之一来自于地面交通的低频噪声段。声音的速度会因传播介质的密度而变化，而泥土、沥青和混凝土都足够密实，可以将声音提升到它在空气中 10 倍的速度来传播。这就意味着声音在其中可以传播到在空气中 10 倍距离那么远才会消弭。或许一次脚步、车胎、自行车或者掉落的包裹造成的动静只能让身边约 38 米的人注意到。但由于路面更高的传播速度，你可以瞬间接收到来自半径约 400 米内的所有声音的总和，它们在车道中上下碰撞相互干涉，沿着整个坚实的地面不断回响，这就像把地面表层自身变成了一个巨大的低保真扬声器。这也就可以解释为何右侧的噪音密度（也就是频谱图上的亮度）比左侧高了，这正是因为我太太的右耳冲着马路，而左耳冲着草地。

以前我就在旅行途中注意到一件事，那就是每座城市都有自己独特的背景噪声。空气中的声音基于那片地区人口、动物或其他噪声源的数量而变化，所以每时每刻都不一样。但真正使得每个地方的背景噪声彼此区分开来的是城市路面的材料及其密度。汽车行驶在水泥路上的声音和在沥青路上的声音差别很大，如果你仔细听的话，甚至沥青的成分也会让路面的背景噪声产生可被觉察到的差别。就像我先前提到，意大利的威尼斯尽管充斥着成千上万的游客，却是全世界最安静的城市之一。可能就是因为那里汽车少而且建筑的外立面普遍采用多孔石灰石，其材质结构充当了天然的消音器。

让我们再来看看背景噪声之外更多的特殊细节。当你观察波形图的时候，会发现在最初的 4 秒内有几个比较大的波峰，首先是出现在左右声道差不多大小的峰，紧接着左边的声音就比右边大了。这其实是我太太说话的声音，接着是我的声音。她的声音强度很大并不是因为她正在吼叫，而是她的嗓音离耳朵里面的麦克风最近，所以声音不仅从她的嘴里发出从外面传到她耳朵里，还通过内部方式——从她的颅骨传了过来。这一传导过程叫作"骨传导"。这之后在 3.5 秒左右出现的几个峰是我的嗓音。由于我在她的左边，所以左声道的强度较大。如果再看一下频谱图，你会发现更多说话声音的细节，这能揭示出大量关于人类语音的特点。我太太嗓音的频谱图是一系列垂直分布成细带状的白线，其位置随时间有些微的变化。这些即是谐波频带，是由相似频率组成的不同能量级，并被之间的空白区域隔开。这些谐波频带的独特结构是由她的声道决定的。她当时在说"我们在大都会博物馆的后面"（We're behind the Met museum），谐波频带方向上的变化显示了随着她在元音和辅音之间切换而带来的嗓音频率变化。这种频带的变化叫作共振峰，是分辨人类语音的基本声学特征。不过请注意，频谱图里她的嗓音（不超过2秒）的频带在左右两侧都达到最高接近6000赫兹的那一层，在低频变得更白，而我嗓音里的频带则最高就只有4000赫兹，并且左侧（靠近我的一侧）声道比右侧更白，在她右侧几乎没有什么频带能高于3000—4000赫兹。这是一个由我太太的头部所造成的高频"声影"，限制了高于4000赫兹的声音绕过她的头到达右耳这边。我当时在说"我们在博物馆北路"（We're on Museum Drive North）。如果你离近点儿仔细观察一下我的声音在4秒左右时的谐波频带，你就会发现我的声音不仅大部分能量比我太太的声音低（除了"D"和"th"这种本身就有很多噪音成分的语音），而且其条带的分布也更紧密。正是这两个因素让我的嗓音有着比她的嗓音更低的音调。其实真正决定音调的不只是声音频率范围的最高值，其谐波频带之间的距离也能帮助你的耳朵来判定一个声音的音调是什么。

频谱图中还有一个自始至终都存在的清晰特征展示着左右两侧的差异，那就是在6000—7000赫兹频段处的两道白线。细心看的话你会发现，这两道白线其实是由许多紧密排列的竖线组成，并且贯穿了整段声音。这其实是昆虫的声音（应该是蝉），它们就在我们走路时左手边草坪里的树上。这也是波形图里持续的背景噪声里的重要成分，而又一次地，你能发现这个声音在右声道的频谱图里看起来是多么微弱，因为这边背向声源，而高频成分又被我太太的头部遮挡了。蝉鸣声唯一真切出现在右声道的时间是10—12秒，那时我们正路过一棵非常高的树，而我们的鸣虫可能就爬在那棵树上，因此它的位置和强度都更利于右边的麦克风拾音记录到。

随着我们继续漫步，下一个明显的声音事件是在9秒时大约

3000 赫兹处出现的一条近乎垂直的小短线。这是一只叽叽喳喳的小鸟向右飞过马路时留下的声响。它在波形图上几乎没有留下一个峰，但是你的耳朵可以很清晰地把它从背景噪声里分辨出来，同样，看着频谱图也可以。可是这声简单的鸟叫背后还有更深入的故事。如果我们更仔细地观察这一部分频谱图，你还会发现在 1500 赫兹处有一个小亮点，这让 3000 赫兹的信号形成了一个谐波频带。不过其低音部分处在背景噪音的区域里，所以很难被看见。这对于我们了解动物的交流具有重要的意义，因为在城市中生活的鸟类需要一刻不停地与这些城市背景噪音做斗争。近期的多项研究表明，在城市环境中生存的鸟类需要抬高鸣叫的音调，使得它们的声音能高于背景噪音以便让彼此听到。背景噪音迫使我们的这些城市伙伴发生了在行为和压力水平上的有趣变化（而这些噪音对我们的影响其实也一样）。

在大约 12 秒处，波形图和频谱图都出现了一次短暂的强度增加，在频谱图上出现了里面有模糊条带的以高频为主的噪声。这是一辆自行车从我们右侧经过时换齿轮挡的声音。其低频成分（强度也比较小）主要是轮胎在沥青地面上滚过的声音，即使是我们的耳朵去听也无法从背景噪音里察觉出来。我们可以在波形图和频谱图上将它与 14 秒左右开始持续到大约 20 秒的一个事件做个比较：声音起来得很快，尤其是在右声道，然后才在左边稍后也达到高峰。在频谱图上你可以看到左右两边是类似的样式，声音的频率分布一直到 8000 赫兹都相当密集，其中右边在 17 秒左右达到最大，而左边则是在 19 秒左右。这声音来自于一辆工程维护卡车，它在沥青路上缓缓驶向北面。靠左右声道的差别和两种图上显示的形状就可以还原当时现场的运动了：更靠近卡车的一边会先检测到声音，并在卡车驶过右边麦克风的时候达到峰值，而它还是被我太太的脑袋形成的"声影"部分地挡住了；直到开到她的右前方，卡车发出的高频噪音才有了一条从前面直接通往她耳朵的道路，于是就在她左耳记录到的频谱图上留下了一个比右边晚了几秒的峰值。

在 19 秒左右，频段宽且振幅高的卡车噪音挡住或者说是掩蔽掉了昆虫的声音。这并不仅仅是因为它在这个距离上音量比蝉鸣大，①还因为卡车发出声音的频率范围广得多，这样组合起来的噪音很有效地将昆虫用来鸣唱的窄频歌声挡住了。

在大约 24 秒的地方，你能看到有另一辆自行车经过，同时也换了好几次齿轮挡。但是在 25 秒处，波形图上显示的强度有轻微的提高，还有一系列交替出现的谐波线出现在 4000 赫兹以下的低频区。这里的谐波频带比最开始在人说话声中看到的要简单许多，而且呈现阶梯状。我们其实从 20 秒左右开始就能听见这些声音了，它来自左边小山丘上的一支萨克斯管吹出的音符。不过和之前一样，直到我们离演奏者很近时，更高频的谐波才开始出现，而低音的部分也从背景噪音中浮现了出来。你可以看到，几秒后有一位女士从我们后面走近从左侧离开，她嗓音的谐波频带和萨克斯管是很相似的。

最后一件值得注意的事情开始于 30 秒并持续到录音结束：有一段幽灵般的频带在背景噪声中很低的地方，于 200 赫兹和 500 赫兹之间交替出现。尽管从肉眼上看它们似乎是连续的，可是放大细看就会发现频带间有许多短的空隙，而且两条频带实际上是交替进行的。这是一位跑步者的脚步声，他从我们后方逐渐接近，然后在 34 秒时从右侧超过我们。你也许会好奇为什么左（低频）右（高

---

① 如果它们与你距离相同的话，蝉以 90 分贝的音量鸣叫其实会比卡车的声音大。我们只是习惯了与树上的鸣蝉保持 30—40 英尺的距离而已。

频）脚步声会有差别，这其实也是声音识别中另一个有趣的问题。假设跑步的人左右步伐十分对称，脚也由前向后完美对齐地向前迈进，那么两边的脚步声确实应该没有什么差别才对。不过在他超越我们的时候我发现，他的右脚在跑步时有明显的外翻，而他的左脚则是脚跟重重着地。他的左脚随着脚跟着地、全脚在地面上滚过而产生的"拍击"声音会比右脚要小，因为右脚外翻导致着地面积小，因此在更小的一块脚印处施加了更多能量，故而产生了频率更高且略微更响的声音。多年前我的实验室有位学生，她对人们是否能够通过脚步声辨认来者是谁这个问题非常感兴趣。她做了一个非常精妙的实验：找来一些身高体重相似的人，让他们穿上差不多的鞋子在一个礼堂中走或者跑，并将声音录下来。接着她将这个录音放给另外一些之前曾经听过这些人跑步的人听，结果发现其实人们非常擅长于利用这些简单的声音线索来辨识他人。这是人脑能利用微小的声音信息进行极其复杂的识别与分析能力的又一个力证。如果你认为这仅仅是一个有点儿意思的学术试验，那你可记住了，等你下次在漆黑的街道上听见背后有脚步声时可能才会意识到，你或许也同样不需要转过头去看就知道，你到底是被陌生人盯上了，还是那只是你的室友追上你来要钥匙。

第三章
低端听众：鱼和青蛙

　　正如每个地方都有自己独特的声音，每位听众对于要听些什么也有自己的盘算。在脊椎动物的世界中大约有5万种动物有听的能力，而每种动物都有它们自己的策略来解决去听哪些东西这样的问题，这往往与它们各自生活环境的声音息息相关。在它们当中，人们大概只研究过其中100种，并且大部分研究数据来源于12种生物，包括斑马鱼、金鱼、蟾鱼、牛蛙、爪蟾、小鼠、大鼠、沙鼠、猫、蝙蝠、海豚和人类。从某种程度上来讲这没有什么问题，毕竟脊椎动物们的听觉原理都是一致的。它们都通过特定结构里的毛细胞振动来探测压力变化和分子运动，并将其转变成有用的知觉来帮助指导行为。

　　一旦声音进入耳朵之后，脊椎动物大脑的处理计划都是相似的：后脑接收和发出大部分原始感觉运动信息，中脑整合进来与出去的信息，丘脑是转接中心将信息继续向前传递，而前脑则掌控意图行为。但另一方面，每个物种都发展出了自己的一套解决方案来决定它们到底应该听哪些东西。而更糟糕的是，同一物种的不同个体由于基因变异及其生命发展过程中所暴露的环境不同，使得不同个体也会与本物种的"正常"版本表现出差异。因此，仅靠这样一个小的样本去试图了解所有听觉和它全部的存在形式是十分困难的。

不过研究听觉的人（就像大多数人一样）总想从人类的视角去完整地理解他们研究的每个对象。作为人类，我们主要关心的是人的经验。尽管地球上其他生命的数目远远多于人类，但人类造出了声级计，出台了噪音控制法规且有望将其坚持下去，同时人类还拥有对生的拇指*来调低音响系统的音量或者切歌。因此，我们倾向于将其他物种看成是在一些特征上与人类的行为表现或者兴趣有较大重叠的生命系统。在过去的20年中，这一限制已经变得越来越严苛，主要是由于当今大部分科研经费资助的是"转换研究"——那些可以用到人类身上的生物医学与技术应用。所以我们倾向于去关注那些当下被认为是"有用"的物种。这就是为什么我们现在很少看到有关鸭嘴兽、小星鼻鼹或长颈鹿的听觉研究论文了（不过这些动物在电磁感受、触觉敏感性和哈欠研究[1]中十分受青睐）。然而鉴于人类和所有脊椎动物在进化意义上有亲缘关系，且照搬大自然工程学规律的仿生学应用被证明在技术上是有用的，这为我们研究（以及寻找资助来研究）动物的听觉留下了很大余地。尽管我们没有办法研究所有5万种具有听觉的物种，但是只要看看那些已经在地球上生存了很长时间且有一技之长的成功物种案例，我们不仅能更了解自己的听觉，同时还能将生物医学技术和技术的应用边界继续向前推进。在这一章里，我们将从有听觉的物种里那些处于低端的物种入手，看看鱼类和

---

* opposable thumbs，是指拇指可以与其他四指对向捏合的构造。——译者注
[1] 根据奥利维尔·瓦卢辛斯基（Olivier Walusinski）博士的说法，长颈鹿是目前已知唯一不打哈欠的动物。

青蛙的听觉是怎样的。

地球上的生命源于海洋，它们花费了数亿年的时间进行登陆试验，并最终成功完成了这次进入干燥空气的冒险。时至今日仍有大量生命体生活在水下。水下听觉在我们这些陆生品种看来相当复杂：人类的耳朵在进化中形成的功能是在空气这样的低密度介质中获取压力变化的信息。这些压力变化使我们的鼓膜振动，鼓膜的振动随即被听小骨（由锤骨、砧骨及镫骨三块小骨头组成）放大再传递至卵圆窗，然后通过卵圆窗这个门户通向人类内耳充满液体的耳蜗，在那里毛细胞将这些振动转化为可用的神经信号。

试试当你泡澡或游泳时把头埋在水下，你会发现所有声音都变得非常奇怪。我听过的最生动的描述来自我的一位潜水员朋友，他说："所有的声音好像都同时更响且更柔和，而且还到处都是。"这其中的部分原因是人耳经过进化，把低密度空气中的振动转换成为内耳中高密度液体的振动。一旦你的外耳道充满了水，整个系统就被搅乱了：你的外耳道里是水，但你的听小骨所在的中耳仍充满空气，因而它们之间传递的信号就被扭曲了。

水的密度大约是空气的 8 倍（你的内耳液体及身体其他组织的密度和水相似）。这一密度的差别就意味着水比空气有更高的阻抗，也就是说，在水下发出一个声音需要花费更多的能量，但声音一旦发出，它便会以在空气中 5 倍的速度传播。于是我们在水下辨识声音和辨认声源位置的能力都受到了严重的影响。因此，那些没有昂贵的水下通信设备的潜水员，只好使用防水白板来沟通，或是靠敲击氧气瓶来获得他人的注意。这样一来，我们也就很好理解为什么无论浴缸边的收音机声音多大，一旦你把头埋入水下后，空气中的声音都会因为阻抗失配而被水面反弹出去充斥在浴室里，而你在水下就只能听见水龙头里的水缓缓击打水面产生的汩汩闷响。①

然而，缺少中耳和外耳的鱼类却已在过去的数亿年里一直在水下听东西，而它们的声学阻抗也几乎和它周围的水一样。按照简单的物理规律，声音应该直接穿过它们的身体而不被它们检测到才对。不过在漫长的进化过程中它们有了某些适应性改变，以至于能够让鱼类那相对结构简单的内耳也可以捕捉到水中的振动。鱼类用长满毛细胞的球囊来采集声音，这是一种具有不寻常结构的感觉器官。球囊在内耳中垂直排布，其上有向外伸出的毛细胞。这些毛细胞的尖端被埋在黏液状物质里，其中充满了致密的碳酸钙晶体，这些晶体就像小小的碎骨头渣一样。这个结构被称为耳石，其密度比周围的组织要大得多，就像一个钟摆一般。当声压波来到鱼这里时，大部分的能量都穿过了它的身体，使之随着声波振动。不过致密的耳石由于阻抗比其他组织更高，其振动的幅度故而有所不同。在鱼头部两侧的耳石和鱼身之间相对运动的差别引起了毛细胞尖端弯曲，使其电位发生变化，进而发出信号经由听神经对声音特征进行了编码。洛约拉大学的迪克·费伊（Dick Fay）对此的描述是我认为最精彩的。他说："陆生脊椎动物将身体保持静止，让声音来振动耳朵；而鱼类则将耳朵保持静止，让声音振动身体。"

时至今日，仍有大量诸如鲨鱼、魟鱼、鳐鱼等鱼类在用这种"简单"的耳朵进行听觉活动。这些鱼类普遍听力都相对比较有限，只对很少的一些频段的声音有反应，而且声音还得很大才行。不过确有一些在进化上比它们更靠近现代的"硬骨鱼"具有一种叫作鳔的适应性器官。它是一个充满空气的气囊，从进化意义上来说是我

---

① 唯一能传入水中的声音其实是经过浴缸传递的。除非你把收音机挂起来，让扬声器直接正对着水面，这样的话才会有部分声音传入水里。当然，如果你真想听的话，最简单的方式还是直接把头伸出水面。

们肺的前身。这样一大团空气在鱼的身体里就创造出一种针对声音的阻抗失配，而许多淡水鱼类就演化出了对它们脊椎的修改版本，即一个被称作鳔骨的结构，可以把鱼鳔连接到内耳。这些鱼（其中包括金鱼①）有着十分优秀的水下听力，它们对于 4 千赫以下低频声音的听觉阈限非常低，因而也被认为是"听力专家"。鲱形目鱼类（鲱鱼、沙丁鱼、鳓鱼及其近亲物种）在此之上更进一步，它们的鳔有一个延展部分可以伸进颅骨直接刺激内耳。这一结果是马里兰大学的阿特·波珀（Art Popper）发现的。他的研究表明，这些鱼类甚至可以听见高至超声频段的声音。因此，作为倾听大海之外声音的第一步，某些鱼类将一小部分空气纳入了自己的身体。于是这也把我们的关注点带到了青蛙身上。

我在八岁的时候遇到了我的老友格雷格（Greg），当时我俩都想要抓一只牛蛙，结果我们撞到了彼此，却让牛蛙跑掉了。我十岁的时候，一只名叫巴勃罗的牛蛙（它在池塘里没能从我手下跑掉，于是成了我家的一只临时宠物，不过每晚它都能成功从饲养箱里逃出去）每天夜里都会站在楼梯最高处高兴地跟我母亲打招呼，并为她唱小夜曲。后来还有一只未成年的牛蛙叫弗兰切斯卡，我曾试图训练它在我用合成器弹奏降 B 调的时候条件反射将头转向左边，不过并没有成功。

在我最初申请布朗大学研究生项目的时候，我去和有希望入学的同学们见面打招呼，同时还见到了我后来的导师安德烈娅·西蒙斯和她的丈夫（我后来的博士后导师）詹姆斯·西蒙斯。安德烈娅当时正在潜心研究牛蛙是如果探测音调的，而詹姆斯那时和现在都

---

① 金鱼在鱼类听觉研究中更受青睐，不仅因为它们很好养，还因为和鲨鱼相比，它们不太会吃掉那些掉进饲养池里的人。

研究的是蝙蝠的回声定位功能。和他们聊了一会儿之后，詹姆斯对我说了一句非常走心的话："青蛙占有低频段，蝙蝠则占有高频段。了解了它们你就能了解几乎关于听觉的一切。"我已经花了近20年的时间在这些生物（当然还有一些其他的物种）身上研究听觉，而目前我还仍旧没有搞懂关于听觉的一切，不过詹姆斯的话依然在我心中，驱使着我继续研究这些感兴趣的问题。我们把重达数百磅的录音设备运进蚊子和咬人的乌龟出没的沼泽，因为那里也住着青蛙和蝙蝠；我们对受伤的青蛙进行基因筛查，试图弄清它们大脑再生的分子基础。我曾经把手卡在一只想把我整个一口吞掉的雄性牛蛙的嘴里，也曾在一个满是蝙蝠的阁楼上被乳头上还挂着小宝宝的母蝙蝠们从天而降袭倒在满是粪便的地板上。依据我医生的说法，我还发展成了世界上有史以来首位对牛蛙尿液过敏的人。

　　青蛙身上有一件事情非常让我着迷。作为两栖动物，它们是某些最早成功从水中冒险登陆的生命形式的代表。化石记录表明，在解剖上与现代青蛙长相相似的生物，早在3亿年前就已经生活在这个星球上了。于是就产生了这样一个观点：青蛙是一种简单，或者说原始的有机体，我们通过对它们的审视只能获得关于听觉的基础知识。对此的一个例证是：许多年来，青蛙的听觉都被认为是一种简单的"求偶信号检测器"。也就是说，它们只会去听同类的声音。乍一想这个还挺有道理的——如果你的社会活动完全依赖于和同种群中的其他青蛙互动，那为什么还要浪费大脑资源在其他的外来噪音上呢？但是青蛙和所有的动物一样，并非一个为特定任务而设计的机器，而是在复杂生态环境中生存的复杂有机体。这里我要再次引用迪克·费伊的话："只听你自己种群的声音是有问题的，因为这样的话你很可能被第一个在你叫声范围之外发声的捕食者吃掉。"而任何一个曾经偷袭过一群青蛙的人都知道，费伊的说法是正确的：牛蛙在夜晚以很低的音高合唱，那是种能引发头痛的 100 分贝声音。不过只要它们周围 20 米内有一个脚步声，所有的牛蛙都会立刻安静下来。它们的叫声里包含着可被人耳听见的 200—4000 赫兹声音频段，但是它们所能探测到的地面振动在音高和强度上都比人耳可以听见的范围低上好几个数量级。

然而就和鱼类一样，我们不能将青蛙们一概而论。不同种类的青蛙差异巨大、各有千秋。有些青蛙是完全水栖的，有些更多是生活在陆地上；有些身形娇小，可以坐在你的指尖；有些则是庞然大物，身长 30 厘米、重 3.63 斤。不过在它们之中有一件事情却是统一的，那就是在所有已知的青蛙种类里，它们的社交活动和生存都是依赖于听觉的。事实上，其显而易见的鼓膜（和人类的鼓膜或者说是耳膜属于同源）一度被科学家们用于区分青蛙和蟾蜍，且它的鼓膜相对于眼睛的大小直到现在仍然是分辨青蛙性别的标准（雄性的鼓膜比眼睛大许多，雌性的则相对小）。在动物分类方面，大多数分类方法都依据的是动物的外部特征而非其基因相关度，但是在青蛙的分类上这就出现了问题，因为有些青蛙的耳朵完全内化了。这也是为什么非洲爪蟾（*Xenopus laevis*）这种水生"蛙"会被称为非洲水生"蟾"了。这其实是一种完全水栖的蛙，它们进化出了内置的鼓室盘，而其自然栖息地在非洲的泥塘里，这一结构使得它们在其中能够听见彼此的呼唤。

非洲爪蟾自 20 世纪 30 年代以来备受各种不同类型科学研究的欢迎。它们的卵细胞有容许度很高的结构，能够表达从其他物种中移植过来的蛋白质，从而创造出功能结构。比如编码神经元离子通道的 DNA 就可以在非洲爪蟾的卵细胞或卵母细胞里进行翻译，创造出一个里面拥有神经元离子通道的卵细胞，这样可以使研究者开展一系列对神经动力学和药物动力学的精准研究，而这在别的地方几乎不可能做到。它们的幼体（蝌蚪）是在母体外透明的卵中发育的，相比于鸡在蛋壳里以及哺乳动物在子宫中的发育，这也为发育方面的许多研究带来了更大的便利。它们的幼体本身也是透明的，这样我们就可以向其中注入染料和示踪剂来确定细胞的生长存亡图谱、追踪其发育发展的过程，甚至是追踪它们在分裂之后单个细胞的迁移情况。另外，非洲爪蟾还是第一个被成功克隆的脊椎动物。在很长一段时间里，它都作为两栖动物中的必备典型而被用于分子与基因研究中，其中包括上百种关于耳朵是如何发育的研究。然而，随着人类的知识日渐丰富，原来的旧观点也就有了被推翻的可能性。尽管非洲爪蟾为发育生物学中的一些重要研究开辟了道路，但如今人们发现它的基因型在脊椎动物中其实是十分奇特的一种。非洲爪蟾是一种异源四倍体，也就是说它的每一个基因都有4份，而不是像人和绝大多数其他脊椎动物一样是二倍体（每个基因都成对出现）。这就意味着在非洲爪蟾上永远都不可能通过选择与操控来敲除基因从而创造出特定的突变，因而之前在这个物种身上完成的一些基因相关工作现在遇到了疑问。目前，大部分之前在这个物种上进行的工作都正在它的近亲——热带爪蟾身上进行重复性研究，它们体型更小、寿命更短，然而却是二倍体物种。

尽管如此，对听觉研究而言非洲爪蟾仍然是一种非常有趣的动物。虽然它是两栖动物，但是它从没有四肢的蝌蚪时期到四肢健全的食肉（有时候也吃人肉）成年期都完全生活在水里。它们和鱼类一样有侧线系统：它们头部和身体两侧长有一簇一簇的体外毛细胞来检测水流运动的变化。年轻的非洲爪蟾蝌蚪利用这个系统来确定水流的方向，然后调整它们自己的姿态以保持浮力和稳定性。这种行为被称为趋流性，不仅可以帮助它们在水体中保持自己的位置，还可以让它们与同群里的其他蝌蚪保持稳定的相对位置，同时检测可能意味着天敌出现的突变水流。它们的成年体最长可以达到 25 厘米、体重超过 0.45 千克，通常栖息在昏暗的泥塘底部，很少见光。非洲爪蟾成年个体的侧线用于探测它们上方小昆虫或鱼的运动，这样它们就可以立刻冲上去用爪趾将其捕获，然后塞进它们宽阔的血盆大口里。它们那奇怪的眼睛是朝上看去的，在水里的时候几乎没有用，在接近水面的时候才派得上用场。此外，它们和大多数完全水栖的动物一样，并没有长在外面的耳朵。

在这种生物奇特的、像扁平"四脚鱼"一样的外貌下却隐藏着重要的事实：它们代表了听觉进化历程中的重要一步。尽管它们和鱼类一样拥有球囊（可能在它们的听觉发展过程中扮演了重要的角色，尤其在它们还是蝌蚪的时候），但它们还有额外的内耳器官，叫作两栖乳突和基底乳突。两栖乳突由一张伸展在内耳上布满毛细胞的膜构成，其毛细胞对 50—1000 赫兹的低频声音有响应，并按照特定的敏感频率松散排列。基底乳突则是一个略小一点的杯形器官，里面充满了对更高频率声音响应的毛细胞，响应的频率能达到 4000 赫兹。而且除了球囊之外，非洲爪蟾和鱼不一样的地方还在于它们有中耳，其主要结构是内置的软骨鼓室盘，相当于人类的鼓膜，其密度和周围的组织以及水的密度差别很大，这就使得声音产生的压力变化可以振动它们，并由一块叫作镫骨或是耳柱骨的软骨来连接传入内耳。

这样看来，如果我们是为了理解有关人类的东西，使用非洲爪蟾这个物种似乎是有点儿奇怪的。然而非洲爪蟾作为一种古老而且古怪的动物，却是我们研究声音社会行为的绝佳模型，因为它们为我们讲述了声音和性之间的故事。

非洲爪蟾为情歌而生。就像所有的青蛙一样,它们也依赖于"趋声性",即受到异性的呼唤而自动归家。这让它们在非洲南部荒野中那些被当作家园的浑浊泥塘里(或者是在不那么浑浊的实验室水族箱中)能够找到彼此。和其他青蛙不同的是,非洲爪蟾中雌性和雄性发出呼唤的次数相当,而且是雌性真正起主导作用。非洲爪蟾的发声器官并不复杂,它们用喉肌将两块盘状软骨拍在一起来发出类似响板的撞击声。和有调子的发声不同,这种信号不需要让空气穿过发声系统和泡泡声混在一起,撞击的声音可以通过水很好地进行传播而不会失真。除此之外,和所有情歌一样,它们唱歌也讲究调速。雄性非洲爪蟾相对会发出范围更广的呼唤,从有雌性爱侣在侧时每几秒一次缓慢的附庸之声,到偶尔的尖声叽喳(尤其是当它们被雌性选中时),甚至还有列车咆哮般的咔嗒声。但是它们在求偶行为中最重要的一种叫声是"广告歌",这是一连串大约0.5秒长的咔嗒声,起初缓慢然后突然快速爆发,以每分钟100次的速率重复着。

这种"广告歌"名不虚传,它是雄性非洲爪蟾试图去吸引附近区域的雌性并警告、驱逐其他雄性的信号,往往作为对雌性呼唤的应答。雌性非洲爪蟾则只有两种歌声:轻叩和嘀嗒。这些声音也是由调速不同的咔嗒声组成,但是它们可以控制雄性的行为。嘀嗒之歌相对缓慢,每秒大约只有4次,雌性在不接受和雄性交配时会发出这种叫声。雄性听到正在发出嘀嗒声的雌性时通常就会远离它们,原因我们应该都懂。轻叩之歌则是它们接受交配时会唱的,这是一系列咔嗒声、速度是嘀嗒之歌的三倍,每秒11—12下左右。这种声音对附近区域的雄性就像是声音春药一样,即便是播放雌性非洲爪蟾轻叩之歌的录音,都可以让区域内的任何雄性接近声源,并且试图与发出声音的物体交配,无论发声的是个什么东西都会这样。所以我们经常需要将它们从水下扬声器上撬下来，并且之后要对扬声器好好清理一番。

在人类的歌唱中，歌者的能力要基于许多生理、认知和行为因素的影响（尤其是台下的练习和对自动调音技术的依赖）。然而在青蛙身上，它们的歌声更多地是基于生理上的硬件连接。我一直以来特别喜欢的一个实验室研究是达西·凯利（Darcy Kelley）和玛莎·托比亚斯（Martha Tobias）的一项名叫"盘中歌"的实验。他们从雄性和雌性的青蛙身上取下它们的喉部及其部分喉神经。当用适当的频率刺激神经时，他们发现可以让离体的喉部不需要青蛙身体的其他部位也能发出求偶交配的歌声。然而即使他们改变刺激的频率，雌性的喉部也没有办法和雄性的喉部一样发出快速的叫声。这是由青蛙喉部肌纤维类型的性别差异所导致的。雄性的喉肌纤维是"快速抽搐肌"，也叫Ⅱ型肌纤维。这种类型的纤维在新陈代谢上更适应高速而相对短促的活动。而雌性的喉肌纤维则主要是"慢速抽搐肌"，也叫Ⅰ型肌纤维。它们的耐力更强但是收缩得更慢。这两种肌肉的差异主要来自于个体发育过程中性激素的作用。在发育中暴露在更高浓度的雄性激素（例如最广为人知的睾酮）中会改变最终表达出的肌纤维类型。不过，喉部的性别差异并不是雌雄青蛙叫声差异的主导因素。它更多地是一种"共同效应"。真正促使雄性和雌性青蛙叫声有区别的，是大脑负责发声区域的性别差异。

几个世纪以来，大脑的两性差异都是科学领域（以及各种其他地方）持续争议的话题。在19世纪早期，解剖学家援引人类女性大脑的平均尺寸小于男性，借此宣称女性天生就没有男性聪明。随后，科学家们逐渐把这个争论上升到这样一个问题上：性别取向到底是来自基因还是来自行为。不过这许多年来，大脑产生、执行并感受到性行为的研究依旧和科学中你能想到的任何主题一样复杂。①因此，非洲爪蟾因拥有相对局限但性别差异较大的发声技能，成为研究这一极端复杂主题的基本规律的绝佳生物。举个例子，如果雄性非洲爪蟾被阉割了，它们会有一个月左右的时间停止鸣叫。但如果给其提供睾酮，它们会再次开始发出求偶的叫声。假如成年雌性非洲爪蟾被施以睾酮，它们就会开始发出越来越快的颤音叫声，尽管由于喉肌的限制它们仍然赶不上正常雄性非洲爪蟾叫声的最快速度，不过绝对是更加雄性化了的。相比于已经观察到的鸟类和哺乳类动物，这是一个完全不同且无疑是更简单的系统，因为鸟类和哺乳类只会在特定的关键期改变它们的发声行为。

为了给两性大脑差异的基本性质找到一些实在证据，山口绫子（Ayako Yamaguchi）和同事们找到了一种办法，可以将雄性与雌性非洲爪蟾的脑完整摘除并且使其存活好一段时间。拿开了所有那些多余的、动物总是花费过多时间担忧的外部冗物，一个放在盘子里、浸浴在充氧的人工脑脊液中维持着活力的孤独的脑，终于有时间可以聚焦在真正重要的事情上了——比如说性。山口和她的学生以及同事们发现，如果施加血清素——一种参与许多复杂行为任务的神经递质，大脑就会开始产生所谓的"虚幻之歌"。脑中的一个歌声产生器会向喉神经发出神经信号，其频率正是这个离开身体"度假"的脑原来所属青蛙的性别所适合的频率。血清素受体——尤其是那些被称作 5-羟色胺 2c（5-HT2c）的受体——其分布和功能在两个性别之间的微妙差异会改变传递到喉部的神经信号频率，从而使得雄性和雌性的大脑展现出不同的歌声。

---

① 如果想了解科学和性是如何奇怪地交织在一起的，可以去看看玛丽·罗奇（Mary Roach）的书《邦克》（原文 Bonk 有性交的意思，也有撞击的意思，是双关语，在此音译。——译者注）。读完之后你大概会需要用漂白剂清洗一下你的大脑。

到目前为止，我们都还在讨论水下的生物，就像我之前提过的把头埋进浴缸来听外面收音机的体验，这是与通过空气来倾听和交流的生物有所不同的。现在让我们把目光从水生的非洲爪蟾转向真正的蛙科动物，比如美国牛蛙（*Rana catesbeiana*）。美国牛蛙是一种在水上以及水下都能够发出和收听声音的物种，也是北美最大的蛙。我在工作中曾养过两只年纪较大的雌性牛蛙，它们的体重都超过 0.91 千克，而且在我试图抓它们的时候可以轻松地击倒我。[①]

牛蛙与非洲爪蟾的相似之处在于，它们的社会行为也围绕着发出和接收声音。不过不同于非洲爪蟾，牛蛙花很多时间在水面上的生活（至少它们的头会浮出水面）。在充满蛙鸣的夜里，雄性牛蛙可能会上百只地成群坐在池塘边，一起唱着它们的"广告歌"。它们的歌声最大可以达到震耳欲聋的 100 分贝甚至更响，就像一道声音的乱墙。不过这混乱的场面对它们而言是很有意义的。这些叫声不仅是雄性牛蛙声明领土、驱逐竞争者的宣传信号，还可以引诱雌性牛蛙投入它们绿色黏湿的怀抱。

如果你在夏夜带着手电前往有牛蛙的池塘，你就能立刻了解到空气中的声音听起来有所不同，而且还可以学会一种快速分辨不同性别牛蛙的方法：去看它们的耳朵。[②] 在它们的眼睛后方，你可以看见一个盘状结构叫作鼓膜，也相当于我们人类的鼓膜。雌性的鼓膜大概和眼睛一样大，半英寸左右。但是雄性牛蛙的鼓膜会在其一生之中持续增长。成年雄性的鼓膜直径可达约 3.8 厘米，感觉就像是戴着一副扁平的录音棚耳机一样。这可不像孔雀尾巴那样是一个

---

① 当然最终我还是会赢的，但一般在此之前都会被淋上至少 1 品脱的牛蛙尿，而我对此过敏。比分：牛蛙得 1 分，没有苯海拉明的科学家 0 分（苯海拉明是一种治疗过敏的抗组胺药物。——译者注）。

② 这会让你在聚会时有一个不错的谈资。

性方面的信号，鼓膜的大小其实是在告诉我们它对哪些频率的声音更敏感。鼓膜越大，它最敏感的频率就越低。

雄性牛蛙的广告歌是"双模"的。也就是说，它有两个频率峰值：一个在低频区大约 200 赫兹，另一个在更高频区的 1500 赫兹。这个高频峰值其实是该物种特有的：对于牛蛙来说这个频率很独特，至少在和牛蛙处于相同叫声环境下的其他生物并不使用这个频率。雌性牛蛙的鼓膜则会生长到对这种牛蛙特有的 1500 赫兹声音最敏感的时候停止生长。而雄性牛蛙的耳朵会一直生长，并且随着年龄的增长对越来越低的频率敏感。这一性别差异是非常重要的，因为雌性牛蛙希望对其他牛蛙（而且只是雄性）的广告歌音调敏感，这使得它们能知道自己接近的是同种的雄性个体，并能让它们选择适合交配的雄性。任何一种鸣叫的行为都会消耗巨大的能量，因此叫得次数多、声音大的雄蛙可能比偶尔叫几次的雄性更健康，并且可能也是一个更优的交配选择。

雄蛙的鼓膜一生都在生长。听觉里面，尺寸很重要。像鼓膜这样，更大的接收面积可以使其逐渐对更低音调的声音更敏感。这使得它们可以检测到更远距离处其他鸣叫的雄性，因为高频声音在传播的过程中相比低频衰减得更快，故而可以让它们关注到与潜在竞争者之间的距离。

牛蛙的广告歌可比酒吧里面简单一句"嘿——宝贝"的随意搭讪要复杂多了。尽管牛蛙的脑非常小，它们还是要应对一个相对复杂的声音环境，所以这里面其实是有一些规则的。当雌性牛蛙在水边安静地从鸣叫的雄性之间游过，或是从池塘里波澜不惊地跃到岸上时，雄性们就会随意发出一串呱呱的长鸣。如果一个雄性听到另外一个雄性在池塘对岸叫着，它会等另一边的雄性叫完了再来回应。附近的雄性则要么保持静默并等待，要么在它觉得鸣者比它们自己小声时，试着去盖过它。这常常会导致邻近的雄蛙们一起较劲。如果它们都不退缩的话，这最终会演变成两只雄蛙之间对领地的生死决斗，就像绿色的小小相扑运动员一样保卫自己那一片沼泽，哪怕需要把对方和自己一样大的头吞下去也在所不惜。与此同时，正如权谋者诡计图之，有些声音较小的雄蛙会在声音大的雄蛙周围出没，它们被称作卫星雄性。在叫声大的两只雄蛙相持不下时，它们会拦截下任何靠过来的雌蛙来和它们交配。即使是在蛙的世界里，有时脑子还是比发达的肌肉更胜一筹。

在我最开始研究蛙的时候，我们试图攻克的一个大问题就是青蛙如何感知音调？音调是对一个声音频率的心理感受，更高频率的声音听起来音调更高。这主要是基于大脑解读声音的神经表征。蛙的听力范围相对较低频，和人类最高可以听见 20 千赫相比，它们最高也就能听见 4 千赫。它们的听神经将信号发送到脑更高级的中枢并进行"时序编码"。也就是说听神经元的放电和声音的时间或相位是同步的。一个神经信号我们叫作一次"发放"，通常持续约 2 毫秒也就是 0.002 秒，相当于一台电脑或者 MP3 播放器的采样率。这意味着对于 500 赫兹以下的低频声音，从内耳延伸到中脑的听神经可以在每次该频率声波处于周期或是相位的同一点时进行发放。但是由于神经元是生物化学信号源而不是硅基芯片，所以它们几无例外地无法对高出 500 赫兹很多的声音频率（大约是一个小孩声音的基频）每次都进行同步发放。因此，数个群组的神经元以数学上相关的间隔期交替发放，此过程也称为"齐射"，这使得大脑可以编码高达 4000 赫兹的声音。

这样一来，牛蛙的听觉似乎可以很容易地解释为一个音调知觉的简单模型：它们发出低音调的声音，同时在相当距离下的听力都挺不错。但雄性牛蛙的"广告歌"也体现了心理物理学中的一个问题，即有时候你感觉听到了一个对你至关重要的东西，但是在物理上那个东西却并不存在。如果去看看牛蛙叫声的频谱图，你能发现一系列分布在不同频带中的线条，从大约200赫兹开始至2500赫兹逐渐减弱。这些线条的分布算得上有规律，而线条之间的空隙则遵循一种被称为"伪周期"的模式。大部分低频带以100赫兹为间隔，比如200赫兹、300赫兹、400赫兹。从简单的数学角度来看，你也许会说这个叫声听起来音调越来越低，最低大约到200赫兹（也是成年人类女性嗓音的基频水平）；而和声谐波丰富，这让其有了复杂的精细结构或者说是音质。不过牛蛙真正"听"到的（基于这几十年里从蛙脑和听神经记录到的数据）其实是一个主要为100赫兹的音。在没有声学能量存在于100赫兹这个频段的情况下，又怎样可能获得一个100赫兹的音呢？这是因为即使是小小的蛙脑也在运用一种叫作"消失的基频"原则。如果一个声音的各谐波带间距相等，那么大脑会将这些谱能量带的差异相互关联起来，计算出这个时间差或是周期差，然后牛蛙就"听"到了其实并不存在的频率——100赫兹。

这可能看上去让牛蛙显得颇为古怪，但其实这个原则在人类的身上也适用，而且它还是我们许多最常见的声音技术的基础：比如电话和一些廉价音箱。大部分电话的扬声器都很小，这让它们没有办法重现300—400赫兹以下的声音频率，然而我们却很容易在电话里辨识出一个成年男性的嗓音，它们一般有着低至150—200赫兹的基频。另外，很多便宜的音响或电脑音箱即使配备了小低音炮，在100赫兹以下的发声效果也不好。之所以你在电话里能听到低沉的男声、在不算昂贵的扬声器中能听到较好的低音，都是因为你的大脑运用进化赐予的神经计算能力来填补了这些硬件设备能力的空缺。

不过蛙的听觉里从一开始就吸引我的一点是它们是如何"学

会"听的。蛙和所有两栖动物一样需要水来产卵。它们的幼年后代——也就是蝌蚪，和它们的父母完全不同。牛蛙从一定程度上来讲是陆地上的四足食肉动物，相当于它们那个尺度与环境下的狮子，有着清晰可见的外耳。成年牛蛙有两条听觉通路来将声音从耳朵传递到大脑。第一条是振动通路，通过它的身体两侧、头部，且从地面通过前腿来采拾非常低频的声音信息，将它们传至肩胛带处的一块肌肉。这块肌肉连接到通往内耳的卵圆窗上方的一块软骨，从而实现了声音信号的传递。这条腮盖通路（因那块连接肩部和内耳的肌肉叫作腮盖肌而得名）与人类的骨传导类似，其声音传递依赖于身体中的坚硬部位而非专属的外部听觉结构。第二条声音通路叫作鼓膜通路，与我们的耳朵更相似，是将外部的鼓膜与一块叫作耳柱骨（人类的同源结构叫作镫骨）的骨状结构相连接，进而从耳柱骨连通到内耳的卵圆窗前部，达到声音传导。

但蝌蚪可是没有四肢的，它们是完全水生的素食动物且没有可见的耳朵。这给科学家们造成了许多麻烦。牛蛙的蝌蚪需要两年的生长才能变成幼蛙，然后作为成年牛蛙活七年左右。它们的内耳在刚孵化出来没有发育成熟的时候非常像鱼类：它们拥有大而突出的球囊，还有较小的耳石器官小囊，以及听壶。小囊是前庭系统的一部分，对侧向的运动比较敏感；听壶则只对非常低的频率有响应，且主要是垂直振动。只有随着小蝌蚪逐渐长成蛙，其相当于人类耳蜗的基底乳突才会在之后长出，并使之成为对声压敏感的两栖动物。对于靠听力来进行繁殖的生物来说，没有外耳还挺古怪的。解剖学研究在它们身上没有找到成年体中那些听觉周边结构的痕迹。并且，由于蝌蚪还在孵化期间就有了肺，因此像鳔这种让一些鱼类听力还不错的特殊结构也没有出现。这使得许多人猜测，蝌蚪其实什么也听不见，或者说是接近聋的。唯一与它们内耳相连的结构是一束叫作支气管小柱的、古怪的连接组织，它将内耳的后面连到蝌蚪的肺，实际上还穿过了主动脉。这似乎表明：假使蝌蚪能听见，也是通过肺来连接到内耳的，那它们的听力一定相当差。首先，这个支气管小柱由骨或者软骨形成，它是由被胶原质包围的成纤维细胞构成的，其结构强度和有嚼劲的意大利扁面条差不多。因此，任何经由它来传播的振动都会受到很严重的扭曲。此外，假使蝌蚪真的通过这个晃晃悠悠的结构获得了声音，那么这个声音不仅将会伴随着它们自己持续的心跳声，还会因为它们的肺里是否有空气而听起来有所不同。

"蝌蚪基本是聋的"这一理论直到差不多40年后才真的有人去检验它。最早一次尝试记录蝌蚪脑对声音反应的结果显示，它们的听觉敏感度正如研究者们预料的那样差。这使得蝌蚪听不见这一理论似乎已成定论。但是这一研究并非确立了蝌蚪是聋子的科学事实，而是把一个科学家们时常面对的问题凸显了出来：到底是基于自己对一个问题的预料答案来做研究，还是基于去验证基本事实的想法来做研究？他们实验所用的蝌蚪都不是在水中，而是被包裹在湿润的纱布里放在一块板子上，播放的声音也是通过空气传播的。这就好比有人试图在你把脑袋埋到浴缸水下时再来测你的听力一样。这样的测试结果将会指出你的听力非常差、对低频声音几乎没有反应（因为浅水具有高频滤波的效果），并且完全没有能力对声源进行定位。所以对一位青蛙科学家来说，你明显也是个聋子。

如果你想探究一种动物的行为，那么将测试环境设置成和它生存的自然环境相类似是至关重要的。不可否认这难度很大：在普通的隔声录音棚里面给一只动物进行电生理实验就已经够难了，还要让一只蝌蚪带着精度足以记录其神经反应的仪器把头放在水下活动简直就是不可能的事。所以自然而然，尽管这个问题在几十年前就已经宣告解决，但我觉得还是要试一下。

我找来了大量的铝箔来铺满水池的底部，用胶带和特百惠保鲜盒做成一个定制的水下录音缸，同时解决了如何在打开蝌蚪脑部的同时不让水进去的问题（另外手术还要做得足够精细，这样蝌蚪才能清醒过来并朝着成长为青蛙的方向大步前进）。[①] 通过这个研究，我发现60年来我们对于蝌蚪听力的推测都错了。

事实上，蝌蚪在水下有很棒的听力。尽管它们的大部分发育期都一直生活在水中，但它们毕竟不是鱼，我们不能用测试鱼类听力的方式来测试它们。发育阶段早期的蝌蚪听觉方式和鲨及简单的鱼类大致相同，都是让声音穿过头部两侧的组织，直接对卵圆窗产生碰撞，进而把振动传递到球囊和内耳里面其他正在发育的器官。在发育阶段后期蝌蚪有了前肢和后肢，也就有了传递低频信号的腮盖通路，可以从它们的前肢和身体两侧将声音信号传到内耳。而另一方面，鼓膜通路则在小蝌蚪们的尾巴完全被吸收而变成幼蛙大约24小时后才能用来传递声音。然而问题是，我在试图从一些蝌蚪身上记录的时候，什么也没有得到。啥都没有。

在尝试了大约十次之后，我基本上确定了这不是误差。于是我转而向我的导师求助。起初她瞅了我一眼，那个眼神足以让气势汹汹的系主任在40米外融化掉，而我还仅仅是一个研究生。但当我和她一起把全部数据重新过了一遍的时候，我们都注意到一件奇怪的事：所有这些"聋的"蝌蚪都恰好处在发展阶段中一个很短的时间段里——恰好在前肢长出之前。结果发现，就是在这个大约48小时的很短的时间段中，它们的低频通路正在发育成熟，而那些将

[①] 我还不得不给蝌蚪定制了一个头戴式的耳罩来隔音，但又不能把它们滑溜溜的小脑袋压碎了。专利正在申请中。

内耳连接到肩胛带的软骨和肌肉则挡住了内耳张开的一面，也就是卵圆窗——这卵圆窗正是它们在更小的时候让声音进来的地方。为了给即将踏入的生活做准备，为了成长为通过地面乃至空气中的振动来感知声音的生命体，蝌蚪们必须要经历一个短暂的"失聪期"。而当这 48 小时过去后，它们的听觉会迅速归位，可以听到比以前更宽广的声音频段，并且在低频段的听力也会更好。在接下来的一周里，它们将继续成长为幼蛙，而且它们头部两侧的鼓膜会长出来，以便继续它们在空气中听声音的旅程。此时它们的听觉比成年蛙对于较高频的声音还要更敏感，它们已经做好准备去过真正的两栖动物的听觉生活了。

在了解到一段有趣且推翻了关于蝌蚪听力长达 60 年的科学误解之后，你可能会想问，谁真会去关心蝌蚪是怎么听见声音的啊？这和我又有什么关系？其实这话说到点子上了。我们人类同样也是从水下有机体开始我们的生命的。在生命最初的 9 个月里，我们都漂浮在母亲子宫的羊水浅塘中，除了周围最直接接触的环境之外一无所知。不过从第七个月开始，我们发育中的大脑和发育中的耳朵连接上了，从此我们开始聆听。就像在任何一个清浅的池塘中一样，这里听起来很嘈杂却似乎被奇怪地消了声、我们沉浸在母亲有节律的持续心跳和呼吸中，听到她的嗓音中被清浅的羊水滤过后的低频声音。那个感觉和水族箱里的鱼（或是成年的你把头埋在浴缸水下）一样，很少有声音能够穿越妈妈的肚皮以及羊水这一空气—水的界面：它们被消了音，并被身体的肉与液体过滤得只剩低频声音了。声音，是胎儿从外面大千世界中获取的第一缕信息。[①] 不过

[①] 举一个美妙的例子，请看布鲁诺·博泽托（Bruno Bozzetto）的动画《宝宝的故事》（*Baby Story*），尤其是大约 7 分 56 秒处妈妈开始跳舞那里。

就在出生的一刹那，被消了音的子宫内世界立刻被空气中各种前所未闻的刺耳声音所取代。就像发育中的蝌蚪要度过它们的"失聪期"一样，我们同样不再去捕获那些穿过我们颅骨和耳朵中液体的低频声音，而是突然需要开始用我们的新耳朵去聆听空气中的声音。难怪我们开始呼吸后的第一件事就是哭，因为外面实在是太吵了。

蝌蚪不光是一个可用来研究人类胎儿到新生儿听力转变的有趣且有用的模型，其实还有另一个隐藏在蝌蚪听力发育里的宝藏可以挖掘。在蝌蚪们长出前肢之前，它们和鱼类一样听取声音，蝌蚪脑中的连接模式也很像鱼类。它们有一根听神经来传送内耳这种处理声音和平衡的部位所发出的信号，此外还有一个侧线系统把信号通过另一对分开的神经传导进入后脑一个叫作背侧延髓的部位。在这里，神经分开成不同的分离区域，一些处理的是平衡和振动的信号、一些处理的是声音信号、很少的一些则是二者都有，还有一些则处理的是侧线系统的信号。所有这些都以规律模式交叉连接起来，这样可以让它们比较来自身体两侧的信号，从而有助于实现一些功能，比如运用一个叫作上橄榄体的大脑核团来搞清声音从哪里过来、在水中保持自己的位置，或者只是简单地对危险（有时候甚至包括它们自己的父母——对小蝌蚪而言并不容易把成年牛蛙与天敌区分开来）产生警觉并逃走。这其中许多脑区随后会将信号继续向前传递到听觉中脑——叫作半规管隆突的地方，在这里听觉信号会被重新编码以便处理复杂的声音；同时包括视觉在内、来自其他感觉通道的输入会被一起整合并向前传递到蝌蚪被认为进行决策的相关脑区。

但是当蝌蚪们进入"失聪期"的时候，事情发生了变化。时至今日我们仍然不知道这到底是为什么，但是在新的听觉通路挡住内耳接收水下声音的同时，它们的脑迅速地把自己重新进行了连接。延髓和中脑那里的连接断开了，上橄榄核退出了这个神经环路，整个侧线系统都开始消失。此时，神经生长相关的蛋白开始急剧增加，脑的各个区域开始移动、重连，并发生巨大的化学变化。在大约48小时后，当新的听觉通路已经建成并让声音再次涌入时，大脑已经用一套截然不同的方式将自己内部重新进行了连接，这是一个更加适合在空气中聆听的大脑了。在这48小时里，蝌蚪基本上把它大脑约四分之一的部分进行了重连。

这一发现是在1997年做出的，从那时开始，我和我的一些同事已经开展了10多个研究项目，试图理解青蛙究竟是如何做到这件事的。我们和很多学生共同工作（他们中的一些人后来也成为成功的科学家），尝试搞明白这个变化重组是怎么回事。我们用上了各种方法，从基因筛查与测序，到仅仅是观察一只蝌蚪在变成蛙这个过程中的行为。有一点是可以确认的，那就是青蛙有一种不可思议的能力，可以重组它们的大脑。因此它们对于我们了解听觉与大脑本身起着至关重要的作用——不仅仅是在正常发育过程中，甚至包括遭受损伤后。一只青蛙不光能按照发育流程改变大脑，青蛙的大脑还有自愈的能力。

每年有数百万的人们遭受失聪、瘫痪、失明、失语，不是因为他们的耳朵、四肢、眼睛或者嘴巴出现了问题，而是由于他们的大脑和脊髓遭受了不可逆的损伤。尽管人类可以使外周神经再生，但中枢神经系统的损伤往往是永久性的。与之相对地，青蛙则能够克服这个困难。哈罗德·扎孔（Harold Zakon）和其他学者的研究表明，和人类不同，如果一只牛蛙的听神经受到损伤——这在人类身上会导致永久失聪，牛蛙则不仅能修复神经，而且还能改进适当的神经连接来恢复相关功能。无论是因为外伤还是服用了诸如庆大霉素之类的抗生素所致，人类内耳感觉毛细胞的缺失一般都是永久性的。然而青蛙不仅能在外伤和药物损伤的情况下再生毛细胞，还有证据表明它们能够不断创造新的毛细胞，对老化的毛细胞进行更新换代。在两栖类和哺乳类之间的进化链条上，我们在某处遗失了这种使大脑自愈的能力。因此，去研究一只蝌蚪是如何能在 48 小时内完全重连大脑，以及一只牛蛙怎样重新生长出听神经并恢复听觉功能，这都不仅仅是为了好玩才去做的基础研究。这些研究工作很有希望为我们提供线索，我们或许可以创造出基因疗法或是药理学疗法，使人类重新获得这一失传已久的能力。

第四章
高频俱乐部

在我三岁的时候,有一天我突然聋了。不是由于先天性的风疹,也不是我这个好奇宝宝用棉签捅了自己的耳朵,只是我不幸出了水痘,导致我的耳膜受损。关于这个意外事件我并没有留下什么外显记忆,而我的听力随后也恢复了正常,仅有的遗留问题是我的耳膜有了轻微的伤痕而且变厚了一些。但是你看现在,我都能听见蝙蝠了。

大多数人都会极力避开蝙蝠。即使是在温暖的夏夜出门,你与蝙蝠的大部分交集可能仅限于看到它们在周围盘旋的影子。小蝙蝠让你免受蚊虫的叮咬,而大蝙蝠帮你的花园免遭六月虫之害。而我则花了大量时间在实验室里和一只又一只的蝙蝠打交道。它们总能让我惊叹,这种脑子只有一颗花生那么大的动物完全是靠声音构建出了自己的大部分世界,且仅凭回声里的细微变化就能够复原出整个三维图景。

对大部分人而言,蝙蝠的听力世界和人类的听觉经验相去甚远,这让它们看起来就像是"沉默的阴影"。但其实人和蝙蝠同为哺乳动物,并且在基因上有众多的相似性。而作为一名哺乳动物,我们都是一个专属进化俱乐部的成员——不仅是因为我们有头发和乳腺（如果你是女性的话），而且我们都是高频俱乐部的一员。如果你曾经祈望能听见狗哨声*，或许了解到人类和其他哺乳类一样拥有非常广阔的听阈这件事能给你些许安慰。非哺乳类脊椎动物能听见的最高频率一般也就在4—5千赫（不过有些特殊的鸟类比如猫头鹰和洞金丝燕可以听见频率高达12—15千赫的声音）。脊椎动物依靠声音来捕猎、交配、宣告领地和躲避天敌，而在所有脊椎动物里面，我们哺乳类动物有着最为广阔的听力范围，从大象的次声一直到海豚发出的150千赫的自然超声。

这并不是因为我们哺乳类动物更加高等，也不是因为我们是新近进化出来的。哺乳动物存在的时间和恐龙一样久远，不过我们的祖先在那时可能还像是老鼠或者鼩鼱。它们很可能拥有敏锐的听力以防止变成别人的食物。我们的听力如此优秀是由于我们的耳朵比鱼、青蛙、爬行类和鸟类的耳朵更加专门化一些。尽管我们和其他脊椎动物的听觉系统有着共同的基本特征，然而我们的耳朵有两个特征是其他脊椎动物都没有的，而这两个特征对于我们听见高频声音起到了非常重要的作用，它们就是外耳廓和耳蜗。

即便是在听觉研究者之中，大家也倾向于想当然地认为应该有一个外耳廓（外耳、耳廓、外耳廓，都是一个意思）。对于人类而言，它是用来架眼镜腿，或是当谁长成招风耳时用来取笑一下的地方。而且如今我们越来越多地使用耳机来听东西，有些耳机直接塞进我们的耳朵里面、有些则包裹住外耳廓，这让我们在健身房或飞机上这些嘈杂的环境中可以听得更加清晰。正因如此，我们越来越倾向于忽视外耳的作用，把它看作是个没啥用处的冗余器官。然而事实上，我们的外耳是一件精美的进化作品。它承

---

* 狗哨声频率较高，虽然狗狗能听到，但超出了人类的听力范围。——译者注

载着关于哺乳动物的听觉环境以及关于我们应该听些什么内容的大量信息。现在如果你摘下耳机仔细地聆听一下周围，你大概就能明白它是做什么的了。

耳廓基本上是在外耳道入口处接出来的一个相对较硬的扁平圆锥形组织。外耳道就是那个你掏耳朵时棉签不应该贯穿的地方。关于耳廓功能的大多数资料都将它描述成了一个低频声音的收集设备，通过漏斗形状接入耳道来增加与振动相关联空间的体积，从而可以将声音放大近 20 分贝的相对增益。单单这个功能就能让耳廓成为一个优秀的助听设备了。还记得吗，分贝值是声压的自然对数，每 6 分贝的增益就将音量提高了一倍。而增益 20 分贝就可以让你有更大的余地去处理声音了。如果你去古董店看看来自 19 世纪的老式助听器，或是在很老的卡通画上，你通常会看到一种被称作"耳号"的东西。这个设备看起来真的就像一个长长的金属喇叭一样，小的一端可以塞进耳朵里，它基本上就是一个放大的耳廓假体。不过这个增益仅仅对低于 4—5 千赫的声音有效，在这个频段内的声音其他脊椎动物也都可以听得很清楚。

然而高频的声音由于波长太短，在空气中会被削弱不少。除非它们声音足够大，否则会在很短的传播距离内就减弱为热噪声。

为了利用它们，你需要一种比外耳道这样在头上开个小孔或是青蛙那样直接把鼓膜伸到头骨外面更好、能收集更多声音的东西。你需要一个声音用的"天文望远镜"以及更大的声音采集区域。并且你不只需要一个能收集更多声音的工具，还需要根据声音来源方向给接收到的声音创造出微小差异，这样你就不用不停地把头前后伸缩旋转来确定那些高频的声音到底是从哪里发出来的了。[1]

---

[1] 然而有些哺乳动物确实是这么做的。

让我们想想我们的耳廓到底是啥样的。你可以抬头在房间里随便找个人的耳朵看看，或者轻轻抚摸一下自己的耳朵。它不是简简单单的一个像卡通画那样的圆锥，而是每个人都截然不同的形状。它满是纵褶起伏，还有一个叫作耳屏或耳珠的结构——这个结构在小型哺乳动物身上通常会大很多——在外耳道入口处向外伸出。对于较高频的声音（对人类而言尤其是那些高于 6—8 千赫的声音），这些耳廓上的纵褶和凹陷就像小障碍物一样可以降低特定频率的声音幅度，因此在人耳的接收频谱中留下一个或多个小缺口。这些耳朵接收声音的频谱上的缺口排布模式特定地取决于你耳朵的形状和位置，我们姑且称之为"耳廓刻痕"。这个刻痕可以帮助你对高频声音进行定位，特别是在垂直方向上这一功能尤其有用。从你脑袋的上方或者下方传来的声音会以不同的角度撞在这些纵褶和耳屏上，于是会改变结构的相对厚度，并使不同频率的声音受到轻微的阻挡。你可以自己来验证这一点，尤其是当你在一个夏日出门，到一个周围有许多鸣蝉或其他树上昆虫的地方。如果你将耳廓按下，使它贴合在你的头侧（也要按下你的耳屏，不过注意别让它完全挡住你的外耳道），那你就很难再去判断一个声音到底是从你脑袋的上面、下面还是视线高度传来的了。

不过，耳廓刻痕还有另一个有趣的功能，这个功能据我所知还没人研究过，但对于一个琢磨听觉太多年的人来说是一件挺明显的事。你仅需观察一只哺乳动物怎样去仔细聆听一个它可能感兴趣的新声音。小狗是你可以试着做这个小实验的绝佳对象。小狗、小孩、小猫，或是一屋子的学生都可以是你的受试者。你只要跟他们说一些毫无意义的话语，但是要用上平时你说有意义的话——比如"你想要狗饼干吗？"或者是"这个知识点期末要考。"——时的语气。此时他们会怎么做呢？他们会轻微地将头歪向一边（据我的发现，人类更喜欢歪向左侧）。这个研究从未见于任何书面的实验研究报告，但在我以学术之名戏弄我的朋友、家人、学生和宠物时，结果是非常一致的。如果你去看很多漫画和卡通，也会发现里面当一只哺乳动物正在试着搞明白它们听见了什么的时候，它们都会把头斜向一边。听者通过歪头这个动作可以变换耳廓的位置，当声音重复出现时能在一定程度上改变声音的时间和频谱特性，从而使重复的声音出现细微的差别。这个原理有点像听觉版本的 3D 电影眼镜。3D 眼镜通过让你的两只眼睛看到略微不同的视觉影像来产生立体感，而通过歪头你可以听到来自略微不同的听觉位置的声音，这使你不仅能获得更多关于声源位置的信息，而且通过歪头改变你脑袋和耳朵形状对声音精细特征的修饰，可以让你的大脑再次确认你听到的内容。

考虑到哺乳动物拥有这样一个对高频声音进行收集与微调的特殊机制，而其他大部分非哺乳类脊椎动物的中耳和内耳能处理的声音最高就到 4—5 千赫频率，我们又如何进一步把耳朵派上用场呢？通过对我们的内耳——耳蜗——的演化适应的改良。耳蜗是一个长得像蜗牛壳的结构，里面充满了感觉毛细胞。这些毛细胞经由中耳的听小骨和耳膜来与外部世界相连。这一描述对于任何其他脊椎动物的内耳都是通用的，但哺乳类动物的耳蜗却显著复杂得多。在耳蜗里，毛细胞的尖端嵌入在一层盖膜中，而它们的根部则埋在一层薄长的梯形膜中，这层膜叫作基底膜。基底膜的形状非常重要：一端接近卵圆窗，最靠近外部世界，相对更窄也更坚硬，因此对高频的声音反应最强；而靠顶的远端则更宽更柔软，对低频声音相对更敏感。这种变化的弹性使得不同频率范围的声音传入时，不同频率使毛细胞振动最强烈的区域各不相同。

由于毛细胞的这种特别的排布方式，它们的发放并不需要和传入声音的相位在时间上精确同步。它们的响应频率其实是由它们在基底膜上的位置来决定的。声音进入耳蜗充满液体的腔中，形成一个行波，随后基底膜上对应声音特定频率的毛细胞会出现最大的弯曲和偏转。这使得感觉毛细胞按照"位置编码"的原则对声音进行反应。这一机制将听神经的负担大大降低，否则的话听神经需要每秒发放上万次才能编码对应的声音。

令人惊讶的是，耳蜗中的行波并不是在动物研究中发现的，而是在人类尸检研究中发现的，这一研究也为格奥尔格·冯·贝凯西（Georg von Bekesy）赢得了1961年诺贝尔生理学医学奖。然而问题在于，后来人们发现他的发现至少部分是错误的，因为它没有办法解释复杂的声音如何在穿越耳蜗的过程中被分解成多个频率组分。这说明解剖科学面临一个基本问题，那就是死亡后被保存的组织和活体组织的工作方式不尽相同，尤其是像听觉这样十分动态的过程。尸体不仅不会说话，也不会听见任何东西。

冯·贝凯西理论的错误是被另一个对哺乳动物内耳特性的研究揭示出来的，而这种特性在死亡组织上是无法被辨识出来的。哺乳动物有着额外的一组毛细胞，被称为外毛细胞。每个内部的感觉毛细胞都配备了三个外毛细胞。当内毛细胞对特定频率的波产生弯曲和偏转时，外毛细胞则负责不同的事情。和内毛细胞类似，外毛细胞的尖端埋在盖膜之中，根部在基底膜中。然而，外毛细胞有一些小的分子——纳米马达，和肌纤维的机制相似，可以伸缩。当声音进入并振动其下的基底膜时，外毛细胞会随声音的振动同步推拉上方的盖膜，以此将信号放大。这一动作也削弱了其基底膜上振动能量较低的那部分振动。因此，哺乳动物不仅进化出了一套扩大了我们听阈的生理结构，还进化出了一系列对特定频率声音的内部放大器，此二者相互作用，使得我们在所有脊椎动物中有最宽广的听力范围。

但就像斯坦·李（Stan Lee）说过的那样，范围越大，变化就越大。让我用一个曾经做过的研究作为例子，在这个研究中我想去比较蝙蝠和老鼠的听力。我使用了一个非常特定类型的蝙蝠（*Eptesicus fuscus*，一种大型棕色蝙蝠，大概是大家身边最常见的蝙蝠）。大棕蝙蝠在听觉研究中很受欢迎，因为它们通过生物声呐，运用回声真切构建出周遭世界的三维图景。不过从另一个角度来说，它们的听力和其他小型哺乳动物没有太大差别。你可以比较一下它和普通老鼠（学名 *Mus musculus*）的听力图（是一种对不同频率声音敏感度的测量），它们的听力差不多是在相同的频率范围。真正的差别在于它们如何处理与利用声音。老鼠是每天都生活在恐惧中的小毛团，它们几乎被列在所有动物的食单上，从螳螂到你家的猫，都能把它们吃掉。因此它们的听力对各种频率的声音都极其敏感，这样它们才能探察那些最轻微的噪声然后逃离。蝙蝠则相当难被捕获，所以它们用相同的频率范围、发出 100 分贝以上的叫声来进行回声中差异的探测，这样的敏感性让它们可以在黑暗中保持 40 千米/小时高速飞行的同时，还能分辨出一只六月虫和虫子身后的叶子。

对这两种生物进行比较的问题在我做每天例行工作的时候就出现了。我把"蝙蝠""老鼠"还有"听力图"等关键字输入到 PubMed 里面去搜索——PubMed 是一个生命科学的搜索引擎。问题就变成了，哪种老鼠？确实，鼠有上百种不同的种系，好多都有非常有趣的人工变异性状。比如有的会在听到错误的声音之后癫痫发作，还有些会有这些变异产生的副作用，比如在 4—5 个月之后失聪。尽管这些不同的老鼠对于为听力的不同方面进行建模而言是个金矿，然而我们面临的问题却是，老鼠到底听见了什么？不仅要问听到了什么,还应该问是哪只老鼠。另外更让我感兴趣的是,如果老鼠的听力可以作为一个哺乳动物听力的泛化模型,那么在4000万年前,那些和老鼠一般大小、长相酷似鼩鼱的生物,又是怎样踏上听力武器竞争的进化之路,最终成为"听觉终结者"——使用回声定位的蝙蝠呢?

蝙蝠把听觉的功能用到了极致。对蝙蝠而言,它们的夜间捕猎是在全然的黑暗中展开的高水准空中格斗混战,充斥着高速追逐、移动的目标以及生物声呐追踪系统,唯一不同的是蝙蝠会最终吃掉它们的目标。因此,蝙蝠也许不是研究人类听觉的最近似的动物模型,但是对于其他类型的转化研究——仿生技术的发展——仍是最好的模型,是以自然形态为基础的前沿技术。1912年,海勒姆·马克西姆(Hiram Maxim)爵士基于蝙蝠回声定位的特性,提出让船舶配备可以主动发射信号的声呐,来作为船只的"天然第六感"。从那时开始,全世界的军事组织投入了数百万美元来研究、了解蝙蝠:我们希望战斗机或者自动无人机能做到的事情,蝙蝠是如何毫不费力地完成的呢?[①] 而且,蝙蝠最低频的鸣叫人类几乎无法听见,而它们最高的叫声频率是人类听觉范围上限的5倍之多,我们到底该如何研究这样一种动物的发声和听觉呢?

在布朗大学的认知、语言与心理科学系地下室里有一个房间,会让大多数人感到精神紧张。这个房间大约12米长、3.6米高、4.5米宽。它的墙面和天花板覆盖着黑色的声学泡沫,而且地面上铺着厚厚的地毯。它有独立的一个包含病毒过滤装置的换气系统,墙上还有一个控制开关可以关掉鼓风机。在这个房间之内,还有另外一

---

① 不只军队对此有兴趣。NASA也资助了我的一些关于蝙蝠的研究,寄希望于研发一款自动驾驶飞行机器人探测器,可以成功穿越土卫六(Titan)布满迷雾的天空。

个由铜网制成的小房间,可以有效地屏蔽外界的电磁信号。墙边大约每隔 1 米就有一个微型超声麦克风阵列,连接到一个 24 频的混音器。混音器接入一台电脑,电脑上配备了高速宽带数据采样卡,能以高达 100 千赫的采样率采集声音。哦对了,而且这个房间通常是完全黑暗的。仅有的照明来自一个红外发射器,它为一些特制的设备提供"照明",以便事后可以将整个场景进行像素级的细节还原。小房间内部有各种网、绳、从地板到天花板的塑料带、穿在棍子上的小泡沫球,以及超声麦克风和红外敏感摄像机,还有一团团的面包虫和偶尔几个糖片在地面上。[①] 一旦你进入这个房间并关上门和灯,寂静和黑暗便向你袭来。声学泡沫吸收了所有的声音,所以在短短几分钟以后,你能听见最大的声音就是空气分子在你外耳道中的振动,最终你开始听到自己的心跳声,就再没有别的什么了。还有,别忘了我之前提到过,环境是完全黑暗的。这可不是一个埃德加·艾伦坡(Edgar Alan Poe)戏剧中那种蒸汽朋克的场景,这是布朗大学的蝙蝠游乐场,由詹姆斯·西蒙斯领导。

在这里盘旋的蝙蝠的学名叫作 *Eptesicus fuscus*,大型棕色蝙蝠。它是一种北美常见的蝙蝠,以食用昆虫为生,或许就住在你的阁楼上。蝙蝠一直都是一种神秘的生物,在自然界它们通常也是深色的。这给人们留下了一种印象,觉得蝙蝠是稀少的夜行生物,出没于我们认为正常的日光环境之外。然而事实是,蝙蝠是所有哺乳动物中第二常见的物种。它在除了南极洲以外的各个大洲均有分布,总计超过 1100 种。它们填充了每一个非水中的陆地生

[①] 蝙蝠并不喜欢吃这种小糖片,但是因为小糖片会和悬挂的面包虫产生相同强度的回声,过去 50 年中蝙蝠科学家们一直用它们来迷惑蝙蝠。对我个人而言我没发现有谁真的去吃这个糖。

态龛，从以花粉、花蜜和水果为食的澳大利亚灰头狐蝠（*Pteropus poliocephalus*），在日间活动且没有回声定位系统；到中美洲的吸血蝙蝠（*Desmodus rotundus*），不仅是夜行的回声吸血动物，还有一个像蝰蛇一般的窝状器官可以为它们提供热感应视觉，各种各样。

尽管如此，大多数蝙蝠还是夜行的昆虫捕食者。有些像苍白蝙蝠（*Antrouzoius pallidus*）这样的会通过费力的信息采集去获取食物，用有棱纹的细长耳朵去听蝎子或者其他昆虫在沙里窸窣的声音。不过大部分蝙蝠还是依赖回声定位或是生物声呐，它们发出信号，然后收集回声中的线索，以此来判断目标的位置、距离和自然属性。由于蝙蝠每晚通常吃掉与自身重量相当的昆虫和其他节肢动物，所以它们需要一个极其高效率的系统来定位并捕获猎物，同时还要让自己别飞撞到不能吃的东西上，比如树干和科研工作者的网里。这些夜行的蝙蝠并不是瞎的，它们的视觉其实与其他任何在暮光中活动的小型哺乳动物相当。有些人还提出，蝙蝠中某些迁徙的种系甚至能够通过明亮的星星进行导航。然而众所周知，在较暗的环境下，哺乳动物对运动检测的视觉相对还算好，但是辨别形状就非常糟糕了，尤其是当它们在以 40 千米/小时的速度飞行并进行 9 倍重力加速度急转的时候。

使用回声定位的蝙蝠对声音有着与我们不同的利用方式。我们是被动的听众，只收听环境中传来的声音，并靠频率来判断是谁发出的声音，靠响度和相位来分辨声源的距离。然而蝙蝠是主动的听众。它们主动提供用来在环境中导航的声音并收听着回声。尽管与人类相比它们的脑小得很，但蝙蝠的脑却是强大的声音处理引擎。它们将回声与自己所发出信号的一个内部表征进行比较，然后基于回声被不同物体反射回来产生的微小差异来搞清楚那里到底有什么。回声定位的蝙蝠采用两种不同的基本叫声来产生不同类型的回声。恒定频率型（CF）蝙蝠发出的叫声是一个单独的稳定声调，有时在结尾时加一个稍微向下的音。当 CF 蝙蝠在一块充满杂物的区域飞行时，比如说在森林里，返还的回声主要是它发出的单音叫声的延迟版。但如果 CF 蝙蝠的叫声碰到了一只振翅的昆虫，那么昆虫翅膀的动作会使回声产生一个多普勒位移，于是蝙蝠就知道有东西在它面前运动。另一种包括大型棕色蝙蝠在内的蝙蝠，叫作频率调制型（FM）蝙蝠。FM 蝙蝠会发出一种不同类型的叫声：它们的啾啾声从高频一直扫到低频。FM 蝙蝠比 CF 蝙蝠的叫声更多变，当它们仅仅是在盘旋时，它们的叫声大概是 1 秒一次。然而一旦探测到了回声，它们立刻让叫声变得尖锐起来，发声速度也越来越快，并像探照灯一样向四周扫射着回声定位信号直到它们开始收到回声。它们不依赖多普勒位移来检测猎物，而更像是用专门的雷达单元来工作。它们会采集从目标那里返回的多个反射声音，然后将它们整合成为对世界的三维声音空间视图，就像是三维视觉一样。

在数百年的实验研究之后，[1]我们终于有点儿明白蝙蝠是如何做到的了。从一个基础层面来看，它们将回声延迟多少"翻译"成目标范围的大小，进而判断目标距离。这可以让它们了解一只虫子或者树杈到底有多远，而且准确得令人咂舌。[2]它们用于处理听觉的部分中脑简直就是一台回声测距计算机，可以把它们的神经元对一个声音的响应和它们发出那个声音的时间进行比较，从而得到时间延迟，并将它换算成距离的一个表征。这一换算部分是基于真实的延迟时间，然而由于高频声音尤其会以近乎固定的速度减弱，因此

---

[1] 拉扎罗·斯帕兰扎尼（Lazzaro Spallanzani）在 18 世纪 70 年代首先提出了蝙蝠靠声音来导航的假设，所使用的技术可能没法得到当今的评审委员会认可。
[2] 我之前在教室里做的那个实验已经证明了人类并没有这个技能。

蝙蝠也会利用回声的音量大小来判断距离，这一现象也被称作"振幅—延迟的交换"。蝙蝠能对声音中少于1微秒（10^{-6}秒）的变化做出反应。即便这是有可能的（尽管一小撮研究蝙蝠的人仍然宣称不可能），这听上去也够反直觉的了。所有的神经系统都运行在毫秒量级上，这对你我而言已经足够快了。不过实验显示，如果你去训练一只蝙蝠（是的，它们的可训性非常强）对特定的回声延迟做反应——基本上类似于你训练一个人在特定距离外阅读东西，那么蝙蝠能够分辨出两个声音之间百纳秒范围内的时间差。1纳秒是10^{-9}秒，所以蝙蝠探测听觉特征的速度是你我大脑假定速度的1000倍。这导致了持续数年的对这些研究有效性的严肃争论，有支持的论文，也有反对的论文。这场争论只有通过对实验设备重新校准才能得到最终的共识。这里需要校准的要素包括电子在特定长度的电缆中的传输速度、亚分贝水平的绝对音量，还有使用的设备要非常精密、必须以二进制方式手动编程来设置时间延迟。按照当时经典神经科学对听觉系统如何运作的认识来看，这整个想法实在太不靠谱了，以至于学术会议上对如何解释这个研究的结果争执不下。蝙蝠如果真能有这样水平的精确度，简直可以算是一个超能自然体了。然而它们真的可以做到。

如果仅仅是一个单独的回声，蝙蝠很难从中分辨出是美味的蛾子还是叶子，或者更糟，甚至分不清是不是另一只蝙蝠。蝙蝠叫声的结构是两条谐波带，从100千赫向下扫荡至20千赫，这让蝙蝠可以依据不同频率叫声的波长从不同大小的物体那里获得回声，物体的尺寸在大约0.3—1.7厘米不等。此外，像昆虫这样形状复杂的物体会从身上的不同点反射声音，因此蝙蝠会得到多个单独回声（或者叫作"闪烁"），它们的回声延迟有着非常微小的差异。这些"闪烁"改变了回声的精细结构，并使蝙蝠能依靠这些信息构建出物体的形状，尤其是当物体在移动并改变了它的相对形状时。这也是为什么蝙蝠在越接近目标的时候要用更快、更短的鸣叫来获取更多的回声和更多的信息，最后那一声低鸣很可能就意味着它马上要抓住猎物了。①

大多数对于蝙蝠回声定位中基本参数的研究都在实验室中进行，蝙蝠的研究更多是为了促进人类的科技水平。尽管在19、20世纪之交时我们对蝙蝠还知之甚少，但是海勒姆·马克西姆爵士依然受到蝙蝠启发为潜水艇发明了声呐。他认为蝙蝠可以利用某种非视觉的感官来整合空气分子的精细运动，可能是用它们的触觉或是翅膀上的膜。20世纪40年代，罗伯特·盖兰波士（Robert Galombos）和唐纳德·格里芬（Donald Griffen）发明了超声麦克风之后，我们才真正确认了蝙蝠是通过发出超声波来实现定位的。超声麦克风也被称为"蝙蝠探测器"，其"主动感知"的思想推动了声呐和雷达的发展。尽管如此，蝙蝠生活在真实世界中（至少那些没有被抓到的聪明蝙蝠），而由蝙蝠进行的真实世界听觉场景分析算得上是数学梦魇，特别是这种生物的脑只有一颗花生那么大。

我们科学家认为这是声学场景分析，简单说就是去分析处理构成真实世界的所有那些复杂的声音，而不是听觉实验室中的纯净声音环境。所有的动物都在真实的世界中。即使是青蛙，它们何时鸣叫、何时挑起打斗都遵循着前面提到过的简单规则，那就是基于邻近青蛙们的叫声大小和音调。不过对于蝙蝠就没有这么简单了。设想你在一个聚会上，有人向你说话你却没有听清楚，你会说"什么？"，然后靠近一些再听。而一只蝙蝠，一边在黑暗中高速飞行

---

① 蝙蝠不会把虫子捉到嘴里。这样的捕猎方式就好比是你用眼皮去夹猎物一样，这会挡住你的视野。通常蝙蝠会把虫子困在翅膀或是尾膜里，然后再扔进嘴里，而蝙蝠常常会在这一过程中进行空翻。

一边追踪食物，它们要说一句"什么？"，那肯定就撞到树上了。在抗回声的房间中，蝙蝠很少捕猎。它们会在树前盘旋，或者在枝丫之间穿梭，每片叶子和嫩枝都会产生一个回声。而在领地方面，蝙蝠常常侵犯到别的蝙蝠的领地中，至少它要学会忽略其他蝙蝠的捕猎叫声，或者在竞争者发怒并下决心把它赶出自认为属于自己的这块食物丰富的狩猎区时要成功逃出去。蝙蝠在忽略其他蝙蝠叫声的同时，还要把各种回声与猎物的回声分离开来，比如攻击范围外的其他小虫子、拦路的灌木丛和树木。位于日本京都的同志社大学（Doshisha University）和美国罗得岛的布朗大学的"力丸与西蒙斯实验室"（Riquimaroux and Simmons Labs），在近几年展开了对于蝙蝠如何在真实世界的场景中处理这些声音的研究。研究发现，蝙蝠的可塑性远比我们想象的要高。和往常一样，对于像蝙蝠一样，叫声频率在我们人类听阈之外的动物，对它们的行为研究主要有两方面的局限。

第一个问题出在我们将蝙蝠看成一个声呐机器，而不是一个生活在复杂世界中的复杂动物。这是一个转化研究中常见却令人遗憾的副产物。当人们试图用方程和严格的数据来描述动物行为时，很难时刻记得所有这些行为动作就像哺乳动物本身一样是动态多变的。第二个问题则是，为了理解听觉在我们人类范围之外的动物，我们需要使用不断更新的科技和实验工具，希望在数据越来越复杂的时候能够给出更好的结果，而不是数据的简单堆砌。蝙蝠能够判断出1微秒以内回声延迟的能力是在20世纪90年代初被发现的，对这个问题的争论一直持续到几年前，直到更先进的数字技术多次确认了这一结果。不过对蝙蝠超锐时间知觉精度的机理的研究——尤其这种速度和准确度对我们所了解的大脑而言看似几乎是不可能的——在近几年才刚刚开始，并且需要更好的分子技术，而这些在当年是没有办法做到的。蝙蝠对回声时间进程的精确判断能力并非超自然的能力，它可能只是一个进化变异发展出来的特征，且这个特征在蝙蝠身上保留的时间长于其他小型哺乳类动物罢了。而这一现象是在脑科学大幅进步过后的今天才为人们所知。

当哺乳动物胚胎的大脑正在发育的时候，它的脑中也在按照基因表达的模式形成连接。我们的 DNA 打开或者关闭各种各样的化学信号，从而使细胞按照它们的原基分布图分化成特定的细胞类型，并从它们的产生之地迁移到发育之中的脑的特定部位。而当新生就位的神经元开始互相连接时，它们还不具有足够的神经化学复杂度来使新生儿大脑对不断变化的环境做出反应。许多正在发育的神经元并不是与可修饰的化学突触相连，而是与缝隙连接相连。缝隙连接是一些小的通道，它们将两个神经元直接连接起来，这样可以使信号准确而快速地在神经元之间传递，对建立大脑神经早期连接模式很有帮助。不过在大脑的发育过程中，大部分这些缝隙连接会被化学突触所取代，只在很少一部分脑区会依然保留到成年。这种连接也不曾在哺乳动物大脑的听觉中枢里被发现，直到 2008 年，由于一次发货失误，我实际上预订的是神经示踪剂，却收到了一小瓶 36 号连接蛋白（Cx36）的抗体，这 Cx36 是一种可以补充缝隙连接的蛋白质。抗体因为会附着在特定的蛋白质上，所以在脑化学研究中被广泛使用。如果加上荧光标记一起处理，那么你就可以得到精确而且色彩斑斓的蛋白质在大脑内的分布图。

我没有把这瓶抗体退回去（否则肯定变质了），而是想试着看看 Cx36 在蝙蝠脑中的分布和老鼠的有什么不同。结果显示，蝙蝠的 Cx36 分布看起来与老鼠的非常相似。成年老鼠脑中一般表达缝隙连接蛋白的几个区域在蝙蝠脑中也都被点亮了。但是有些东西看上去有点不对。在蝙蝠的听神经最早进入大脑的地方——也就是蜗神经前腹核（AVCN），被标记成了整个脑中最亮的地方，而且最先接触到听神经纤维进入大脑的区域最亮。当我细看的时候，发现被标记的其实是一组特殊的细胞，它们之间形成了一个内联的网络。这个网络正位于可以影响到最初进入大脑的听觉信号的地方，而后续的研究表明，这些细胞不仅表面布满连接蛋白，还被标记了γ-氨基丁酸（GABA）——一种导致其他神经元发生抑制的神经递质。最为决定性的一点是，被示踪剂标记后所显示出的这些细胞不再向听觉系统的其他部分进行投射。它们似乎被设置成要么作用于听神经纤维，要么作用于最初进行加工的神经元上，而这些神经元才是之后进一步在大脑中进行投射的。

我们其实是在蝙蝠身上找到了一个等同于时间过滤窗的生物结构，它可以让精确时间长度的信号进入大脑，而这一结构在其他动物身上还从未被发现过。我们认为它的工作路径是：耳蜗将神经纤维束从对近似频率进行响应的区域发出，由于哺乳动物的耳朵是由"湿件"构成，而不是硅和导线的硬件，所以从耳蜗所发出的信号其到达时间肯定会有一定程度的溢出——即使在两根相隔或长短相差只有几微米的神经纤维之间也会存在。在我写这本书的时候，这一问题依旧在研究探索之中。[①] 在蝙蝠身上发生的事情貌似是这样的，通过某些进化突变，它们保留了胎儿时期的特征，在听觉系统中最低层面的部位发育出了一个基于网络的过滤窗，这样它们只让任何既定频率下最先到达的信号传入系统。这个频谱时间关卡意味着它们的听觉系统其实并没有比老鼠或者人类的要快，只是更加精确而已。它们并不是超能自然体，也不会违背基本的物理定律来

---

① 也就是说论文还没有公开。

利用声音成像。它们只是由它们特有的进化驱动的发育所导致的产物罢了。

但我们从蝙蝠身上可以学到些什么具有转化性的东西能和人类的听觉有直接关联呢？诚然，从声呐到超声，蝙蝠为我们人类的一些科技进步已经提供了灵感；但它们超精确的听力看起来像是某种进化的异类，似乎和人类的听觉并没有什么关联。不过人们发现了蝙蝠的身上可能隐藏着一个问题的答案，这个问题在我们不断老化的过程中一直困扰着我们，那就是老年性耳聋或年龄相关的听力缺失。我们人类和其他哺乳动物一样，随着年龄的增长会出现听力的下降。即使我们没有长年在高功率的音响前，或者总戴着耳机，或者在很吵的环境里工作，我们还是会出现这样的状况。这一直被以老化过程中的正常部分对待，但它背后却有许多严重的认知和行为问题，比如甚至无法在正常的声音环境中听懂别人在说什么，这也可能是与阿尔茨海默病或者其他痴呆疾病相关的一些疑虑的基础。我们很容易想明白一点，那就是当你不再能够监控你视线之外的世界时，肯定发生了什么事情。解释听觉老化的基本理论是，因为感受高频声音的毛细胞处在耳蜗的基部（最窄的一侧，靠近卵圆窗），也最靠近外部世界，所以在声音传入时，它们受到了更多冲击。无论是人们说话的"正常"声音还是一些有潜在破坏性的声音，比如爆炸和地铁噪声，都会经过它们。而哺乳动物不像青蛙，在正常情况下我们的毛细胞是不会再生的，因此这些对高频敏感的毛细胞会首先老化。

然而这一理论有一个严重的问题。对经历了40年左右的声音沧桑之后器官结构会有所磨损的这一假设当然很好，但是老鼠，它们的一生一共才一两年，然而作为最为普遍的研究听觉功能的模型生物，也在一年之后就开始出现了高频听力缺失。甚至在一定的变异情况下，这一症状会在它们仅仅几个月的时候就出现。所以问题显然要比像制造商们所说的正常使用磨损更复杂，目前已经有几百个研究在检查各种可能与高频听力损伤相关（但不算明确的因果性）的基因和基因产物。因此，其实我们要探讨损伤的问题其实是在哺乳动物中普遍存在的。或者，也许它不是？答案可能就藏在蝙蝠的耳朵和脑中。

拥有回声定位系统的蝙蝠活的寿命出奇地长。我最喜欢的大棕蝠梅拉尼（Melanie）活了 16 年才死去。而现有的记载中，有一只小棕蝠（*Myotis lucifugus*）活了 34 年。对于这样一种小型哺乳动物，还具有这么高的代谢水平，这个寿命实在是惊人。一只蝙蝠每天都要吃下与自己体重相当的昆虫，捕猎中的它们心率可以达到每分钟 1000 次。要是人也是这个心率，肯定已经爆炸了。如果按照普遍的新陈代谢模型，蝙蝠的理论寿命应该在 3—4 年。即使你算上它们冬眠的时间，它们的实际寿命也是理论寿命的三倍之多。①而且这种动物对高频听力有着绝对的依赖。一只聋了的蝙蝠不仅会撞到物体上，还会由于无法捕猎而饿死。不知怎么地，蝙蝠进化出了一个听觉系统，至少保留住了它们听力中对回声定位必要的关键频段，对大棕蝠而言大约是从 20 千赫向上，小棕蝠则是从 40 千赫向上。同时，这一系统正常使用的年限远远长于其他的哺乳动物。而其中的原因至今仍是个谜。

每当听到有学生哀叹听觉相关（当然也包括科学的其他分支）的文献每年都冒出来上千篇，似乎显得我们已经发现了所有东西的时候，我就微笑着向他们摇摇头，并开始向他们问出所有这些我们

---

① 在我的下一份职业中，我准备来研究一下是什么使得它们能活这么久。即使是要每天吃大黄粉虫和飞蛾，我也愿意，这样我就能活到 240 岁了。

并不知道答案的问题。这种问题可以这样一直问很久。蝙蝠的听力老化中是否缺失了它们听力中最最上端的频段并只保留了相对较低的频段？若是如此，这是否意味着它们所谓的"听觉不老"功能其实相对于它们的听力范围也有所缩减了？它们是否有一些分子性或系统性的方法保持毛细胞的健康？或者它们的毛细胞是不是像鱼、青蛙和鸟类的一样在受损后可以再生？这些问题可以列出长长的一串。回声定位的蝙蝠，这种甚至对声学家和动物行为学家来说都看似来自世外的怪异物种，可能藏有让人类能够终生获得健康听力的秘密。而我们只需要去搞清楚正确的问题就是了。

第五章

表象之下：时间、注意与情绪

几年前我还住在罗得岛南部时，我曾进行过一次夜跑。一般白天跑步的时候，我都会戴上耳机放一些有动感的音乐。一方面可以屏蔽车流的噪音，另外也可以给我的步伐带带节奏。[1]然而在晚上跑步时，我会把音乐关掉、聆听环境里的声音。没有了阳光，声音也变得丰富得多，况且能听见周围发生的事情让人相对也更安全一些。我当时正跑到一个下坡处、靠近我很偏爱的几个池塘边，那里通常充斥着牛蛙和青蛙们渴望着艳遇的歌声。但当我一转上那条路跑过第一个池塘后，我很快就发现蛙声比平时安静了许多，即使在我迅速跑过去之后也是如此。我继续向前跑，听到了一些像很轻的脚步声一样的声音。于是我停下来原地小跑，环顾四周。

小路的边上几乎是漆黑一片。除了几百码外的采石场有一盏路灯形单影只，别的地方真的完全都是黑的。我作为一个刚刚搬家过来的纽约人，还没有太适应这样的黑暗。什么都没有，甚至没有一

---

[1] 就像詹姆斯·戈尔曼（James Gorman）在他卓越的文章《没有内啡肽的人》("The Man With No Endorphins")中所述，我并不喜欢跑步，但我喜欢跑完之后的感觉。那就像把自己的脑袋往墙上撞一样，只在你停下来时才感觉如此棒。

丝声音。于是我继续向前，跑向下一个池塘。当我来到大约 30 米之外时，这里的青蛙们都如期闭了嘴，但我觉得我又听见了那个脚步声。这会儿我开始有点紧张了，我再一次停下来看看周围，一切依旧那么安静。既然对这个地方我不像对纽约布鲁克林那样熟悉，没有路灯也没有那种遇到麻烦事可以走进去避一避的小酒馆，我应该加快脚步。正当我转过身准备冲向下一个路灯时，我听到了一声巨大的落水声和一声嚎叫。我吓得向上跳起来好几十米（好吧，其实只有几厘米），并且转过身面向池塘。我全身紧张、准备好了随时可以朝那个声音源头的反方向逃开。这时我看见了能想象到的最可怜、最狼狈、最羞愧的郊狼。它准保是跟了我大约四五百米了，然后就像它在动画片里的对应版本郊狼怀尔（Wile E. Coyote）一样，直接从路沿上跑出去，然后正掉进了池塘里，这让它现在浸泡在一池子水以及作为现实版郊狼的那种尴尬之中。随后它跳出了池塘，把自己身上甩甩干，在喘息中嘀嘀咕咕地溜走了。我完全把持不住自己，嘴里叫着"咪噗、咪噗"跑向了另一个方向。

这个故事告诉我们一个重要的道理：当你在黑暗里时，千万不要戴耳机。这是因为相比于 iTunes 中播放的音乐，或者是你周围声音，听觉向你传达的信息更多。你的听觉能让你监测周围世界，即便是在超出视野之外或是黑暗里它也能正常工作，而且它比其他任何感官都要快得多。你的大脑是一个寻找模式的机器，总是不停地在你的感觉和知觉的关系中探寻线索。那些有关联的感觉输入——比如相似的频率、时程、音色、位置（或者在其他非听觉感官世界中是形状、颜色、味道或气味）——都会让神经元以相似的模式在相同或相近的时间产生发放。同步发放的神经元更容易触发它们的下一级目标神经元，从而将感觉信息中"有些非随机事件发生了"的消息进一步向上传递到你大脑的执行处理区域。由于知觉是大脑将感觉输入的共同要素信息在时间和空间上进行绑定而产生的，而像视觉这样的感官对空间信息的处理能力有限而且相对缓慢，因此它对高度重叠或模棱两可的特征信息进行相关性分析时经常会获得假阳性。这就是为什么有大量的网页热衷于展示各种酷炫的视觉错觉，而几乎没有哪里提到听觉错觉的，因为你的耳朵其实更难被蒙骗。即使在感觉信息来自四面八方更广阔的区域而不只是你的视野的时候，听觉都可以更恰当地将这些输入信息进行分离。这是因为听觉比视觉要快得多。

一开始我们会认为，听觉速度比视觉要快挺不符合常理的。我们习惯于假设我们的大脑和视觉是相当快速的，因而会有这样的一些常用语，比如"一念之间"（根据一项约翰·霍普金斯大学的研究这大约是 0.75 秒）或是"眨眼之间"（大概 0.3 秒）。这听上去真的很快吧。至少相对于你读这段文字的时间，它确实很快了。但是一切都是相对的。我们来考虑一下这些例子：老式手表中的石英晶体每秒振动约 32000 次；我们的原子钟被设为一个激发的铯-133 原子的振动频率（每秒振荡超过 90 亿次）；碘分子每秒振动 1000 万亿次；而夸克的寿命只有 1 幺秒（10^{-24} 秒），这意味着在你注意到隐形眼镜下面有异物的这段时间里，你本来应该去参加 2×10^{21} 个夸克的诞生和葬礼的。幸运的是，我们人类被调制成在一个更局限得多的时间参考尺度上生活：从零点几秒到我们的一生，而这一生的时间就算是你定期去健身房锻炼，也就是大约仅有 2.5×10^9 秒而已，真是一个令人难过的消息。

但是我们还是"视觉动物"：日行（大多数在白天清醒活动）、有三原色色觉（能够看到相当广阔范围的颜色），而且通常使用视觉特征来描述和思考我们的周遭。视觉是基于对光的知觉，而光定义了宇宙中最快的速度：30万千米/秒。光从这一页书的表面到你脑袋后面的视觉皮层只需要不到1纳秒的时间。但是我们的大脑拖了后腿，更不用说它还把视觉皮层挡在了最后面。

从输入到识别，大脑处理视觉信息的时间尺度是从几百到几千毫秒，比光速慢了百万倍。光子进入我们的眼睛，影响到我们视网膜上特殊的光感受器，然后事情就被放慢到了化学速度——进一步去激活光感受器中的次级信使系统，将信息通过突触传达到视网膜神经节细胞。接下来，神经节细胞需要和其他视网膜细胞一起再次确认这个信号是需要做反应还是可以忽略的，然后对应地发放或者不发放一个混合的化学电信号。这个信号会顺着长长的视神经来到外侧膝状体的多个目标层中的一层，在这里还得再次经由突触传递，去往初级视皮层或是去往上丘。而无论是去哪里，这个可怜的视觉信号都像是坐上了这辈子遇到过的最可怕的地铁一样。[1] 它花了好几百个毫秒才到了大脑的某个角落，而那里仅仅是个或许能说："哦，我刚刚是不是看见了什么？"的地方。值得我们庆幸的是，我们的大脑为了处理基于视觉的"实时"信息也是经过了时间调制的。在真实情境下，任何每秒变化15—25次以上的东西，我们都无法看出是离散的变化。不过多亏了大量的神经与心理的适应过程，我们会取而代之地将它们知觉为连续变化的客体。这对于电视、电影和计算机工业而言真是一个福音：因为它们不用非得去研发幺秒级别的显卡驱动了。

客观上来讲，听觉确实是更快的处理系统。视觉的处理速度最多达到每秒15—25个事件，而听觉则可以基于每秒变换上千次的

---

[1] 事实上，目前最完整的视觉信号的投射图已经由范·艾森（Van Essen）教授制作完成。它看上去就像杰克逊·普卢格（Jackson Pollock）绘制的纽约地铁路线图一样。

事件而工作。你耳朵中的毛细胞可以锁定一个每秒高达 5000 次的振动，或者是锁定这个 5000 赫兹振动中的特定相位点。在知觉层面，你可以轻易地听出某个听觉事件中每秒 200 次以上的变化（你甚至可以听出更快的变化，如果你是只蝙蝠的话）。最近普莱斯尼茨尔（Pressnitzer）及其同事的一个研究表明，听觉知觉组织的某些特征出现在耳蜗核中，也就是大脑从听神经接收到输入信号的第一站，这在声音到达你耳朵之后的千分之一秒内就达成了。你对声音来自何处的判断是在上橄榄核完成的，它将两只耳朵接收到的低频声音到达耳朵的时间差进行微妙到毫秒级的比对（而对更高频的声音而言，是对双耳接收音量的差别进行亚分贝级的比对），这一过程只需几毫秒的延迟即可完成。即使是在大脑皮层这个层面上——皮层作为神经信号传递链的顶端，传输交换着来自更底层的海量数据，一般处理速度都会相对慢一些——皮层都有专门的离子通道，可以让保留了听觉输入最基本特征的高速神经元发放一路从你的耳朵直通上来。因此，即使声音信号从进入你的耳朵后又经历了十来个突触才来到你的大脑皮层——也就是大多数我们认为的"意识"行为发生的地方，但它仅仅需要不到 50 毫秒。在这么短的时间内，你就可以识别一个声音，说出"我听到了"，并指向声音的来源。

当然，这只是对听觉通路的一个"经典"看法，你在维基百科或者关于听觉的生物学基础的本科课程上都可以学到。从这个角度来看，听觉似乎是一个相对直观的系统。从耳朵中的毛细胞开始，声音被编码并经由听神经传递到达耳蜗核，在这里信号按照频率、相位和振幅被分离开，再通过斜方体传到左右上橄榄核来确定声音来自何处，并传到外侧丘系的核团来进行复杂的时间进程加工。接下来，信号传到听觉的中脑——下丘，开始将某些独立的声音特征整合成为复杂的声音，然后把整合得到的复杂声音传到听觉的丘脑和内侧膝状体，那里是把信号继续传递给听觉皮层的主要中继站。

听觉皮层是让你在意识上知道听见了声音的地方，也就是那个可以一路回溯到来自你耳朵里的声音。听觉皮层有专门的区域来处理不同的听觉特性，比如颞平面是识别音调的，而威尔尼克区和布洛卡区则分别专长于言语的理解和产生。大脑对声音加工的偏侧化也是在这里出现的：对于多数右撇子的人，言语中的信息性内容大多会在左侧加工，而其中的情绪性内容则大多在右侧处理。大脑的这种偏侧化带来了许多有趣的生活现象。试想当你打电话的时候，你会把听筒放在左耳还是右耳呢？惯用右手的人大多数都会用右耳接听电话，因为这样的话，大部分来自耳朵的声音信息可以交叉传入到大脑的左半球，帮助他们理解言语。而在惯用左手的人群中，这种现象有时会反过来，有时却一样——因为有些左撇子的人言语认知在左侧、情绪认知也在左侧，而有时又恰好相反。尽管我也是右撇子，但每当我用右耳接听电话时我都感到怪怪的，我觉得我没法理解里面的话，除非我用左耳接听。直到几年前我去做一个脑成像实验的志愿者被试之后，我才明白我是少数这两个内容—情感处理中枢反过来的"怪人"之一，不过我大脑剩下的部分都很普通。有研究表明，在人类进化中较新出现的脑功能区，更倾向于在偏侧化这样的特性上表现出多样性，而对言语的理解就是其中最新出现的一种。

但是来自低层中脑的声音信号并不是简单地上传到皮层，好让你这样就能享受到音乐，或是被隔壁小朋友拙劣的小提琴练习困扰。听觉通路中的每一个要素都被数十篇甚至上百篇复杂的学术研究论文探讨过。大家不仅在人类身上，还在其他动物的身上做研究，从其中不同类型的神经元之间的连接，到依赖于不同类型输入的即刻早期基因表达的多样性。在关于这个系统的数据越来越多涌现出来的时候，我们就不只是简单地将它们加在一起了。如果你有正确的思维模式（或是足够多的研究生）你就会明白，曾经的那种大家所说的"事情怎样运作"的规则，在这里已经不太起作用了。

20世纪90年代，当我还是一名研究生的时候，学校还在讲"特定能量法则"：耳朵只对声音有反应，眼睛只对光有反应，前庭器官只对加速度有反应。另外还有一个术语是"标记线"，是说神经连接都有其特定的模态：声音从耳朵进入、耳朵连接到听觉核团，其最终被加工成"听觉"；而视觉输入从眼睛进入，最后成为你看见的东西。这种"模块化大脑"曾是一种被广泛接受的概念：有特定的脑区处理它们得到的输入，然后经过它们之间彼此的交流，涌现出了在所有这些复杂机制之上的一种"元现象"，也就是意识或精神。

不过在今天，神经科学家们来到了一个有趣的"引爆点"——此处借用了马尔科姆·格拉德威尔（Malcolm Gladwell）的词[*]。几个世纪以来的解剖学和生理学研究数据开始出现奇怪的交叠。上橄榄核曾经被认为是中脑处理视觉的核团，而事实上是把整个感觉系统的输入图景彼此登记对应起来的地方。内侧膝状体不仅通过腹侧通路向听觉皮层提供了大量输入信息，还通过背侧通路将信号投射到注意、生理和情绪控制相关的区域。听觉皮层还能对熟悉的面孔进行反应。上万种已经刊出的学术研究（包括了在网上能找到的论文，而不只是图书馆科学区成摞的纸质文献里才有）都开始为"绑

---

[*] 格拉德威尔是纽约时报畅销作家，《引爆点》是其2002年出版的一本关于如何推动流行潮的书。——译者注

定问题"提供线索：各种迥然不同的感觉是如何通过多感官整合而联结形成对于现实的一个连贯模型呢？过去的十年里，基因革命也被纳入其中，包括基因测序、蛋白质表达，以及可用的生物体完整基因图谱（价格对于那些靠基金经费过活的研究者也算合理），还有更多具有灵活性和复杂性的技术出现了，给我们研究遗传与环境条件如何能影响大脑的反应提供了许多洞见。而且一旦这个"精灵"被从瓶子里放出来，你就会发现曾经的心理学家们只能用黑盒思想研究过的问题，如今都可以从神经科学的角度再被重新探索。这让我们开始明白，声音不只让我们听见东西，其实更驱动了我们最重要的意识和无意识过程。而这带给我们一个两难问题：我们平时对声音不怎么注意，但是我们却让声音带领着我们去注意周围世界那些重要的事件。

现在让我们回头看看脑中的回路。声音信号从内侧膝状体放出来后，其实并没有必须要顺道来到科学家们认为的听觉脑区。它们被集中投射到了一个以往被称作"边缘系统"的区域。边缘系统这个术语其实已经过时了，但你在教科书，甚至现在新发表的论文中还能看到它的踪迹。边缘系统包括构成皮层最深处边界的结构，掌控着像心跳和血压这样的自主功能，以及包括记忆的形成、注意和情绪等认知功能。之所以说把这些结构统称为一个特定系统的说法已经过时了，是因为如果你看看这些区域精细的解剖、生化及加工结构，就会发现你看得越仔细，它们越不像是一个个分散的模块。它们更像一个内联的网络，其中有大量的环路，不仅向前向上提供信息，也向下去调控即将进来的信号。这使得我们的研究变得更加复杂了，因为基于解剖投射来研究声音是如何影响这些系统的时候就会遇到这样一个问题：通向这些区域的这么多投射通路中，竟然没有一条是只和听觉有关的。所以有时候要想弄明白大脑的复杂性，你就必须得从现实世界的行为开始向大脑活动一步步回溯探寻。现在问题来了，声音和注意到底有什么关联呢？

不久以前，马萨诸塞州水镇（Watertown）的珀金斯盲校联系到我，问我是否能帮助他们解决一个声学问题。事情似乎是这样的，州政府强制安装的火灾报警器给学生们造成了相当巨大的恐慌。每当报警器需要测试的日子，学生们都更愿意待在家里不来学校。他们希望找到一个解决方案，让火警能够引起学生们的注意，却不会惊吓到让他们迷失方向。于是我开始着手研究这个问题（现在也还在研究），但是直到最近我实验室的火灾警报响起来，我才明白这个问题的关键在哪里。当我花了30秒都没能找到回办公室的路之后，一切就显而易见了：火警的声音很大，我得一直转动我的脑袋来减少噪音的影响，这让我认路都有困难了。试想如果是盲人，他们不仅什么也看不见、导盲杖的敲击声和所有语音指引还都被巨大的警报声掩蔽了，那比我的情况可糟糕得多！

一个警报——无论是巨响的铃声、高音汽笛，还是像我家厨房里恼人的烟雾探测器那样循环播放"着火了！着火了！"的喇叭声，都是一个心理意义上的工具。它通过呈现一个非常突然的响亮噪音来捕获我们的注意（就像我被那条笨拙的郊狼吓到的那次一样），然后持续地循环播放那个信号。虽然你不会再对接下来的响亮声音产生惊觉了，但如此巨大的音量本身就会让你的唤醒水平持续处在高位。如果这个音量不能随着你远离它而降低，警报器本身也不停下的话，那么这个高唤醒水平情境就非常容易转变成恐惧以及定向功能的迷失。

突然出现的巨响一般会造成两个结果。首先，它会捕获我们的注意，提高我们的唤醒水平，让我们为接下来要发生的事情做好准备。如果响声持续，那么它会继而引发恐惧，因为对大脑而言，巨大的音量是不祥的标志。巨响是有人在朝你怒吼；巨响是利齿上沾满鲜血的老虎想把你当晚餐；巨响是可以瞬间把你碾成果酱的山体滑坡或地震。这些简单的例子都说明了声音、注意和情绪之间的密切关系。

最初你看似无法获取到行为中更不同的细节。注意使你关注特定环境（或者内部状态）的线索，而情绪则是对事件的前意识反应。这两个概念特征似乎是截然不同的，但它们的目的都是让你在意识思维开始掌管一切之前就能对环境的改变做出相应的反应。当你没有听到预期的声音、意识到周围环境有些不对劲时，你的唤醒水平会逐渐升高并累积起来；这二者恰好说明了，注意和情绪这两个系统有内在的相互关联。而听觉由于是反应速度足够快的感觉系统，得以把二者调动起来。

注意是让我们从周围世界（以及自己的大脑）每天 24 小时不间断扔过来的海量感觉输入中挑选出重要信息的机制。简单来说，这就是一种去关注某些事件而忽略其他事件的能力。但由于注意过程——比如听觉——是连续进行的，因此我们很少意识到它的存在，除非我们需要让自己有意地去关注我们的行为，并将我们的注意关注到"注意"本身上面。

让我们来做这样一个实验吧：洗手。你现在已经坐在一个地方看书很久了，没人知道几小时以前你的手和正在看的这本书都在哪里。不过在你起身以前，请你想一下自己洗手的声音：你可能会想到水从水龙头流溅到水池里，估计差不多就是这些了。而这次我要求你注意所有的声音。请注意你一步步走向水池的脚步声，无论你是穿着踢踏舞鞋、拖鞋还是袜子。你是在瓷砖上走路吗？你的厨房会不会传出你每个脚步的回音？还是说你穿了质地柔软的鞋使你的脚步声减小了？当你把手伸向水龙头的开关时，你的衣服有没有发

第五章　表象之下：时间、注意与情绪

出轻轻的摩擦声？水龙头把手有没有嘎吱作响？最先从水龙头流出的水在还没打到池底前发出了什么声音？水流打在金属、陶瓷和塑料上面的声音有些什么特点？如果你的水池没有塞子，水流进下水道的时候是否发出了那种中空共鸣声？还是说水在面盆中积攒起来飞溅出边沿？你把手伸到水流下方移动时，水击打在你手上的声音有什么变化？当你把水关上时，你有没有注意过水流声是如何变成它流入下水道的声音和你手上水滴滴落的声音的？

　　这可能只是一件发生在短短 30 秒中的事情。不过就像我们在前面提到过的那次散步一样，这短短 30 秒中出现的声音要花上好几百个词语才能勉强将其中包含的声音描绘出大概轮廓，其中你通常会忽略的事件包含了上万亿原子的运动，成千上万毛细胞的机械反应，以及数百万乃至上亿个神经元来将这些声音事件和毛细胞登记对应起来，而这些声音甚至可能都不存在于你的感觉记忆里。其实这也是有原因的。如果你对周围的所有事情都分配等量的注意，却没有那种可以自动分辨出什么才是和你所需高度相关的能力，那你一定很快就会被内部和外部各种琐碎小事弄疯的。

　　研究注意机制的基本范式是运用双耳分听技术，也就是让两只耳朵听不同的声音。一个典型的双耳分听实验是这样的：假设有两个不同的声音 A 和 B 以不同的频率和时间呈现给你听。如果 A 和 B 的音调差别很大，而且是随机地在两只耳朵中播放，你会倾向于将它们知觉为随机的声音。但是，如果你把两股声音按照它们的某些知觉特性聚拢起来——比如按照其频率距离有多远（音调上差别有多大）、音色（声音的精细结构）、音量的相对大小（安静 vs 轻柔），或是按其空间位置（左耳还是右耳），那么你的大脑就会开始将它们组织成两个分离的声音流。因此，如果以每 0.5 秒一次的速度把单簧管吹奏的 $A^{\#}$（升 A）呈现给你的左耳，然后用长笛吹奏的 D♭（降 D）以每 0.75 秒一次的速度呈现给你的右耳，你就会将这两个声音刺激组织成两个分离的听觉事件：左侧有一个很糟糕的单簧管吹奏学员；右侧有一个同样糟糕但还算可区分的长笛吹奏者。即使你在相同的时间开始向双耳以相同的速率播放两个声音，你依然能够将它们分离成不同的声音流。这是因为你的耳朵区分声音的时候并不是只去鉴别声音事件到达耳朵的总共时间，还有声音的精细时间结构，也就是让声音拥有独特音色和绝对频率内容的那些特性（当然音乐最多也就到 4000 赫兹）。这类研究代表了声音场景分析的最简单形式，也是最基本的一种测量注意的方式。作为一个实验范式，它经历了时间和技术的考验。最早人们用这个范式对人和动物进行了一些心理物理和脑电图（EEG）的研究，直到最新利用脑磁图（MEG）和功能磁共振成像（fMRI）的研究也还在应用这个范式。

然而，仅仅去呈现在时间、频率、音色以及位置上进行变化的单独声音无异于在笼子里打猎。实验室中能够呈现出来的和真实世界中我们遇到的声音完全不是一回事。不过这仍然是一个普遍存在且十分稳定的效应——"鸡尾酒会效应"——的研究基石，这也让一些研究者偶尔能走出实验室去转转。这一效应是说，即使是在一个拥挤的、有一大堆说话声且背景噪声嘈杂的房间里，你依然能够跟随住一个单独的说话声（当然是在一定范围内的），而其背后的机制在于大脑对一个复杂声音的特定属性的同步响应，即便这个声音处在完全可以掩蔽它的噪音中。这一效应的发现照亮了关于听觉注意的另一个方面。如果一个房间里全是人在说话，那么你会听到许许多多重合在一起的声音：混杂在一起的男人和女人们的说话声、其基频在 100—500 赫兹之间，而且由于都发自人类的声带，其音色特征具有一定的相似之处，并且因为和听者距离的远近、说话声音的大小以及方位的不同，这些被你听到的声音其音量大小也有不同。然而在所有这些声音中，如果你发现你的另一半正在说话，那么这个特定的嗓音以及说话模式（也就是说话时体现在时间上的发音节奏）将会激活一些你以前已经听过许多次的那种听觉神经元的激活模式。

如果你听了一个东西很多次，即使每次它的声学特征都变动很大（正如我们听到别人说话时那样），仍会让在你听觉高级中枢里的神经元产生更同步的响应，且在你的听觉系统里把一些神经突触重新连接起来，使得它们下次遇到这个特定声音特征时能更有效率地响应。这是神经学习的一种普遍形式，被称为赫布（Hebbian）可塑性。神经元并不是那种把来自之前神经元的信号相加来决定自己是否发放的简单相连结构。神经元是极其复杂的生物化学工厂，不断地合成和阻断神经递质、生长激素、酶以及特定脑化学物质的受体，并且不断地根据其负荷的任务需求对这些生化物质进行增强或减弱的调控。不过它们最引人注目的一个特点是，它们还会自己生出新的加工过程，从而改变自己原有的连接模式。如果有一群神经元经常同步发放，比如它们总是暴露于在话语和音乐常见的那种泛音中，那么它们将会有更多的内部连接，以便更容易地彼此进行影响，一起协作。① 因此，如果在一片噪音中出现了你熟悉的声音，那么它就会激活能够"识别出"这个刺激的一群特定神经元细胞，于是你会感觉到它从充满噪声的背景中"跳出来"了。

"同时发放者，彼此互连"是一条普遍的神经工作原理。不过在视觉方面和听觉方面这一效应有所不同，具体可以通过一个相当

---

① 更好记的一种说法是，"同时发放者，彼此互连"。

于视觉加工领域"鸡尾酒会效应"的游戏体现出来,这个图像解谜游戏叫作"瓦尔多在哪里"。游戏要求被试从一张十分复杂的视觉场景中找到身着亮红色条纹帽子和衬衫的人物——瓦尔多,这一般需要花至少 30 秒的时间(而且有时甚至需要比这多得多的时间,我甚至时常会认为他干脆是躲到阿富汗的某个山洞里去了),而在一场鸡尾酒会场景中分辨出一个你感兴趣的嗓音,你往往只需要不到 1 秒。

鸡尾酒会效应说明我们可以从一片噪音中挑选出有关联的声音,但它有一个令人生厌的"兄弟"。除非你经历过很多鸡尾酒会,否则你可能很难逃出它的魔掌。试想你在一列火车或者一辆巴士上,你想要看一会儿书,或者小憩一会儿,甚至只是简单地不想与对面的陌生人对视。此时你的身后传来了一名乘客打电话的声音。无论他是对着电话高谈阔论,或者只是窃窃私语,我们都会同样地觉得这些我们只能听见一半的对话十分闹心。一项最近由恩博森(Embersen)等人做出的研究发现了原因,这都怪我们注意的黑暗面。他们发现,听到正常的对话并不会显著地吸引我们的注意,但是听到这种"半对话"(half conversation)却能导致我们的认知表现严重下降。研究者们对此的假设是这样的,我们的听觉系统在后台对环境中不可预测的声音有持续的监测,这种持续的后台监测导致听者在进行其他任务的时候注意力被分散了。由于这种"半对话"使你完全无法预测下一句是什么,所以你接收到了更多不可预测的听觉刺激,因此注意会更容易分散。

其实这也是我们有这样一个全天 24 小时在线的感官系统所带来的问题之一。你的听觉系统永远都在监测周围背景环境,看是否有任何的变化。感觉的环境中发生的一个突然变化就能让大脑打断对当前任务的注意,转而去处理这个突发事件。那是在暗夜的小巷中跟踪我的脚步声，还是只是街对面的墙壁传来的回声？那一声突然的嚎叫是丛林狼在追寻隔壁的猫，还是邻里间那只眼盲的小猎犬试着想要让主人把它放出来？听觉是我们一天24小时不停工作的警报系统。它也是唯一的一个，甚至在我们睡眠时仍然处于工作状态的感官系统（我们的祖先，原始人类，可能就是靠着这个感官才让自己不在睡觉的时候被野兽吃掉）。突如其来的噪声可以告诉我们有些事情发生了，然后听觉系统（和视觉相比）会足够迅速地处理这个声音，给我们提供足够多的同步性输入信息来识别出这个声音的来源是不是我们所熟悉的、判断我们是否需要其他感官和注意的额外加工，来让我们在即使不能看见的情况下依然重构出来那到底是什么东西。

  对我们而言，听觉这个持续在线的特性十分重要。因为我们的其他感官——视觉、嗅觉、味觉、触觉、平衡觉——都在接收范围和响应范围上有一定的局限。如果你不转动脑袋（当然这么做可以有各种后果），你的双眼视觉范围只限于120度，还有额外60度是外周视野。无论是在哪种距离下，一个气味都必须得特别浓缩集中，这样我们才能闻到。即便如此，如果不循着气味追过去的话，人类对气味的定位依然是一个难题。味觉、触觉还有平衡觉都被限制在我们的身体范围之内。不过如果你在一个天气不错的日子出门玩耍，只要不出现逆温现象，也没有耳塞把你耳朵堵上的话，你就可以听见周围1千米以内的所有声音。如果你是站在坚实的地面上（或者浮在水上），这个范围就是大约260 000 000立方米（验算一下吧），这相当于1300个齐柏林硬式飞艇那么大（如果你喜欢这样来描述体积的话）。然而如果你站在外面复习考试，而这时你的手机响了，你的注意就会转向它。此时如果有一个飞艇落向你，你肯定不会注意到。因为你的注意都分配在自己熟悉但扰人的手机铃声上，而忽略了正在悄声降落的飞艇在地面上留下的慢慢变大的巨大阴影。

这个情景体现了你的耳朵和其他感官在不停争取的两种不同类型的注意之间的差别：目标导向注意和感觉导向注意。你一边打着电话一边走进一个信号覆盖断断续续的地方，你还能坚持听着电话保持交谈，这就是目标导向注意；等候飞机起飞时你正在和人说话，旁边煲电话粥的男人一分钟内提到了三次"炸弹"，此时你就无法集中注意力继续和身边人对话，这就是感觉导向注意。目标导向注意使我们能够将我们的感官和认知能力集中起来专注处理有限的输入，并且这种注意可以被我们的任何一种感官驱动。多数时候，人们都是把这种注意默认地放在视觉上面。你环顾四周，会根据视觉线索的引导去拿视野中的物体（即使只是去旋大音量）。要是有哪个傻瓜安装了红外运动探测器来省电，导致灯光忽然熄灭，那你准会立刻大发雷霆。然而这种注意方式对任何感觉通道都是有效的。你能用鼻子发现恶臭的来源是厕所。你可以用你的味蕾不断调整调味配方直到它好吃起来。你如果想在一堵墙的墙头炫技，那么你可以专注地在走出每一步时，都让一只脚恰好放在另一只脚的前面，并且同时忽略掉两边有 1.8 米的高差。当然，你也可以仔细地倾听你在《吉他英雄》中弹奏的乐曲，找出到底是哪个小过门让你丢掉了分数。在以上所有属于这种注意的情景中，你的注意都突出强调了最终为你的有意识决定提供了最多信息的那种感觉通道（也可能不止一个通道）的信息，并将它们作为最重要的进行处理。

而基于刺激的注意（感觉导向的注意）主要是为了把注意从别处——包括了目标导向的行为上——抓取住并重新转移过来。这种注意同样也可以被任何一种感官系统来驱动：比如外周视野里一个突然出现的闪烁、燃烧产生的烟味，或是一次让你猝不及防的触摸。然而基于刺激的注意转移需要这个刺激是新奇而且突发的。换句话说，它要让你惊一下。一个惊觉是注意转移的最基本形式，它甚至不需要大脑过多的参与，比最简单的声音场景分析所需的大脑参与还要少。惊觉是每个人生活中都会遇到的情况，当你正在聚精会神地做事情——也许是在电脑上完成一些工作，这时突然出现了一些噪声，或者有人拍了一下你的肩膀，再或者（如果你在加州的话）突然发生了地震。在10毫秒之内，你就会做出与我听到郊狼引发落水声时相同的反应。你会跳起来，心率和血压骤然升高；你耸起肩膀、注意游移、试图去寻找到底是谁打扰了你。声音、触碰和平衡改变都会让你惊觉，但是视觉[①]、味觉和嗅觉则不能。这是因为前三种感官系统是机械感觉系统，它们所依赖的机制是神经递质通道的快速机械性开合，这些通道会激活在进化上非常古老的一类神经环路——其中仅包括区区五个突触而将这三个系统以反射性的方式连接起来，从而激活脊髓中的运动神经元和大脑中的唤醒环路。

每种脊椎动物都有惊觉环路。由于它是一种让有机体处于对新奇刺激的"防御状态"的机制，因而不同物种的惊觉环路的表达形式多种多样。戴维斯（Davis）和他的同事们利用大鼠做了一些开创性的研究（后来在灵长类和人身上也都验证了）。他们发现，哺乳动物的听觉惊觉环路是通过一个由五个神经元组成的环路实现的。这一环路从耳蜗开始，到耳蜗腹核，再到外侧膝状体的核团，到网状脑桥核，随后到达脊髓中间神经元，并最后到达运动神经

[①] 其实你是能被外周视野里移动的物体惊吓到的，这更多与运动而非形状有关，但它主要是让你能把视野重新调整到吓到你的东西上，这比真正的惊觉响应要慢多了。

元。在 1 毫秒内，突然出现的声音信号会通过五个突触让你惊跳起来，然后做出肌肉紧张、随时可以进入战斗状态的防御姿势，有时还会伴随一声大吼（我夫人尤其会这样）。听觉惊觉在脊椎动物中十分普遍，因为这是对未曾见过事件的一次成功的进化适应。如果有危险，它会让我们迅速逃离；即使不然，它至少也能让我们扩展注意的范围，了解噪音到底从何而来。

但惊觉并不必然使你感到害怕，它只是让你的唤醒感觉提高。唤醒感觉是指一种在生理上和心理上把所有来自感官的刺激都增强成情绪反应的状态。如果你在聚精会神地看恐怖片的时候有个人在你耳边突然喊了一声"噗！"把你吓得不轻，而你回头一看发现是你的朋友，那个惊觉的感觉一下就会消失。然后你会感觉到有那么一点点满足，因为像他们这样恶作剧的人，活该在吓人的时候被泼一脸饮料并在你转头的时候被你本能反射性地肘击到。但是要是你听见"噗！"回头却发现什么也没有呢？没有搞怪的朋友、天花板上也没有小音响，这下你的唤醒水平会继续提高，然后各种增强了的复杂情绪开始涌上心头。

在神经科学的研究中，情绪是一个非常需要分析技巧的研究对象。情绪其实是关于你如何体验的：它是你复杂的内心活动，会影响你接下来对环境中发生的一切事件如何进行反应，直到那个情绪改变或者消失。几个世纪以来，科学家们（以及哲学家、音乐家、电影制片人、教育家、政治家、父母和广告商们）一直都在研究情绪信息，并将它们应用于生活之中。目前已经有大量的研究、书籍甚至整个学校在思考情绪究竟是什么，它是如何运作的，我们为什么拥有情绪以及我们应该如何利用它——通常是指操纵别人的情绪。这些研究和处理方法彼此并不兼容，甚至是他们采用的基本情绪种类都不一样：比如普拉奇克（Plutchik）在 20 世纪 80 年代提出，人类有四对基本情绪，包括正面与其反面（高兴—悲伤，信任—恶心，恐惧—愤怒，惊奇—期待）；而 HUMAINE 研究组认为人类有 10 类共 48 种不同的情绪，这个研究组也是情绪注解与表征语言的创始者。鉴于目前连基本情绪有哪些、究竟是什么引发了情绪产生还众说纷纭——无论是詹姆斯—兰格理论（James-Lange theory）所认为的它是由生理状态决定的，还是理查德·拉扎勒斯（Richard Lazarus）认为的认知因素造成的，最基本的事情都还没有弄明白，所以到现在仍未找到情绪的神经生物学基础就不足为奇了。但是从 19 世纪的心理学研究到 21 世纪的脑成像研究中，有一件事情大家达成了一致，那就是最快且最有效的情绪引爆物之一就是声音，它的信号是通过从内侧膝状体出发的非丘索通路向整个皮层散布出去的。那么，声音是如何诱发并贡献于特定情绪状态的呢？

恐惧是被研究最多的情绪状态之一，有一部分原因是：它是一种在我们身上最原始的情绪，即使是青蛙也可以感觉到恐惧（如果你经常和它们一起玩耍并精通它们的肢体语言的话）。恐惧也是为数不多的几种已经在解剖学和生理学基础上都有充分描绘的情绪之一。研究恐惧经常和声音一起，所使用的方法还是巴甫洛夫（Pavlova）当年最先采用的范式：经典条件反射，也称作巴甫洛夫条件反射。这一经典条件反射的基础是相对简单的：你有一个非条件刺激，对于这个刺激你会产生一个反射响应，就比如看见一块牛排可以让一条饥饿的狗（或者研究生）流口水。在这里，牛排就是非条件刺激，而流口水就是非条件的反射响应。巴甫洛夫使用的小技巧是刺激代替：就在给那条饥饿的狗牛排之前，他摇响一个铃铛（条件性刺激）。这样重复几次在给狗牛排前的 0.5 秒钟摇铃之后，狗的大脑就把铃声的响起和美味牛排的出现之间建立了连接，并且实际上重新形成了一个反射响应，就是在听到铃声响起时流口水，即使牛排并没有出现。①

研究恐惧的科学家们依赖于使用声音的经典条件反射和其他的一些技术，很大程度上是因为从耳朵到大脑中调节恐惧和类似恐惧反应的脑区——杏仁核——之间有可以追踪的神经通路。杏仁核是少见的那种登上媒体次数特别多的大脑核团之一，但是很遗憾，大多数关于它的报道都是错误的。假如你从新闻网站来获取科技新知，你就会经常看到一些有关情绪控制或是情绪失控的新鲜事（比如犯罪事件、政治取向、完美食谱、世界末日，甚至为什么巧克力和性是同一件事），而你在这些报道中不可避免地几乎总会看到"杏仁核"这个术语的踪迹。媒体上流行的观点是，杏仁核是大脑的"情绪中心"，如果你做了一些社会所不能接受的事情，那么一定是因为你的杏仁核坏掉了。

关于杏仁核的真相其实要比这有趣得多。它同时从快通路（腹侧通路）和慢通路（背侧—皮层通路）获取输入，并向整个皮层提供输出。快速的丘索通路会提供一个即时、迅速的反应，同时也会为学习区分危险的输入和安全的输入提供基础。而皮层的非丘索通路会经过大脑记忆与联合加工区域，速度更慢，但是能够更加精确地判定是否需要对一个声音产生情绪反应。那一声尖叫究竟来自你正在看的恐怖片还是有人在你身后刚被杀害了？（真正优秀的恐怖片会运用很棒的声音编辑模糊这个界限，这一点我们在后面会再讨论到。）一个真实而复杂的恐惧反应是被迅速触发的，随后依赖于大脑里的一个联结网络——不仅仅是杏仁核——而被保持住且被强

---

① 这个现象至少在一段时间内是稳定的。现在整个心理学领域有大量研究和书籍，是关于使条件反射效果最大化的策略。

化（这样你就不用再被触发一次了）。与恐怖事件相关的声音会在杏仁核、听觉皮层和海马体之间来回传递，其中海马体是通往长期记忆存储的大门口。在这个环路的早期，信息会被传输到皮层深部区域和下丘脑区域附近。这些区域与血压、心跳、肾上腺素的迅速分泌调控等自主系统的控制有关，它们会让你的心跳加速、缩小你的瞳孔，并使你嘴唇干燥。一个骇人的声音，比如狮子的怒吼，会导致整个身体范围的生理反应，还会反馈到你的大脑里去，形成早期的情绪反应，并同步将新的输入与以往的恐怖事件记忆进行比对，来确定那个吓到了你的刺激是否真的可怕。如果吼声慢慢消失，说明你逃离了狮子，你的交感神经活动就开始减弱并且人也平静了下来。尽管此时你的唤醒水平仍然很高，同时也保持着警惕，但是你有时间来环顾四周并确认自己不再处在危险之中了。

即便没有先前的经验，声音中的特定元素还是可以引发情绪。突发的巨大声响会让你惊觉，但是如果它多加些很低的音调，你的大脑就会开始建立无意识的联结。就像青蛙的求偶选择一样，响度大、音调低的声音就意味着发出声音的青蛙体型较大。对于正寻求雄性配偶的雌蛙而言，大块头的声源或许是个不错的选择；但是对于当今的正常人类来说，大就意味着可怕。在进化方面有这样一个理论，认为在人类听阈的低频段及以下（次声频段）的声音已经被作为"捕食者"的信号写入了我们的生物学硬件系统中。对诸如狮子和老虎等大型猫科动物叫声的分析表明里面存在大量高强度的次声元素。进化神经生态学家是研究大脑所驱动的行为怎样在进化中变化的一群人，他们认为，那些听到这样的声音却没有自动逃走的动物被吃掉了，于是也就没机会传递它们的基因了。不过另一种假设将非听觉的生理声学与自主敏感性联系到一起，指出高强度的次声不仅可以被听见，还可以被整个身体所感知，它会振动腹腔内的大型器官、充满空气的肺，甚至是骨头本身，这和青蛙的非鼓盘通路相类似。对身体各个部分的低频振动能够导致恶心以及一种经由肠神经系统而获得的不适感。自主神经系统主要负责将感觉信息反馈到你的内脏中，其中肠神经系统是自主神经系统中研究得比较少的一个子系统。这种非听觉的低频通路正是导致像振动声学疾病这种东西的罪魁祸首，这种病就是那些建筑工人如果过量暴露于手提钻和其他来自于建筑的振动周围之后会患上的疾病。因此，一个突然出现的、很响的低频声音不仅触发了基本的听觉连接，而且使整个身体获得了输入之后告诉你赶紧逃命。它与注意和记忆相关区域的互动发生在更晚时（而且更慢），这样不仅确保让你能记住那个声音和危险相关联，还可以让你在下一次听到它时能反应得更快——这都多亏了赫布可塑性，也就是大脑能将自己重新连接从而加快对已经遇到过事件的反应速度的能力。这种骇人的声音已经成为一个生存工具：下次当你再在相同的情境下听到类似的声音，你估计会直接拔腿就跑，而不会再浪费时间大喊："那到底是什么啊！"

那么，如果这个突然巨响的声音并不是低频的，因而或许没那么致命呢？这个时候，你的记忆和先前形成的神经连接所提供的背景信息就会发挥重要的作用。举个例子，假设你正在上网，你点击了一个页面，里面突然爆发出了"恭喜你刚刚赢得了一个iPad！"的声音，或者也有可能是一个乐队的新歌片段。惊觉之余你会立刻感到恼怒，你几乎会即刻关掉那个页面（或者用其他更激烈的手段来让浏览网页的声音立刻消失）。扰人却并不会立即和危险联系在一起的声音所带来的是"负效价"——类似烦人或者愤怒的感觉。这是一种对于"错误警报"的反应。这里所谓的错误警报，就是一个声音的突然出现让你整个人都警觉起来了，但是最后发现它只是又一个熟悉的刺激。这也是为何在技术中使用复杂的声音存在很多问题。还记得20世纪80年代的"汽车语音警告"吗？四周没有一个人的时候，一个合成效果很差的人声忽然对你说"你的车门没有关好"或是"你没有系安全带"，这一开始会让人惊觉，但是很快就被归类到烦人的行列，尤其是它还调用了立体声音响。随后你就会觉得自己又被耍了。[①] 近些年，大部分网页（至少是那些出自聪明设计师之手的网页）不会在你一打开的时候就出现复杂的声音。突然播放一个声音其实是很惹人厌的，特别是如果它还持续响到几秒钟——比你从视觉上认出页面上有你感兴趣的图所需要的时间还要长的话——那你一定会直接关掉这个网页。

最广为人知的一种负效价的声音就是小学的时候你用来折磨同学所使用的声音——用指甲刮黑板的声音。时间回到1986年，哈尔彭（Halpern）、布莱克（Blake）和希伦布兰德（Hillenbrand）写了一篇非常棒的文章，叫作《一个令人胆寒的声音的心理声学机制》。这篇文章做了一件现在科学论文很少会做的事情。他们抛出了一个非常基础的问题：我们为什么会痛恨指甲刮黑板的声音呢？（更不用说像铁耙子这样的金属划过板岩的声音，那可是被评为传说中史上最难听的声音了）他们的假设是，这个声音的频谱与小猕猴发出警报的声音频谱几乎吻合。因此，指甲刮黑板的声音和一个灵长类的警报叫喊声在感觉神经层面上是一样的。这是一个很酷的想法，而且还被后来的学者广泛引用。但是，和众多非主流的科研文章一样，它后来没有被进一步检验。只有麦克德莫特（McDermott）和豪泽（Hauser）在2004年做了一个类似的研究，

[①] 我的一个朋友那时开展了一项很受欢迎的汽车服务，就是禁用这些汽车里的声音合成芯片，当时最常见和最恼人的估计要数20世纪80年代的克莱斯勒·雷巴戎（Chrysler LeBaron）牌汽车了。

结果显示棉顶狨（cotton topped tamarin，一种非常小、非常可爱的小猴子）对这个声音并没有类似的反应，当然这可能是由于它们很少和黑板或铁耙子打交道。因此，这个"令人胆寒的声音"的研究结果还是没有得到确认。不过对于人类而言，这个声音产生的心理感受基本是一致的：指甲刮黑板以及金属划过混凝土都会让你想要把耳朵堵上，然后把手边尖锐的东西全部扔向那个制造噪音的人，不管此人什么年龄、性别、职业和文化。

我作为一个学者和身边持有大量声音设备的人，手边有黑板和指甲，又能接触到铁耙子和烂水泥路。所以呢，在我戴上耳塞并对这两种声音进行了取样之后，我注意到一些很有意思的事情：这两种声音的精细时间结构事实上都是"伪随机"的。也就是说，它们的基础波形几乎是周期性的，一直在随时间重复同一个精细结构的波形，但其中又有足够多的随机变化来让它们成为一种时程上足够杂乱的声音。这就好像是浏览一张 P 图做砸了的照片：粗糙的边缘、错位的颜色和像素，让你一眼看上去就知道这东西有问题。我唯一一次看到那样的包络，是在录制一个人用尽全力尖叫的声音时。我脑中灵光一现：我们对这类声音的反应很可能不是基于某些远古流传下来的警报声的频率和内容，而是其中精细时间结构的伪随机变化。这就像一个人由于疼痛或惊慌而失控时的尖叫，正常嗓音的谐音结构变成了参差不齐脱离了控制的样子。引起我们反应的并不是整个声音，而仅仅是其中很小的一部分，但正是如此基本的小部分却引发了深沉且不愉快的反应。

那么这意味着什么呢？如果我们讨厌伪随机的声音，我们喜欢有规律的周期性声音吗？你别说，有时候还真的是这样的。像我之前提到的，生命体倾向于发出谐音，其频带间有着规律的数学关系且时序非常遵守周期性。但有的时候，声音的精细细节能让一个声音的效价发生改变，将我们与这个声音之间的关联要么变成正性，要么变为负性。这里举出我非常喜欢的一个示例，是我在把玩一个编辑声音的程序时意外发现的。我让学生们为两个声音的不同要素打分，基本上是在令人愉悦到令人警觉这样的评分轴上进行。我先从一个几乎所有人听了都会觉得害怕的声音开始：发怒的蜜蜂的声音。尽管它不是低频的声音，音量强度也没有那么大，但它绝对是令人害怕的，而且不只适用于人类——有一个研究表明，大象听到这个声音之后也会向远处逃跑，同时发出它们特有的示警的嗓音。我的学生们都将这个声音评为令人警觉的。随后我又播放了一个几乎让所有人都感觉平和的声音：猫咪的打呼噜声，这基本上总会被评为是令人愉悦的。但是接下来我在其中加入了一些小小的改动：我拿来猫叫的声音样本，将其幅度调制率从每秒几次增加到了每秒几百次，它就从猫咪打呼噜变成了像令人警觉的蜜蜂一样的声音。将这个平静的像呼吸一样的声音的重复频率加快（同时扔进去一点点的随机成分）会完全改变这个声音的效价，这可能是由于先前听到这两种声音时建立的关联有所不同。① 为了说明先前的经验有多么重要，我这里有另一个效果十分稳定的示例。我给同学们播放一种咝咝声，有点像棘轮*的旋转一样重复出现。在黑板的一侧，我写到，这是"雨点打在人行道上的声音"。我让他们为这个声音打分，看它是令人愉悦还是令人不适。多数人都说它很具有安慰性，能让人想起什么事儿都没有的下雨的午后。随后我将黑板翻转过

---

① 但这之中也有一个潜在的问题，就是它依赖于一个普适的情绪关联。曾经有一个学生只要一听到猫的呼噜声就全身颤抖感到十分不适。课后我问她为什么看上去十分不舒服，她表示她很厌恶猫，也厌恶任何和猫相关的东西。正是她个人过去的经验使得她对一个其他人都认为十分愉悦的声音的反应发生了变化。
* 棘轮是一种使得线性往复运动或旋转运动保持单一方向的机械机构。——译者注

来，告诉他们，其实这是"大黄粉虫吞食蝙蝠尸体的声音"。短短0.3秒之间，他们的情绪就从中性变成了"呕"的恶心状态，我几乎都能看见他们大脑中的神经元融化了。

那么如果什么声音也没有呢？宁静——尤其在一个正常的嘈杂背景下——可以是一个具有出奇强大威力的情绪声学事件。因为我们总是处在一个无意识监测下的背景噪声的环境中，如果外部声音突然消失，会将累积起来控制注意和唤醒水平的频带留出一个奇怪的空档来。一个绝佳的例子就是老电影中的桥段了：两个探险者正穿越丛林；一个人停下来问道："你听见了吗？"而另一个人回答："我什么也没有听见啊。"第一个人则回应道："就是说啊，这里过于安静了。"对于声音消失的检测尽管比对声音出现的检测要慢一些，但是却会触发它自己的一系列反应、提高注意和唤醒水平、导致内部机制的改变，从而增加你耳朵信息获取的敏感性。这种因宁静而提高的唤醒水平与因惊觉和恐惧而提高的唤醒水平具有相同的效果：它会增强你在情绪上的准备度。佩尔（Pare）和柯林斯（Collins）做了一个研究，检测了安静一段时间后呈现一系列声调所产生的条件反应，结果发现受试者的血压有所升高，同时听觉细胞反应的同步性在安静期间也逐步提高了。这提示了在令人不快事件之前安静的预期对于学习不愉悦或恐怖刺激有着非常关键的作用。那不寻常的安静本身其实并没有什么可怕，但是它给大脑传达了一个信号，就是这里少了些什么东西，事情有些不对劲，你需要让自己准备好去面对接下来可能发生的一些不好的事情。这就好比在夜晚的森林中少了蟋蟀的叫声，于是你的后脑就开始考虑是不是听到了周围有一些你没有听见的脚步声；或者更复杂一点，像是加州大学戴维斯分校的同学们在校长走过时那种出奇的安静，源于早先发生了一起警官向没有施暴的抗议者喷了胡椒粉的事件——这是一种通过拒绝出声来发出的社会性警告。

声音对产生一个负性的反应非常有效，然而世界上充满了可以唤起其他情绪的各种声音。如果你曾经去过位于长岛铁路候车区附近的纽约新航港局客运管理总站，你可能知道那可不是这个城市中的什么好地段。不过有一天，当我在寒冬的死寂中等待着永远晚点的火车时，我忽然听见了鸟儿婉转的叫声。我的第一感觉是一些当地的知更鸟飞进了车站，并因为它们没在中央公园被冻死而欢歌。不过我环视四周，却并没有发现一只鸟，只有一个隐藏得很好的音箱。里面播放的声音循环周期很长，因此听上去十分自然，就像是有一群鸟儿在合唱。这可真是情绪工程学的杰作啊！在人们被一堆尿迹斑斑的柱子包围，等待一列无疑会迟到千年的火车时，播放一些让你会联想到郊外和春日清晨的声音，让数百名来来往往的通勤族的压力可以减轻一些。[①]

正性情绪——无论是被声音还是被其他刺激触发的——其机制都更复杂且难以理解。目前还没有发现一个简单的大脑解剖学区域是构成正性复杂情绪的基础。这可能是因为恐惧以及其他负性情绪驱动着像逃跑和战斗这类与生存有关的行为，而更复杂的情绪则要应对个体发展的、行为的和文化的重任。对我而言有挑逗意味的、引起兴趣的或者感到放松的东西，对你可能就很无趣或恐怖。研究者从来没有放弃过尝试用动物模型来解释一些复杂的情绪体验，比如"爱"。毕竟，在研究计划中写道"我们会将电极放入人类受试者的大脑来确认出爱情脑区，并注射神经示踪剂，随后将这些人的大脑切成片来看看这个大脑中爱所在的区域"，这样很难通过审理委员会批准的。现在，科学家们已经在从啮齿动物到海狮等各种动

---

① 当然了，除非他们曾经被一群强硬的蓝胸知更鸟打劫过。

物身上研究过母爱，在草原田鼠上研究过配偶情谊（看起来似乎是通过释放一种叫作催产素的神经递质，这和人类在正性社会互动中所涉及的神经递质相同），甚至是大象和灵长类的哀悼行为。

不过在所有这些比较研究中，除了恐惧、愤怒及其他反应性情绪之外，我们都很难将关于更复杂情绪的任何结论推广到跨越物种的界限——我们甚至不知道，其他的物种是否真的具有这样的情绪体验。当意味着食物要送来的铃声响起，老鼠会感到高兴吗？还是说这只是一个和即将到来的奖赏形成的简单关联？最近的神经科学研究已经变为将识别复杂正性情绪的源头当作是识别出大脑奖赏通路与奖赏系统，比如间隔核和伏隔核这种脑结构。这两个结构都在寻求欣快的行为中扮演重要的角色。早在20世纪50年代，詹姆斯·奥尔兹（James Olds）的实验就表明，如果你在大鼠的间隔核植入一个电极，那么大鼠会持续刺激它们自己的间隔核，甚至会无视水和食物。伏隔核则对可卡因和海洛因这样的毒品有很强的反应，并被认为是在成瘾行为的满足过程中产生奖赏的重要区域。这两个核团区域都跟与无意识动机有关的皮层下结构有着密切的联系，伏隔核还接收许多从腹侧被盖区输入的多巴胺能。腹侧被盖区是一个与全脑所有区域都存在双向连接的重要区域，其中也包括深入脑干连接耳蜗神经核的部分。这样一个从基本的听神经核发出的、相对较快的深层连接通路与来自皮层所有其他区域的海量输入相结合的方式，与杏仁核的设置十分相似。而2005年的一项研究也确实表明，伏隔核在音乐所引导出的情绪状态的变化中扮演了重要角色。

但问题也随之而来：我们"知道"人类拥有复杂的情绪，并且我们也真的对人类的情绪感兴趣，而脑成像技术现在能够让我们无须干出那些会被《日内瓦条约》起诉的事情就看得到活体的人类大脑内部是如何活动的。目前大量研究正性情绪是如何产生的神经科学工作涌现出来，用的都是像功能磁共振成像这样的脑成像方法，它可以向我们展示当呈现出不同的刺激时，大脑哪个具体地方的血流增加了。以此进行的大量研究宣称已经探索过了像爱和依恋这种事物的相关机制，但是这些研究者的结论往往很快就被推翻了。因为简单来说，复杂的刺激引发复杂的反应，而fMRI在测量这些复杂反应上是种太过粗糙的工具。这里有一个更亮眼的例子，它没有被发表在科学期刊上，而是刊登在《纽约时报》的专栏中。作者是马丁·林德斯特伦（Martin Lindstrom），他是一个知名顾问、在神经经济学领域做了许多有趣的工作。这个研究是关于我们怎样决定买什么、不买什么的，实验中考察了年轻男性和女性面对响铃并振动着的iPhone的声音和图片时的情境，并宣称发现无论他们是看见了还是听见了iPhone，他们的视觉皮层和听觉皮层都产生了激活反应。这证明他们都经历了多感觉通道的整合（登报的时候这个效应被误写为"联觉"，其实那是另外一种完全不同的现象）。文章进一步说，由于在实验中观察到的脑活动主要集中在脑岛，而脑岛在先前的有些研究中被认为与正性情绪有较大的关联，所以由此认为受试者们喜欢iPhone。这不免就有些荒唐了。

正是这类结论的出现要让我们推敲一下脑成像研究了，尤其是那些带有应用到商业方面兴趣的。事实上，这篇文章发表后，有超过40位学者来信，表示这个研究有很严重的问题。首先，将脑岛作为"与爱和同情感受有关联的区域"在此处非常不妥，因为在所有的脑成像研究中，有大约三分之一都观测到了脑岛的激活。其次，脑岛和大脑的其他大部分区域一样，参与了很多由大脑控制的行为，从控制心跳速率到血压，再到分辨自己的胃和膀胱是不是满的。脑岛皮层几乎参与了我们经历的每个指向内部的加工过程。因此将它的激活与喜欢 iPhone 联系起来，虽然有很好的市场营销效果，但在科学上其实是说不通的。

尽管神经科学家们热爱用脑电图（EEG）、功能磁共振成像（fMRI）、正电子断层扫描（PET）等脑成像手段追踪寻迹，但复杂的心智对我们而言仍然像黑箱一样。我们有时不得不用最老派的办法去获知受试者的感觉如何——也就是直接去询问他们。通过问卷来收集受试者的反应甚至比把他们塞进 fMRI 进行扫描虽然更主观，但是它给了你一个直接观测受试者实际的认知和情绪反应的机会，而不用担心你是否正确找到了大脑中的那块脑区。不过这个方法也有其局限之处：问卷中的每一个问题都需要被仔细地建构，不能对受试者有任何偏差导向作用；有时候受试者的回答可能会主动去迎合他们所认为的你对他们答案的期望，而不是他们实际的感受；他们做问卷的环境是在教室还是实验室，都可能启动他们自己的一些情绪联结，因而他们的答案也是受到环境因素影响的；还有，有时他们的内心体验没有办法简单地从"高兴"到"不高兴"、从"激动"到"平静"的一个线性的量表中去选取。但是另一方面，这个技术的优点是你用 fMRI 做一个受试者的花费，可以让你用问卷做好多个受试者实验。而大样本的数据量可以在你试图去回答一个关于心智的复杂问题时提供更高的统计效力（并且这些统计数据还会是以后做更昂贵实验的基础）。

当我们试图去弄懂情绪时，声音是意料之中的最普遍也最强大的刺激。目前已经有许多标准化的心理数据库，其中包含很多非语言的声音，它们都被赋予了不同的情绪效价，其所采用的情绪测量量表包括了声音对被试的唤醒水平（通过一个从"平静"到"激动"的量表），或是"情感效价"（通过从"不高兴"到"高兴"的量表）。① 这些数据库已经被使用了几十年，累积了如此大规模的数据，因而也成为一些更加具有技术导向性（比如 EEG、fMRI 这种）研究的基础。但即使像情绪的测量如此基本的一种技术也会遇到这样的问题：因为我们需要将操作性定义应用到无意识反应上面去。想象一下你是一个 15 世纪的理发师／炼金术士／宫廷巫师，你对于把人们听到不同声音的情绪反应进行分类十分感兴趣。因为没有数字录音设备，你需要让你的受试者坐在一个黑暗的房间里，拉上窗帘，让声音从他们看不见的地方发出来。骑士身上盔甲散落的声音在当时会被认为是引发高唤醒水平的，并且会让人感到欣快；而野猪的低吼则会让人感到惊恐。但是对着 21 世纪的人播放这些声音（前提是他们不常看《冰与火之歌：权力的游戏》），破碎的盔甲声可能会引发高唤醒水平，但是很让人不快；而野猪的叫声只会被认为是一种动物的声音，而不是来自那个杀掉半个村庄居民的东西。举个例子，在其中一个数据库里，引发最"欣快"情绪的声音其实只是一段琼·杰特（Joan Jett）的歌曲《我爱摇滚乐》（*I love rock n roll*）前奏的 10 秒剪辑。对于一个最能引发欣快情绪的声音，这看起来像是一个比较奇怪的选择，但是别忘了这个数据库的发布是在 20 世纪 90 年代后期，而这首歌是在 1981 年火起来的，当时用于编制数据库的受试者应该都是那些十几岁时常看 MTV 而留下了深刻印象的前青春期的孩子们。这么一看，一个特定声音的情绪效果是很难经受住时间的考验的，不过如果那是一个被人认为是"最令人不快的"声音，比如一个小孩被扇了一耳光后大哭的声音，就会

---

① 这里需要注意的是，这些数据库也有它们各自的局限。正如多数在人类身上做的研究一样，这些数据都来自那些真的需要 20 美金被试费或者额外学分的美国大学生。

一直被评价为激发了同样的情绪。

　　熟悉的声音会被更快地加工，而那些对于我们作为人类生存的非常重要的声音：比如听到我们人类的孩子被人欺负而不高兴的声音，就会引发相对更强的情绪反应——即使你在飞机上听一个孩子哭了6个小时最后自己都快忍不住想扇他一巴掌了。尽管如此，另一项由埃施利曼（Aischlemann）等人在2008年做的研究表明，通过使用不同长度和响度的声音，可以导致听觉加工中有过多的人为因素的引入。虽然我们可以对一个声音在几十毫秒甚至更短时间内做出反应，但一段10秒的声音却会让听者只对最后几秒做出反应，或是通过一种内部的总结机制进行反应。也许"最让人不快"的评分并不是基于将听到的声音识别为"儿童暴力"，而是基于先前提到过的长时间忍受小孩哭泣的经历。这个研究提议建立了一个完全不同的数据库，里面包含的是一段段2秒长的声音样本，且要采用一种不同的评分矩阵。这些样本不是复杂的声音或言语，而是人类的非语言声音（尖叫、大笑、挑逗的声音），或是像闹钟这样非人类的声音。运用这些非常短的声音样本，他们发现那些较长的声音样本在评分上存在很多重叠，显示出情绪效价其实出现得很迅速；但是，一些不能用较长的声音样本确定的有趣东西也在其中凸显了出来。首先，有负性情绪效价的声音更倾向于被认为更响亮，即使它们其实都是同样的振幅。其次，最强的评分来自于那些被认为是与正性情绪效价有关联的声音。最后，无论任何一类中，有着最强情绪反应的声音都是人类的嗓音。

　　能够引发最强烈情绪反应的声音多来自于有生命的东西，尤其是来自其他人类的声音。机械的声音和环境的声音虽然能够抓住你的注意，但是通常引起的情绪反应有限，除非这个声音标志着某种特别的危险、让你需要在视觉上去进行确认（比如山体滑坡的声音），或是它们有很强的关联性（比如海滩上的波涛声）。生物故意制造出的声音基本上都是有交流作用的——比如狗的低吼、青蛙呱呱叫、小孩哭闹——而且几乎都是调和的声音（其中只有某些来自于调和性的变化，是为了表现出他们自己的情绪反应的，比如有人一边尖叫一边蜷缩起来）。

留心听从迪克·费伊的警告吧，这并不会让你变成一个求偶叫声的检测器，只是要去聆听自己同类的声音中那些能帮你把你的基因更多地传递下去的声音。而你的大脑则偏好于对谐音进行响应。构成人类声音的频率（包括但不限于言语）以及来自和我们相同大小的动物的声音，都在我们听觉最敏感的范围之内，因此我们能够更容易地听到这些声音——它们会从背景中"跳"出来。另外，我们先前听到过的声音会更容易被识别，我们也可以更快地反应过来。除此之外，你对低级感官信息（像音调和响度上的变化）的处理加工，比你对复杂输入信息（比如言语）的加工要更快，我们由此也就能明白为什么我们可以迅速地对声音的情感"内容"做出反应了。你不需要曾经被狗咬过才知道一声狗的低吼代表着威胁；你也不需要曾被松鼠抢劫过才能明白它们尖锐的叫声表示你离它的领地太近了。总而言之，任何交流都是首先激发起听者的一部分情绪反应，而人类只是在其上添加了语义的内容，这样才给我们争取到了"地球上最聪明的存在"这一称号。

我不会在这里仔细讨论错综复杂的人类言语（不然这本书的篇幅要变成原来的三倍了），但我还是要提一下，交流所依赖的情绪基础不是说了什么，而是我们怎样说的声学方式，这与言语的共振峰以及某种程度上说的是什么语言都没有关系。这种声调的流动，被称为韵律（prosody, prose+melody, 文之旋律），最早是被查尔斯·达尔文（Charles Darwin）这位人类语言学的先驱所提出的，且在某种意义上这种思想一直流传到今天。脑成像和脑电图研究都表明，韵律不是在大脑的威尔尼克区（构成了言语理解的基础）加工的，而是在右侧半球。这是大部分人的语言加工中心的对面一侧，是对于背景情境、空间和情绪加工有着重要作用的大脑区域。

我们来简单做一个说明，比如说这样一个单词："yes"*。首先假想你是中了彩票而说出了这个词。然后假想是有人刚问了一个关于你的过去的问题，而你本以为这件往事除了你之外没有人知道，你再来说这个词。接下来再假想你在一场求职面试中，无趣的人力资源部门一直在问你到底有多么热爱你的工作，而你已经是第40次说这个单词了。最后，假想你为了保住饭碗，不得不答应签下了一份可怕的合同而说出这个词。从语言学的角度来讲，你每次说出这个词都代表了确认的意思，但是每次你的情绪状态都各不相同。你所改变的其实是你**如何**说出的这个词，总体的音调、音量，还有时间点。听你说话的人（也和你使用相同的母语）则会获取到你的言外之意，这有的时候甚至比语言公开传达的字面意思更加重要。举个例子，想想那些机器合成的声音语句，尤其是比较古老的机器合成言语，其实是非常难懂的。20世纪80—90年代末的语言合成器都像是把已经录制下来的音素进行回放，完全没有韵律的感觉——换句话说，它说出来的话听上去就像机器人说的。即使在今天，在已经有数百万美元被投入到让语音合成器听起来更像人的研究中之后，你还是能听出来它和人类嗓音的区别，最明显的例子就是iPhone的"操作员"Siri。

因为缺少正常的情绪基调，机器生成的语音不仅让人难以亲近，还会在交流时令人生厌，即使它和一个受雇服务的人类提供了

---

* 这里原文用到了yes的两种含义："是"和"好的"，于是就照原样翻译了。——译者注

相同的信息，你还是会觉得不爽。另一方面，想想《星球大战》中的机器人角色 R2-D2，它发出的非言语声音则可以立即被人理解。R2-D2 所说的语言是由一个传奇声音设计师本·伯特（Ben Burtt）创造的，他使用了滤波后的婴儿声音创造出一些声音，并完全用 ARP 合成器合成了剩下的"啵"、"哗"、琶音等其他声音。尽管 R2-D2 的声音中没有任何语言内容，但是观众们仍然毫不怀疑它的 CPU 中发生的事情让这个虚构的机器人兴奋、沮丧、高兴或是悲伤，而这些完全是靠它声音的韵律声调结构以及情境构建出来的。然而，对韵律中情绪的理解只是人类语言和交流的一部分，这至少一部分也算是语言所特有的属性（R2-D2 的发音事实上是由说英语的人生成的，然而我一些说俄语的朋友告诉我他们理解起来也并没有什么问题）。

这就是为什么韵律不是一种世间万物通用的语言：鸟儿婉转的叫声让你感到放松，是因为它让你想起了一个春日的早晨。而这个叫声可能是一只知更鸟被一群牛鹂抢占了窝后发出的。不过这也反映了一些关于人类交流的有趣的进化问题。有韵律的声音是人类最初语言的前身吗？对于用声音来交流的物种来说，其实还是有一些普遍存在的通用元素的。比如说话声音大表示强调，低音调暗示了体型或者主权，较快的速度则表示紧急。尽管语言学家们习惯于将语言分类为有声调的语言（比如汉语普通话）和非声调的语言（比如英语），但它们仍在词语的基本结构——音素——上面共有一些普遍的声学元素，体现出我们的发声方式具备基本的生物学特性。最近一个由罗斯（Ross）及其同事们完成的研究表明，如果你去考察男性和女性说话所使用音素的频率分布，你会发现其分布模式在这两类语言中是相类似的。无论是声调语言还是非声调语言，言语的声音主要大致由 12 个调或是半音音程比率组织在一起——这个特征更广为人知的是音阶中的十二步，而两类语言中比例最高的都是以八度、五度和大三度呈现。对于那些即使是没有韵律的人类语言来说，其最基本的规律也植根于声音的数学本质中。而随之而来的问题则是，这些数学上的关系是如何与感觉、情绪还有交流紧密相连的呢？为此，我们需要转到古往今来科学需要面对的最困难的课题之一：音乐。

第六章
定义音乐

我们应该给第一个能给"音乐"做出定义的人 10 美元的奖励。当然了，这需要一个音乐家、一个心理学家、一个作曲家、一个神经科学家和一个正在听 iPod 的人一起投票表决……

大概在我刚开始写作这本书的时候，火狐互动公司的布拉德·莱尔找到我，问我是否愿意为一部关于声音的 3D IMAX 电影做科学顾问。电影的名字叫《请听》(*Just Listen*)。这个创意把我打动了：如何用 3D IMAX 这种沉浸式的视觉媒介来让人专注到声音这种非视觉的东西上呢？而布拉德对于教育和互动则有着非凡的想法：他希望通过提供一个能够重新捕获人们注意的媒介，让人们了解这个他们每天都沉浸其中的声音世界。他一开始选中了我是因为我做过一些将蝙蝠感知世界的方式进行可视化的工作。我当时发现，如果创造一个栩栩如生的动画世界，里面都是虚拟的用水晶一样的玻璃材料制成的物体——它们可以去除平常的光元素而让声音元素取而代之，这样就创造出了一个闪耀着声音的世界。随着观众和物体在其中移动，观众们就可以识别感受到各种各样的 3D

形状。这也给我们提供了一个管中窥豹的方式，可以了解蝙蝠是如何用耳朵感知世界的，并将它转化成人类更常用的视觉概念来表达。

虽然蝙蝠平凡常见，而且我也非常热爱它们，但其实蝙蝠并不是多数人以为的那样一种动物。诸多研究声音的人倾向于用数学、物理、心理学或者神经科学的手段去研究，然而大多数观众即使是去像 IMAX 这样很有科技含量的地方观影，也并非是去学习其中的近场效应或者频率依赖声学空间的，他们只是去获得某种体验的。在我们所讨论的这部电影的所有元素中，从动物之间的交流到人类空间的声音，我们觉得需要一些东西从影片一开始就要把所有的一切都连接在一起。当然了，能让它们都连接在一起的那样东西、能让所有人都懂的那种数学类型、能让我们所有人都会去欣赏的那种复杂的神经现象，就是音乐。不过我们不能随便拿一首乐曲就用，我们需要的音乐和它的音乐家不仅需要水平无比高超，还需要能够教给大家有关音乐和心智的本质。于是在 2011 年 8 月，我和夫人来到温哥华，与《请听》剧组一起对一位非凡的音乐家——伊芙琳·格伦尼夫人（Dame Evelyn Glennie）进行了录制工作。

对于不熟悉格伦尼夫人作品的人，你们无疑错过了一些真正美丽而令人赞叹的事物。格伦尼夫人是一个世界闻名的打击乐演奏家，也是 20 世纪唯一一名独奏打击乐的演奏家。当大家想到打击乐时，想到的要么是它不过是为真正的旋律打节拍的，要么则是在摇滚乐现场听了 10 分钟打鼓之后除了鼓手他妈妈之外所有人都会产生的厌烦和头痛感。但格伦尼夫人可是会演奏几乎所有的打击乐器，她还拥有近 2000 种不同的乐器且都可以自己演奏，其中有大家熟知的典型乐器马林巴琴和木琴，还有一些定制打造的奇怪乐器，比如水琴。当我欣赏她演奏的一首自创曲目时，真正让我着迷的地方在于她其实不是在演奏乐器，而是在演奏整个空间。当她赤着脚走向那个音乐会用的2米长的马林巴琴，将自己和乐器都小心翼翼地准备到位，然后踮起脚尖，仰起头，拿起四个木槌敲击出开头的音符时，整个房间都开始鸣响了起来。

我就在舞台边缘盘腿而坐，尽量避免习惯性地弄倒附近的设备。此时我感受到了舞台地面的颤动，声音形成的一堵堵墙壁充满了整个空间并不断回弹，就像永不停息的潮水涌回它的源头。在她继续弹奏接下来音符前的几秒间隙里，每个人都能听见位于她身后那台大钢琴里的弦在受到她敲击出的近场声音的作用下发生的共振，而其实并没有人弹奏它。那就好像是她创造出了一个在这最初几秒的时间内由不断变化的声音所做的雕塑。这让我回想起多年前同一个乐队的伙伴跟我说的话："你没有办法录下音乐。你能够保存的只有它的精简版的音符。你必须要和音乐同在一间屋子里，不然的话你就只是用它来填充你双耳之间的空白罢了。"当格伦尼夫人继续进行曲目的剩余部分时，她用上了她的整个身体来演奏，而她的一双赤脚则一直牢牢地贴在地面上。她的头前后摇摆并偶尔停住，将她的脖子和身体都暴露在马林巴琴的振动之中。我于是意识到，在我面前的是一个人在把科学面对音乐时遭遇的复杂性用身体拟人化地表现了出来。伊芙琳·格伦尼正在用音乐充满整个空间。

哦对了，顺带提一下，伊芙琳·格伦尼的耳朵几乎是聋的。

有记载的对声音和音乐的研究可以追溯到千年以前，从毕达哥拉斯对音程的数学描述，到现在最新的fMRI脑成像研究，都将音乐视为一种听觉现象。而神经科学与心理学研究的关注点则在于考察音乐是怎样被双耳探测到，如何被大脑感知和加工，以及最后如何由你的意识来做出反应的。因此如果以上一切都是确凿无误的，那么格伦尼夫人又是如何不光创作出音乐甚至去聆听音乐的呢？这是因为她对音乐和声音的定义和你以往在任何一份科学研究中读到的定义都不同。我问了她一个简单的问题——一个如果是在科学会议上提出来一定会让大家互相打起来的问题："什么是音乐？"她回答，音乐是不仅仅通过耳朵，而是用你的全身去创造和聆听的事物。

作为这种场景下的科学顾问，我有着自己一定的回旋空间。当其他每个人都在布置 3D 摄像机、举起麦克风、调整供电并在总体上确保接下来的录制时，我成功地设置好了我自己的设备。我知道了格伦尼夫人并没有完全聋掉，她只是很难接收到高频段的声音信息，于是我准备在这里做一个实验。我在舞台摄像机拍不到的地方放置了两台常规的 PZM 边缘麦克风，并保证她在舞台上不会踩到它们。这种类型的麦克风通常被用于在直播录音期间采集整个舞台现场的声音，最高拾音频率可达 22 千赫，略高于人类的听阈上限。这看上去是杀鸡用牛刀了，因为大部分乐器的频率范围最多也就到 4 千赫左右（有趣的是，这也是人类的毛细胞可以进行相位锁定的最高频率），然而任何一个曾经用廉价破音响听过音乐的人都会告诉你，没有那些高频的信息的话，音乐听起来干瘪无味。在这些麦克风边上，我还放了两个地震检波器麦克风，只为专门采集低频的声音和振动，而这种设备能采集到的最高频率大约是每秒几百周（几百赫兹），大约就是格伦尼夫人残存的听力范围。同时，它们也可以采集远低于人类听阈的次声范围内的声音。将这些设备都接入我的便携数码录音机之后，我就能够录下人们用"正常的"听觉可以听见的声音，以及另一个限制在低频冲击和振动的同步版本，近似于格伦尼夫人所听到的声音。

图 2A）马林巴乐曲的录音。声谱图显示了频率响应（纵轴）随时间（横轴）的变化，由 PZM 麦克风记录，范围是从 0 到 22 千赫。点状横线是地震检波器记录的 2 千赫截止频率范围

图 2B）对同一段马林巴乐曲的地震麦克风录音。声谱图显示了地震检波器记录的频率响应随时间的变化，纵轴最高处的截止频率是 2 千赫

从上面的两张图中可以看到，同一个音乐片段在模拟人耳听到的频谱（图 2A）和地震检波器录制到的频谱（图 2B）中的差别只在于几百赫兹以上频段、来自振动的相互作用的一些变形。在图 2A 中你可以看到在规律的垂直频带之中音乐的泛音结构，还有每个木槌敲击所制造出的白色区域是乐曲的拍子。你还能看到每个音符周围都有一个回响造成的"云"，那是单个音符在房间里充满、

反弹和变化所造成的。这就是我们在音乐会现场所听到复杂度的水平了,当然这些放在工作室里如果做足够好的后期加工也可以实现。然而若你去看地震检波器录下的声谱图,你会发现每个木槌的敲击都是一个几何图形,周围有非常干净的空白,且强度仅仅只有声音录制到的十分之一左右。你在这些鼓点中几乎都能看到打击乐的谱子。[①] 如果你去比较一下这两种录音,第一种显然是声学信息更丰富的一个,也是我们的大脑在进化了这么长时间之后可以感知、解码并转译为情绪反应的"音乐"。而下面的一种则是更贴近声音来源及其演奏者格伦尼夫人所感知到的。虽然我们在场的大多数人都是用耳朵在听,有的或许像我一样会闭上眼睛,但她却是用一双赤脚从舞台上感受振动,让来自共鸣器的声音所产生的近场波击打她的腿和下半身以及她向后摇摆的脖子,通过手和臂膀直至身体来感受反馈,有些声音甚至会使她的颅骨共振,让她可以用骨传导的方式直接感知这些低频的振动。伊芙琳·格伦尼是在用她的全身来探察振动,并将其精确地称为音乐。这就是科学和音乐之间矛盾焦点之所在:究竟什么才是音乐?

研究音乐的科学家们面临的最大问题之一正是科学自身的核心。科学是关于观察现象、提出问题、形成假设并将其验证的过程,被证实的假设会被跟进,而被否定了的假设(如果我们很诚实且不是被太过政治化的基金资助)则会被抛弃。不过在开始做任何一个假设之前,你都需要形成一个操作性定义——你到底想测量的是什么?你在研究的是什么?在不改变你的研究对象的情况下,哪些参数是你可以改变的?从这个意义上来讲,音乐实在是众所周知

[①] 事实上,对于从没上过音乐课的人来说,乐谱就像是一系列排布在竖直轴上的点和块,代表着声音的空间—时间模式,真有点像地震检波器产生的声谱图。

地难以捉摸。本章的副标题其实是来源于我所讲授的一门关于音乐与大脑的课程的开场白，你或许从这个副标题会感觉我是个聪明绝顶的人，但是其实我不是。我曾经是个音乐人、作曲家、声音设计师、制作人和科学家，然而即使是我，都还是没有办法想到一个令我过去和现在的每个角色都满意的对音乐的定义。

科学界试图研究音乐已经有几个世纪了。在过去的 30 年中，我读了大概 40 本书和几百篇论文，都是关于科学和音乐的关系、音乐进入耳朵后的生理机制、脑干和皮层、音乐知觉的心理学基础，以及音乐认知和它与智商以及心智的关系。这些研究涵盖了从舒巴特（Christian Schubart）在 19 世纪早期的论著——其中对不同调子的情绪基础做了晦涩黑话般的描述，一直到亥姆霍兹（Helmholtz）在声调知觉方面的经典研究工作[①]。研究中使用的器乐有很多种，最简单的像是普通的玻璃碗，它们可以以特定的频率共振从而发出不同音调的声音；一直到当今最先进的脑成像技术，也是那些当代研究音乐与心智理论家们最喜欢用的。甚至是考古学家也想要到这个舞台分一杯羹，他们找到了 35000 年前用鸟骨做成的古老长笛，将人类与音乐的关联向前追溯到了克罗马农时代。

但是如果要科学地去研究音乐，我们就需要对它下一个操作性定义。我看过许多音乐的定义，有的像字典上说的"一系列声调按照精准的时间结构排列在一起"（这个定义把环境声音、硬核爵士乐和大量的非西方音乐都排除掉了）；有的是按照认知的观点，认为音乐是"一种用声音引发情绪的交流形式"，搞得连鸟叫和大猩

[①] 《论音乐的美学思想》（*Ideen zu einer Aesthetik der Tonkunst*）出版于 1806 年，可以在很多网站上找到，包括这里：http://www.gradfree.com/kevin/some_theory_on_musical_keys.htm，其中含糊其词地对奈杰尔·塔夫内尔（Nigel Tufnel）"D 小调是最悲伤的调子"的主张表示了认同，但称之为"犹豫的女性气质、怨气与逆来顺受的温床"就有些过了。

猩捶胸的声音都能包括在内了。

音乐表面上看好像非常适合被科学地进行研究分析。它由音调组成并按一定时间顺序（或是故意被打乱因此并非随机地）排列起来的。它锻炼的是对频率、响度、时间的控制，这三个元素也被我们的各种分析工具研究了好几个世纪。不过一旦你真的拾起一件乐器并学会操控它来引起观众的反应——即便那个观众是你自己，你也会明白音乐不只是音符的组合，不只是时机的掌握，不只是结构，也不只是这三种元素的心理张力给人带来的放松，甚至都不是演奏者和听众在整个过程之前、之中和之后的感受。

但是音乐一定需要这三种元素，于是我们似乎走到了死胡同里。音乐是一种世界性的且主观的主体。你可以问问你的父母，他们对你喜欢听的那些"噪音"是什么感受；或者也可以问问你的孩子，他们为什么要听那些"垃圾音乐"。而科学在面对这样的主观性时遇到了困难。如果没有准确且可测的定义，你只能得到类似"D 小调是最悲伤的调子"这样的结论，[①] 而许许多多的古典音乐家都会认同这一观点，因为巴赫的《托卡塔与赋格》还有贝多芬的《第九交响曲》都是不错的例证[*]。而同样有许多神经科学家和心理学家对此十分不解：为什么在他们的 fMRI 数据中没有办法看到这个现象呢？其实这也是我发觉音乐和心智的关系之中非常有趣的一点，并且我也在一直试图去弄明白。它们相互间的这种复杂性几乎就像彼此的镜子，如果你理解了其中一个，你也就可以知道另外一个的原理。然而在这上千个研究和上百本书里没有一个理清了两者的相互作用。也许我们能做的最好的事情就是将它们看作一个复杂

[①] 尤其是在奈杰尔·塔夫内尔的 *Lick My Love Pump* 响起时。
[*] 这两首作品都是 D 小调。——译者注

的拼图：仔细观察这个拼图的边缘块，想想它们应该如何拼在一起来形成一个基本框架；或者我们也可以想想最终能拼出来的大图会是什么样子，然后从宏观且模糊的视角去看待一个对另一个的作用效应。

　　为了从边缘块开始搭起这个拼图框架，让我们一起看看我最喜欢的一个音乐和科学交织的例子，就是马姆伯格（C.F.Malmberg）在1918年做的一个心理学实验，它描绘了音乐的一个重要且基础的部分。他当时希望将协和音与不协和音作为心理物理现象来对待，并将其进行量化。协和音与不协和音是心理学上的一种表达，用于描述西方十二音体系中某些"良好"或"平滑"的音符组合与那些"紧张"或"刺耳"的组合。从音乐的核心层面来讲，两个乐音的组合应该是最基本的了，然而在我们已知的心理声学领域内，这个简单组合所导致的声学与音乐性结果却是最复杂的现象之一。在西方曲调中，弹奏出的音阶是把音符进行一个机械的线性分割，分成12个半阶，这十二阶也就是一个八度。高一个八度表示音调相同，但频率是原来的两倍，因此音域就是由一系列的八度组成的，从最低的管风琴的次声C1（8赫兹）到最高的短笛声C8（大约4400赫兹）。尽管如此，这个音阶下的音符并非你所想象的那样是等间距的：音符之间的间隔（音程）是在对数尺度上定义的，而声音组合所产生的心理学性质——比如是大调还是小调、是协和音还是不协和音——都来自它们基频的数学比率。一些特定的音程常被形容为协和音——它们听起来平滑而缓和，比如同音（两个相同的音符一起弹奏，即频率比1∶1）、八度（两个具有相同音调但是其中一个的频率是另一个的两倍，也就是2∶1的频率比率）或者大五度（具有3∶2的比率）。而像减二度（两个相邻半音一起弹奏），或者是音乐中更常见的小三度（比率是65536∶59049）则被形容为不协和音，让人感到紧张。

协和音与不协和音看起来似乎是一个相对简单的音乐特性，可以很容易科学地描述。我们都听过各种音程（不仅是音乐中，还有其他日常生活里的声音，比如鸟的叫声和我们自己的嗓音），也普遍对特定的音程有一些标准化的反应。至少在我自己的体验中是这样的。然而问题是，即使是这个相对简单的音乐特性也是不稳定的。历史上，有一些特定的音程被定义为协和音。毕达哥拉斯将协和音定义为音程中包含的音间隔比率最小，这基本上只包括了五声音阶中的音程（同音、大三度、大四度、大五度和八度）。在文艺复兴时期，大、小三度和大、小六度也被包含在协和音内，尽管小三度后来被转为一个大调和弦。在19世纪，世界上最初的伟大心理声学家之一，赫尔曼·冯·亥姆霍兹，宣称所有共享一个泛音的音程都是协和音，因而只有二度和七度（紧靠着八度音符的音程）是不协和音。这个事情在20世纪初变得更加复杂了，当时的音乐家们正在实验更为广泛的音乐组合，习惯性地运用并忍受着一些"协和音程"——一些如果被浪漫主义时期的作曲家听见会祈祷自己立刻聋掉的音程。

这就是马姆伯格实验的背景。他的著名论文阐述了心理学家和音乐家们达成共识的一方面，就是如何标准化协和音与不协和音，而之前提到的背景（很可能是杜撰的）一部分是我从一些老同事那里听来的，还有一些是从西肖尔（Seashore）在1938年出版的经典书籍《音乐的心理学》中看来的。不得不说这些背景相比马姆伯格的论文而言更加有趣。马姆伯格故意挑了一群没有受过科学训练的音乐家以及一群没有受过音乐训练的心理学家组成了评审团，并强迫他们来听一些音程。这些音程的弹奏或用音叉、或用管风琴、或用钢琴。在此期间，实验环境被严格控制（我的一个更老的信息来源坚称这意味着"实验期间不能吃东西，也不能上厕所"）。这样的实验持续了一整年，直到评审团里每个人都对每个音程是协和的还是不协和的有了单一的判断。[①] 这样一来，他就得到了首个对音乐特质的群体心理学评估，他的论文直到今天仍在被引用。

这个评分表将知觉心理学和描述声音的数学语言关联了起来，尽管要得到这个单一的评分表所需的社会复杂性很高，但它并没有在神经机制方面有太多深入的探讨。直到后来，我们对耳蜗的生物学有了更进一步的了解，有关音程和神经科学的一些有趣关联才渐渐浮出水面。1965 年，普罗姆普（Plomp）和勒韦（Levelt）使用了一个相似的心理物理学方法重新考察了协和音与不协和音（也就是弹奏简单的音程，并让受试者为它打分），但是其情境却完全不一样。他们并不是在两组受过或没受过关于协和音—不协和音的心理学概念相关音乐训练的被试之间寻求一致判断，而是将他们对协和音/不协和音的相对评分结果与耳朵对应的临界频带宽度之间作了图。

临界频带是由哈维·弗莱彻（Harvey Fletcher）在 20 世纪 40 年代首先创造出的术语，也正是这个心理物理的元素险些让我放弃了研究生学业去做回一名海豚训练师，主要也是因为这个概念总被心理物理学家们翻来覆去地折腾。不过一旦你过了行话这一关，你就能很容易地理解它了。假设我弹奏了一个 440 赫兹的音，而你又恰好有一些音乐素养或听音很准，你就会识别出它是一个单音，也就是音乐术语中的演奏会标准 A。而如果我弹奏的是 442 赫兹的音，那么你应该没有办法区分这和 440 赫兹的差别。像 452 赫兹、

---

① 最近刚读了两篇同一主题的心理学论文，是另外的作者做的实验。看完你一定会有种感觉，让**那样**一群人在任何事情上达成共识得有多难啊。

475 赫兹，你都分辨不出来。直到我把频率差别提高到 88 赫兹，你才可能听出其中的不同。我的这个估算是基于耳蜗排布的毛细胞的滤波功能而来的，靠近基部的毛细胞（也就是靠近内耳的开口一侧）对高频声音反应，而顶部的毛细胞则对低频声音反应。虽然一个健康的人类耳蜗在 33 毫米的范围内有大约 20000 个毛细胞，但是在 1 毫米的范围内，这些毛细胞倾向于对同样的大体频率有最大的敏感度。这些对同样频率起反应的区域我们称为临界频带。我们称它为频带是因为它在耳蜗上的分布大致上是线性的，但临界频带本身则有着不同的频率跨度和带宽。低频的声音（尤其是在嗓音和音乐的音域里的）其临界频带的宽度会更小，于是对频率的分辨能力更强；而 4 千赫以上的高音就具有更大的临界频带宽度。

这为普罗姆普和勒韦提供了一个比较协和音与不协和音的生物学依据。他们找来受试者为不同的音程是协和的还是不协和的评分，这些音程有五个不同的基频。他们将受试者的评分与这些频段对应的临界频带宽度进行作图，发现的结果是，大家的评分与这些频率在临界频带中的位置有特殊的联系。如果两个音的频率差别很小，相差不到一个临界频带的宽度，那么受试者就会认为这个音程更不协和；而如果这个差别是差不多 100% 的临界频带宽度，则被试的评价就认为更协和。换句话说，听众们对不同音程如何反应，是基于耳蜗中的毛细胞组织方式。

把音程分为协和音与不协和音的想法一直被大家关注，相关的研究做遍了几乎整个大脑。有研究表明，听神经元在获得协和音程的输入时相比于不协和音程，其反应会更加强烈，且知觉到的音高强度更大；而协和音程与不协和音程在大脑反应上的关系实际上也与前人的行为测试相符。不仅仅是在初级听觉区，这对大脑更高级的区域——也就是既加工声音又加工情绪的区域——同样也是成立的，因为有许多研究都发现，情绪加工脑区的激活在听到大音程和小音程时有区别。这也确认了我们自己平时就能听出来的体会：大音程不仅听起来协和而且"高兴"，而小音程则听上去很忧伤，这让情绪和对音程的知觉联系了起来。

最近，弗里茨（Fritz）和他的同事们将这个研究更推进了一步。在他们的一篇题目是《音乐中三种基本情绪的普遍识别》（"Universal Recognition of Three Basic Emotions in Music"）的论文中，他们考察了从音乐中识别情绪的能力是否有跨文化差别。他们找来了西方（德国）受试者和非西方［喀麦隆北部的玛法（Mafa）部落］受试者两个听众组，让他们把对方文化中基于协和音/不协和音而构成的音乐进行"高兴""伤心"和"害怕"这样的分类。两组听众都没有听过对方文化里的音乐，这样可以排除熟悉性和先前经验的影响。结果表明，两组听众都成功地感知到了西方音乐中的情感"内容"，对西方音乐和玛法音乐也呈现出了类似的"喜好"倾向。看起来我们似乎为"音乐存在一种生物学基础"的想法找到了一个相对可靠、持久、多角度、跨文化的证据。

但是我们真的找到了吗？

任何人如果想要在这么重大的问题上得到准确解释，都会面临各种各样的问题。比如说，在普罗姆普和勒韦的研究中，虽然他们用的音程非常精确，但是他们所使用的基频并非基于乐音，而只是简单地生成了一些在125赫兹、250赫兹、500赫兹、1000赫兹、2000赫兹这些特定频率的纯音。然而在音乐情境中，你是永远不会听到纯音的。每种乐器都会创造出一种复杂的音质（一般被称作音色），其中包括了谐波频率。即便是最简单的长笛也没有办法吹奏出纯净的正弦波，而普罗姆普和勒韦却正是拿纯音正弦波做的实验。一个世界顶级的长笛演奏家并不能吹奏出正弦波，他们吹出来的其实是三角波：从科学的角度来讲，这其实是许多独立的正弦波叠加形成的一个奇数谐波，它在高频段减弱得很快，于是创造出了类似于纯音的假象。但这些谐波并不是那种由于乐器构造和演奏者技术而造成的可以简单忽略的泛音。谐波的碰撞和叠加其实是知觉到协和音与不协和音的过程中另外一个非常重要的因素。

其次，协和音这个概念本身不光在西方文化中随着时间推移而变化，更别说把它移植到其他文化中也有一大堆问题了。举个例子，在那个让玛法部落人做听众的研究中，研究者们并没有按照玛法文化里的开心、难过和恐惧等标签来呈现他们的音乐，因为玛法人并不把特定的情感描述指定给他们的音乐。而德国听众则不得不依靠原曲中那些相对"不协和"的曲调变化来判断一首曲子是好还是坏。如果你真的去听研究中所使用的玛法传统长笛曲，会发现尽管他们的长笛音色十分粗犷（因此听起来挺有趣），但实际上其演奏出的音程都是西方十二音阶中能找到的。那么，如果你尝试用那些采用不同曲调和音程的非西方音乐，结果会是怎样呢？虽然所有已知的人类音乐都包括了一些被普遍标记为协和音的基本音程，但还有一部分远不止这些。印度拉格（ragas）音乐中所使用的音程比西方音乐中的半音程还要小，而阿拉伯音乐则经常使用四分之一的半音程。更极端的例子之一（对大部分西方人而言）是加麦兰（Gamelan）[*]音乐，他们的曲调要么是一个八度里有均等间隔的五个音，要么就是一个八度里有均等间隔的七个音。加麦兰音乐有时不仅仅在一首歌中同时使用两种曲调技术，还会将两种演奏同样音符的乐器进行轻微的失谐。这种失谐在两个谐波之间创造出一种竞争和粗糙的感觉，而这也是对复杂音质中不协和音的定义之一。

---

[*] 来自印尼的爪哇和巴厘的一种音乐形式。——译者注

加麦兰音乐其实很美妙，但在你能够欣赏它之前还是需要花些功夫的：它那复杂音程的精细结构、部分重叠的谐波，尤其是当用打击乐来演奏的时候，会让大部分从没听过的人觉得像是有谁把钢琴调音师杀掉了。几年以前，我曾是一门关于音乐知觉课程的主讲之一，课上有一名爱好加麦兰音乐的学生提出了这样一个问题：西方的十二音阶到底是不是在人类中固有存在的呢？为了回答这个问题，她召集了一些非音乐专业且没有听过加麦兰音乐的学生做受试者，然后让他们进行了一次传统的协和音/不协和音的评分测量，并比较了西方音乐片段和加麦兰音乐片段。不出所料的是，对西方音乐中的音程和片段而言，他们的评分和我们期待的并无二致，但是绝大多数加麦兰音乐都被评为不协和的、令人不愉快的。

这个学生随后又找了另外两组被试，其中一组在评分之前先让他们听了半小时的加麦兰音乐。她发现，这些事先听了加麦兰音乐的受试者在西方音乐的评分上和原来一样，但是对加麦兰音乐的评分有了显著的增加——他们更认为这些音乐是协和的，好听的。因此，仅仅是短暂暴露在另一个曲调系统下，之前我们所认为固有的评价系统就开始重新调整来改变它的心理作用。这个结果给了我灵感去做了一个我自己的专门实验：一般在我的课上，我会把协和音/不协和音的研究作为示例给20—30个上我课的布朗大学本科生做一做，只是我从来没有把他们按照是否受过音乐训练来分组。当我后来按照分组来做的时候，我发现那些受过音乐训练的学生的打分基本上总会倾向于认为一个音程是协和的，而且对于学习爵士乐的学生，几乎没有什么音程会让他们觉得是不协和的。无论是文化层面上的经验还是个人层面的经验，可能都没有改变他们耳朵里毛细胞发放的分布，但肯定影响到了他们更高层面的对音程的情绪反应。这些实验证据都不能说明我们对音乐和弦的认识和响应方式没有生物学基础，但是确实给我们亮了警示灯——如果要对音乐和大脑下一个宽泛的结论，最好还是要三思。一定要记得，被我们用作测量尺度的东西（我们的情绪反应）来自我们大脑中一个非常复杂的基础结构。

如果说复杂的认知过程阻碍了我们以"自下而上"的方式定义音乐的话，另外一条探索音乐和大脑之间交互关系的途径，就是寻找一种更加完全性的方法去尝试一种"自上而下"的方式（回到拼图的那个例子，就是去看着盒子上的大图案来思考该怎么拼），来看真正的音乐对大脑有哪些效应，而不是研究像某种音程这样声学中的一个微小的子集对大脑的影响。

举个例子，在西方，几乎每个人都能感受到季节性的圣诞音乐恐怖热潮。如果你去听听圣诞歌曲，尤其是其中那些流行的曲目，你会发现听到的歌曲中基本上都是纯粹的协和音。曲子中的音程几乎都是八度、大三度、大五度、大六度，以及很少的一些迅速转变消失的小音程。但总之，这些歌曲都会让你感觉到喜庆、放松、高兴，或者用那些一边戴着圣诞帽一边计算 fMRI 数据统计值的研究者的术语来说，它给你带来的情绪都是"正效价"的。圣诞歌曲起初是由一些清唱小组（阿卡贝拉）为了庆祝丰收和假期唱的歌曲而来的（近期的一个研究表明，在业余歌手身上作为压力标志物的皮质醇一般表现为水平有所下降，而在专业的歌手身上则恰好相反；但两组人都表现出了催产素水平的增高——它是一个与身体唤醒水平有关的神经递质。这可能就是为什么你能看到热情高涨的跑调业余歌者布满大街小巷，而职业的歌手则经常推出时髦且愤世嫉俗的圣诞单曲了）。

圣诞歌有差不多 600 年的历史了，而协和音这个基本音乐传统和每个圣诞季大街上重复的简单音乐节奏也年年都为大家留下了珍贵的记忆痕迹，并且也让这些音乐和节日情绪氛围建立了关联。不过即使是采用这种貌似单纯的音乐来影响我们的情绪也需要有注意事项。如果你在孩提时代听到"Santa Claus is coming to town"（圣诞老人到镇上来啦），它会和假期、礼物和家的愉悦联系在一起。当你长大一点了，它还被你看作是对过往快乐时光的美好提醒。但等你再大一点的时候，当你听到这首歌的前奏，你的大脑就会想"怎么又是这首"，然后把它关掉。短短一段时间后它就变成了环境中的噪音，给你造成的是压力，而不是某种愉悦的情绪了。

"亲不尊，熟生蔑"（亲熟带来轻蔑）这句习语其实是有特定的神经机制的。任何人如果被强迫去听《圣诞的12天》（"The 12 Days of Christmas"）都会忍不住翻白眼，将任何一个刺激重复呈现太多次会使我们倾向于去忽视它。虽然"协和音乐"的原理在人群的尺度上总体有效，但持续的重复会让人开始产生习惯化的效果。[①]习惯化是指同样的刺激在重复呈现多次之后，个体对它的反应有所减弱的效应。这就是为什么短时间内出现的第二次巨响通常不会令你再次感到惊觉了。如果刺激重复的速度更迅速（用神经科学的术语说，就是刺激间隔或者说ISI更短了），那么习惯化来得更快、持续时间也更长。因此当你从假日的音乐浪潮中解脱，可以拥有9个月的时间来从《雪人弗罗斯蒂》（"Frosty the Snowman"）、《红鼻子的小鹿鲁道夫》（"Rudolph the Red Nosed Reindeer"）以及其他一些协和音的歌曲中恢复，而在新一轮的季节性音乐浪潮再度袭来时，在你刚开始听到这些歌曲的那几遍里，它们还是可以给你带

---

① 从神经水平来讲，习惯化是形式最简单的非联结学习，它甚至可以在没有大脑的有机体身上观察到。

来一些节日的喜悦的。不过随着一连串的圣诞歌曲此起彼伏，不久之后习惯化就发生了。每个新歌手和乐队都会为签下的合约中"至少要出一首节日歌"的要求而苦恼，因为他们都希望自己的重编版本足够特别，脱颖而出，成为圣诞歌的新经典。但这基本是不可能的。某一特定流派的歌曲其实是服从一定作曲规则的，当你想要让一首歌既有圣诞氛围又有辨识度，那你必须得从声学特质上远离那些最终变为习惯化和压力源的恼人音乐，切断这些被持续重复播放最多的协和音歌曲带来的桎梏。

不过对音乐的习惯化并非一个季节性的问题。如果你曾长时间被困在等候室、电梯、商场或者加油站，你就一定曾不得不忍受那些被心理学家、神经科学家以及市场营销者们形容为"正效价"的音乐。这类音乐通常被打上"易听""轻爵士"的标签，甚至公然被命名为"电梯歌曲"。它们主要由运用大和弦的协和音程组成，辅以偶尔闪现的小和弦来增加点儿调剂与风味，其节奏通常也比较舒缓，让你能动动手指打节拍，而不至于让你想要站起来舞动身体（这会让电梯产生摇晃）。播放这样毫无听觉压力的音乐是种被广泛使用的放松减压手段，不光对个体、对一群人也有效。1936 年外尔无线电公司（Wire Radio Corporation）首次使用了这一技术，并将它重新命名为更易辨识的"米尤扎克"（Muzak）。这一尝试如此成功，让这个名字誉满全球，甚至成为一个音乐流派的名称。除了通过播放常见的调子、节奏以及音程来故意不引人注意而著称之外，米尤扎克还是首个使用音乐来操纵、影响消费者的尝试，且非常成功。华纳兄弟在 1937 年买下这个公司的时候，还早在神经科学或是建模领域最辉煌的时代来临之前，米尤扎克公司当时就开始构想通过对节奏和曲调设置特别的限制，用于改变群体行为的第一个音乐算法了。他们进一步提出了"刺激进展"的概念——在工作日播放节奏变化丰富的音乐，并且其中还有特别设计的静音阶段来防止音乐习惯化的产生。直到20世纪80年代后期他们开始将其推广到更多不同的音乐中，并以此为客户制作了最早的定制化播放列表。然而在当时他们逆着便携式播放器、数字录音机、互联网早期音乐和互联网收音机出现的潮流而行，结果最终"米尤扎克控股"在2009年宣告破产。尽管如此，他们的创作仍然流传于世，尤其是在人们急需缓解压力，以及那些你希望习惯化别那么早就出现的地方。

回想一下你在客户服务区、急诊室、医生办公室和牙医候诊区所听到的音乐：它们无论形式如何，都不可避免地听起来挺轻松。在一个充满可期待的压力源的地方，无论你因为什么来到这里，高度协和的音乐都比监视器里一直播放着的新闻能更好地减压。目前已经有上百个研究证实了轻音乐可以有效减轻心理压力。尽管这些研究许多都是有针对性而做的，它们的发现还揭示了其在生活实践中的益处。有一项研究是在英格兰一所医院的急诊室里进行的，那里遇到的问题是，在预算经费有限的情况下，医院不得不做出选择：是安装一个音乐播放系统，还是花更多钱雇用更多保安？结果他们发现，选择了音乐之后，医院遇到的来自候诊病人和焦急家属的闹事事件明显减少了许多，而他们也不再需要通过招募那么多的保安来解决问题了。此外，还有一些有趣的临床研究，比如发现孕妇在等待羊水穿刺（一种常见的技术，但是往往给人很大的压力，通过取出一些羊水来检测确保胎儿正在正常发育中）的时候，如果环境中有音乐的话，其血清皮质醇——压力的一种代谢指示物——的水平会比看杂志和干坐着等候的情况低很多。

如果想要把音乐和基于神经的复杂行为联系在一起，其中任何一个方面都会有大批的研究论文，其中肯定不乏随大流滥竽充数的。在 PubMed 上搜索"音乐和行为"会返回大约 3000 条文章结果，其中相互矛盾或者结果在统计学上显然不可靠的并不在少数。有一组研究声称，精神病院的病人，如果听摇滚和说唱乐会比听乡村音乐的病人有更多的行动（文章中没有说是哪首歌、多大音量以及为什么要对住院期间的精神病人放那么燃的音乐）。在这些文章之中，大约有 1900 篇论文是有关青少年听觉习惯的效应。然而其中多数文章并不担心自己的统计结果是否有效力以及是否真正证明了这些结论，就直接宣称，如果你的孩子经常听重金属音乐，那么他们将会在学校成绩差、有行为问题、乱性、滥用毒品与酒精，并且自然而然会被警察抓走。

对于在团体或人群的尺度上音乐如何影响人类的心智这个问题，这些研究不但没有做出贡献，反而还更添乱。这是因为他们在对待音乐的时候做了减法，丢掉了音乐中重要的部分，将它作为一个已知心理效应的简单工具。我们在学术期刊上几乎找不到有一个涉及音乐疗法的研究甚至是对基本影响元素——比如像音量、重复率和情境效应这些——进行了合理控制的。而且在面向群体的研究里还面临这样的问题，就是你不仅仅要控制年龄、性别、利手和听力健康[①]这些基本变量，还必须要把个体过去的经历和体验纳入考量，但是大多数研究对此都没有照顾到。当我们说大调的协和音可以让大多数人感到高兴和放松，从统计学角度来看这句话或许是对的；但是在个体水平上，如果一个孩子在家里经常大声播放着像《全民敌人》(*Public Enemy*)或是特伦特·雷泽诺（Trent Reznor）这样歌曲的环境中快乐地成长，那么他/她可能会觉得都是协和音

[①] 你可能会感到震惊的是，大量刊出的研究甚至连受试者的听力是否正常都没有去检测。

的轻音乐其效价也不是那么正性的，而且不是太好听。因此被发表的统计结果是针对一般人群的，而一旦这个结论被流行舆论热捧，事情就会变得非常奇怪。其中最好的例证之一就是"莫扎特效应"：它原本是一个还算有趣的关于音乐和空间推理的研究，但是通过媒体爆炸式地传播之后，就变成了一种增长智力的方法。

莫扎特效应是在1993年火起来的，但它植根于比这早得多的研究——来自一名叫作阿尔弗雷德·托马蒂斯（Alfred Tomatis）的法国耳鼻喉科大夫。托马蒂斯提出，那些过于微小以至于无法从临床上定义为失聪的听觉缺失，其实是造成很多不同种类心理障碍和神经疾病的原因。他的基本信条就是耳朵自己在早期发育中的问题最终导致了对模式化输入信号（比如言语和音乐）的神经加工中的大规模缺陷。他用了一系列滤波器和放大器组合起来创造出了一个"电子耳朵"，以此试图将声音进行重构，将其转换到他认为病人受到了损伤的听力范围内。他最初的病人都是歌剧演员，而他的理论是，在歌剧演唱中的巨大音量以及这种极端发声行为所带来的压力对他们的中耳肌肉造成了损伤，因此这些肌肉对于自身所发出过响声音的保护能力就下降了。

托马蒂斯的假设是有事实依据的：哺乳动物（以及一些其他的脊椎动物）有一个反射弧来压制鼓膜和听小骨，以此弱化那些音量大到足以造成听力损伤的声音。但是这个系统有其局限性，它的反射响应所需时间过长，来不及在迅速出现的巨响（比如爆炸）造成损伤之前将其阻止；并且它还像其他所有反射一样，若长期暴露在很大的声音中就会出现习惯化，这也造成了它无法防御由于长期暴露于响亮噪声所造成的听力缺失。托马蒂斯的观点是"喉咙不可能重复出你耳朵听不到的声音"，因此他早期的电子系统致力于给病人呈现出那些他们的耳朵不再能进行理想响应的范围内的声音。在宣称这个技术获得成功之后，托马蒂斯将他的工作范围扩展进了其他临床领域，范围从抑郁症到自闭症。他让他的病人去听一些具有非常结构化节奏以及特定音区的音乐，其中包括莫扎特的交响乐和格里高利亚歌谣。这两种音乐的音调和节奏特征非常不同，但都共享着许多类似的协和音内容和时间结构。他宣称他在治疗这些有心理或精神状况的病人时获得了巨大的成功，并在此后发表了著作《为什么是莫扎特？》(*Why Mozart?*)一书，书中他阐述了为什么尤其是莫扎特的音乐用在这种通过重新训练耳朵获得恰当听力的方法来治疗心智问题上会格外有用。

托马蒂斯在利用音乐的力量来治疗各种疾病方面是一个非常高产的演说家（他写了14本书还有几千篇论文）。然而他的工作被人诟病最多的就是缺少统计上的效力。他的多数文章都是临床上的案例研究，只有数量很少的病人样本，而他总在强调病人成功康复，而没有去探讨他的方法之所以成功（或者失败）背后的基本原理（或者说他根本没想这么做）。事实上，他没有能够做出一个平衡各种实验条件且提供具体数据的研究，这是他开始脱离医疗机构的主要原因。

有许多人也去尝试用当今的标准科学手段去重复他当年做的实验，但是结果都是效应非常小甚至完全没有效应的。这一部分是由于科学技术的进步：他重新训练耳蜗里毛细胞功能的理论就被淘汰了，因为现在的研究表明，包括人类在内的哺乳动物的毛细胞是没有办法再生的，一旦某个频带的听觉丧失了，那么就永远不可能回来。但是，还是有研究表明大脑会让其他频带来代偿损坏的频带区域的功能。这就是为什么有些人在正常的老化之后损失了高频听力，他们自己却注意不到这个事实，并且还总觉得是周围人口齿不清。或者，像我的同事兰斯·马西（一位耳朵贴在高功率音箱边度过了无数夜晚的老油条）所说的："我一直以为我能听到高频的声音，直到真的有人弹奏了一个高频音，而我没法听见。"另外，托马蒂斯所声称他的音频—心理—音系疗法（APP）可以治疗的精神障碍的广度和范围（包括精神分裂症、抑郁症、诵读困难、注意缺陷障碍和自闭症），其实只是他自己的一厢情愿。他的理论认为这些病都是来源于病人不能交流，而"治好后"的病人又能听到了，但是这些在后来的研究中都没有被证实。确实，有一些精神障碍或许是有些病人不能交流的基础，但是听力损伤并不总是，甚至就不是其根本原因。然而现在仍然有数以千计的从业人员还在使用APP疗法及其后续发展出来的感觉整合疗法，其效果在统计结果上时好时坏，却仍有一大群拥趸坚称这个疗法极其成功。

你可能会想，既然托马蒂斯疗法在后来的研究中并未表明是有效的，随着科学理论的正常发展，莫扎特的音乐有光环这个想法也该歇歇了吧。事实则不然。1993年，劳舍尔（Rauscher）、肖（Shaw）和凯耶（Kye）在科学界名列前茅的《自然》杂志上发表了一篇研究，标题叫作《音乐与空间任务的表现》("Music and spatial task performance")。这个研究考察了听音乐的相对效应，他们招募了36个大学生，一些人听10分钟的莫扎特D大调双钢琴奏鸣曲K448，另一些则听放松用的录音带或者什么也不听，随后让他们去做斯坦福-比内智力测验中的抽象与空间推理部分。这个实验的结果发现，听过莫扎特音乐之后的学生其换算智商得分相比于听其他两种声音的高出了8—9分。这篇研究的实验结果来自一个相对较小的样本，论文中也指出这个效应应该是暂时的，并且只是测出了一个特定作曲家的一首特定作品的效果，也没有对被试是否受过音乐训练进行控制或调整。他们的主要发现是，在听了一个特定类型的、高度结构化且相对复杂的音乐之后，人们在针对空间听力水平的一个标准化测试中的表现有所变化。

如果这篇文章是出现在其他影响因子较低的期刊上，它可能偶尔会被空间推理与音乐知觉领域引用几次，这个领域有相当多的研究者在音乐和心智的交互方面做出过一些有趣的结果。然而，既然文章发表在《自然》这一排行前十的科学期刊上，那么麻烦便接踵而至。在它后面的一期《自然》中，一个对此研究的回应立刻指出了他们统计中的一些问题，认为这个结果应该被质疑。在接下来几年，大量的相关研究如雨后春笋，有的支持他们的结果，有的则反对。一些研究表明如果换一种智力测试量表，这个效应就消失了；另外的一些研究强调说莫扎特实在太特别了，用贝多芬的音乐就没能在空间推理成绩中看到类似的提升。还有的研究甚至声称大鼠也能表现出莫扎特效应——它们在听了莫扎特的音乐后可以更快地从迷宫中走出来。

科学与流行文化在这里产生了矛盾，也开始衍生出一系列的问题。这个研究的基本想法"听莫扎特的音乐可以让你变得更智慧"被流行新闻看中了，然后《纽约时报》刊登了一篇文章宣称，既然听莫扎特可以让你变得更聪明，这就说明莫扎特是世界上最伟大的音乐家；而《波士顿环球报》也引用了一篇研究，说如果让你的孩子接受古典音乐教育，那么他们可以在智力测验中有更好的表现（这个研究我到现在也没能找到）。互联网和博客圈涌现出了许许多多相关的文章，却和原先谨慎保守的研究发现背道而驰，越偏越远。媒体将"莫扎特效应"这个名词强行推入了公众文化视野，就像是哪个名人推出了新的饮食菜单一样。它在文化界的名声看起来在1998年达到了顶峰，当时佐治亚州州长泽尔·米勒（Zell Miller）宣布在州预算中加入一项，让每个在本州出生的孩子都获得一份古典音乐的录音，这样来使他们更加聪明。紧接着佛罗里达

第六章 定义音乐

州也通过了一项法案，要求州立日托幼儿园必须播放古典音乐。而《休斯敦纪事报》也报道了要给囚犯们播放莫扎特音乐的一项命令。[1]

莫扎特效应已经变为了一个百万美元级别的商机。在亚马逊网站上做一个快速搜索，你会发现大约有250种音像制品是借着莫扎特效应号称可以提高智力、精神集中力及各项表现的，还可以"疗愈心灵"（主要是对婴儿），同时还有大约900种书籍也与此相关。但是，几乎所有的后续研究都表明，这个效应根本不存在。你可以做任何你喜欢做的事情10分钟——比如你可以安静10分钟（也是最初那个实验的控制条件之一）或者听10分钟的斯蒂芬·金（Stephen King）作品的片段——但都不可能得到阳性结果。正是这种矛盾让各种潮流刊物的编辑和音乐经销商们事业蒸蒸日上，但是却让研究者们十分头疼。莫扎特效应从一个普通的研究变成一个市场营销手段的故事，甚至被写成一篇论文在《英国社会心理学期刊》(*British Journal of Social Psychology*)上刊出，题为"莫扎特效应：一个科学传奇的发展之路"。

无论对于哪个领域的科学家来说，这都不是一件让他们开心的事。事情最终发展到最初文章的主要作者不得不出面向大家澄清事实并做出声明，他们从来没有宣称过听莫扎特的音乐可以提高智力，他们所发现的效应也仅限于特定的时空任务。并且1999年他们还在《纽约时报》上发文评论，佐治亚州州长曾经拨出来的预算花在音乐教育上应该会更加明智。不过按照我个人的经验，当你的解释中出现"时空任务"这样的术语，你就失去了90%的追随

---

[1] 追随这篇新闻，我却没能找到任何对于得克萨斯州境内越狱事件增多的报道，这某种程度上表明，莫扎特效应在帮助进行越狱的空间策划方面没什么显著作用。

者——而他们会回去继续买那些封面上画着孩子的笑脸,而且写着"更聪明""更快乐",以及"充满创造力"这样词语的CD。

但是如果不去陷入智力测验的泥沼,听音乐对做任务的表现会有正面作用这样的想法是否有其根基呢?本着科学的态度,大多数研究还是在沿用最初实验用的那首莫扎特作品。也有一些有趣研究指出,虽然听音乐对智力没有真实可测量到的显著影响,但是这首特定的奏鸣曲和23号钢琴协奏曲似乎可以减少癫痫病人的癫痫痉挛发作(虽然并没有证据表明它对减轻病人的实际症状有任何益处)。

还有几个研究发现,如果在背景中使用莫扎特的音乐,同时完成一些视觉任务,那么在被试的大脑中伽马频段的神经同步活动会有所增强。YγY频段是在脑电研究中发现的频率在25—100赫兹之间的一种神经元的集体发放,一般情况下其频率大约在40赫兹左右。伽马带不仅可以在音乐知觉时发现,在注意过程中也有,并且还与"绑定问题"密切相关——"绑定问题"是指所有大脑活动是如何被整合形成意识的机制,对此我们还知之甚少。在大脑中,有十来个区域都对音乐有反应,并且这些脑区也和与任务相关的行为有密切关系。而这些音乐可以是来自莫扎特或者其他音乐家或音乐中的一些单独的元素。从更基础的水平来看,音调和音乐的加工非常倾向于出现在大脑右半球(对右利手的人来说),这一半的大脑半球也更多地参与空间与情绪的加工。特别是,来自初级听皮层的腹侧(更靠下)投射似乎参与了对声音的特定特征的识别,比如音调和绝对持续时间;而从它出来的背侧(更靠上)投射则携带了频率随时间变化的信息,并可能与运动系统有连接。这使得它们不光对音乐的感知,对音乐演奏以及其他需要精确控制时间的运动任务(比如跳舞或者就是平常的移动)也起到至关重要的作用。这可能也是为什么音乐疗法对涉及运动的障碍似乎能观察到有一定功效，比如帕金森病。也有临床研究发现可以将对节奏的知觉与对音调的知觉分离开来，而脑成像研究在考察了颞叶皮层听觉区的活动之后，并未找出任何特定的区域与识别音乐节奏有关。许许多多的研究揭示出，感知音乐时间进程的脑区与运动行为有深刻的联系，包括参与精细运动协调的小脑、参与主动学习与程序性学习行为的基底神经节，以及参与运动行为规划的辅助运动区。

所有这些研究都不能证明莫扎特的音乐中埋藏着神经科学的秘密。莫扎特的音乐在许多研究中仍然占主导地位的原因有二。首先，科学家们倾向于采用在先前的某个研究中曾经表现出效应的实验刺激，这让他们可以在自己的研究中引用；其次，莫扎特（也包括巴赫以及其他巴洛克晚期到古典音乐早期的作曲家）的音乐一般有着相对简单的二段式或者三段式重复，音程的结构也相对简单（与当代音乐相比），并且没有重叠的节奏，也叫作"长周期性"。另外，这些音乐都是为了能够在乐器上演奏而创作的，也就是说，其节奏一定要能被人类演奏者掌握并表现出来。因此，莫扎特（以及其他类似风格的备选作曲家）的音乐可能会让一些神经结构发生大面积重叠的激活，由此对其参与的空间、注意、运动和其他的一些加工过程有所帮助。

总而言之，真正让音乐对人类有影响的，并不是某个特定的作曲家、音乐体裁、调式、和弦或者节奏，真相隐藏在音乐之中，无论是听到音乐还是演奏音乐，对音乐的旋律及其加工驱动着日复一日行为中的大脑活动，并由此影响着人们。罗伯特·扎托尔（Robert Zatorre）是一位首屈一指的专注音乐与大脑的神经科学研究者，正如他所指出的："音乐家与科学家的持续互动是非常重要的，因为音乐和神经科学的研究正彼此揭示着对方的秘密。"当我们将越来越多的乐器和想法加入到理解音乐以及理解心智的共生加工的研究中时,通过对我们可以解释的生物机制进行强调,对我们不能解释的予以假设,这样我们就能接近声音知觉领域的"临界点"——关于我们的心智是如何被声音塑造,甚至被声音所操纵的一些看法。

第七章
难伺候的耳朵：声轨、笑声和广告歌

当你要开始科研生涯时，最先需要考虑的一件事情就是：你是要关注基础研究还是应用研究。那些想做基础研究的人通常喜欢解谜——这儿有一个特定的问题，我想要解决它；而那些对应用研究感兴趣的人则期待看到他们的工作能够帮助解决一些现实生活中的问题。但在一个像声音知觉这样的普适领域中工作的好处是：即使是这个领域最费解的东西最终都可以在现实世界中有所应用。问题只在于你的研究是对世界的哪个方面做出了改进：比如利用听力图和临界频带的心理物理学来开发 MP3 压缩算法，或是通过对环绕在人头部周围的环境声音进行详细录制来创造出环绕声音系统。而在听觉科学中我们最强大的研究工具既不是功能磁共振成像，也不是脑电图，而是我们的耳朵（以及我们把注意力集中在听觉时的大脑）。长久以来，我们都在将听觉原理应用到我们的日常生活中，并以此从听众那里得到直接的情绪或注意反应。

一种最常见的在大尺度上控制情绪反应的方式就是电影。除了在学校里被迫观看的那种让人无动于衷的教育电影之外，几乎所有的电影、电视、电子游戏以及其他多媒体都在引导观众的注意并引起情绪反应。最早的电影是在1880年前后由埃德沃德·迈布里奇（Eadweard Muybridge）创造的，他是一位实验摄影师，因在分析动物和人类运动方面做出前沿工作而为世人所知。这些电影公开展示给普通观众是在1893年，它们是完全无声的。如果你可以登入电影资料馆[①]观看一些这种非常早期的无声电影，你可以试着去思考为什么它们让人觉得有些平淡乏味。完全没有声音导致一些本质的潜在驱动被丢除了，这也是为什么剧院几乎立刻就开始增设了现场音乐伴奏，这些伴奏有的由小厅里的钢琴现场弹奏，也有的在大厅里的管风琴上演奏。当电影成为一个重要产业之后，电影原声通常由整个交响乐团来演奏，以此为电影提供一个实时播放的先期录音。这一风尚从1915年布雷伊（Breil）为格里菲斯（Griffith）的电影《一个国家的诞生》所创作的配乐开始，可考证地止于1926年戈特弗里德·胡佩茨（Gottfried Huppertz）为弗里茨·朗（Fritz Lang）的《大都会》首映所作的原声。[②]

将电影看成是神经科学和心理学的现实应用也许听起来有些奇怪，但是如今，神经电影学（neurocinema）可是非常时髦的工具，通过考察人脑对电影有怎样的反应来试图改进影片效果。其中圣地亚哥一个叫"心理印记"的神经营销学团队（Mind Sign Neuromarketing）就采用了这样一种方法，他们让人们观看电影的一个片段，然后在fMRI中监测大脑的血流量，着重关注观看恐怖电影后杏仁核的反应。这是一个非常有吸引力的利用神经工具的方法，但它有不少重要的局限性：一方面，这样做十分昂贵；另一方

[①] 读者可以在以下在线档案中查看来自1891—1898年的爱迪生运动图片集，http://www.archive.org/details/EdisonMotionPicturesCollectionPartOne1891-1898。
[②] 有10首不同的曲子被编排出来和这部电影一起播放，每一首都提供了一种不同的情绪基础来承载故事，并且往往非常配合它所创作出的时代。

面，研究者为了尽可能多地收集电影中几个情节点的数据，只能让被试观看非常短的片段，这会扰乱电影的节奏和流畅性，从而降低了这些信息的价值。此外，一个单次的 fMRI 扫描至少要花两秒钟，对那些快速反应而言，在此时间段内你很可能已经经历了几百个知觉事件。所以这种数据在神经科学上是模糊的，而且可能也并不比通过观察看一部电影时电影爱好者的面部表情和肢体动作而得来的信息更准确。

电影或视频里的声音由电影的配乐和声道组成。配乐是作为电影基底的音乐，为影片提供情感时间线，而声道则是角色对话和环境声音的集合，驱动着影片的叙事线索与环境的渲染。这两者都能很好地吸引你的注意力、控制你的唤醒程度，并且有望让你记住这部电影及观影时的情绪，只是方式不同罢了。

一部好电影的配乐会把音乐运用到最佳：它无须给你提供动作或环境方面的具体信息，就能为故事加入内在的心理流动性。其中最基础的一种方式就是使用一首主旋律或者赞歌（anthem）来为影片或其元素提供一个可以让人识别出的标志或者"品牌"——赞歌运用得当的音乐可以确保与影片的视觉和叙事部分有强烈的情感关联。比如你想一下，伴随着达斯·维德（Darth Vader，即《星球大战》中的黑暗尊主）所到之处的《帝国进行曲》那低沉的鼓声和号角声，每当听到这个音乐时，你就知道有麻烦出现了。

音乐是最强有力的关联工具之一，它无须使用一大堆杠杆、灯光和电击设备。当你回想起一场年轻时看过却记不清名字的演出时，你最先回忆起来的是什么？通常是主题曲。一首成功的音乐主题能吸引你的注意力，并在短时间内将你锁定在对电影或电视节目的全身心体验中，而且通常不到七个音符就能让你有限的短期记忆广度被充分调用起来。例如，假设你出生于 1955 年到 1975 年之间，我提到 20 世纪 60 年代的电视连续剧《蝙蝠侠》，我敢打赌你的脑海里一定会开始用合适的调子唱"啦啦 啦啦 啦啦 啦啦，啦啦 啦啦 啦啦 啦啦 啦啦 蝙蝠侠！"* 而除非你是一个古典音乐狂热分子（或音乐家），当你听到五个缓慢的音符伴随着猿猴们向一块奇怪的黑色方尖碑朝拜的图像时，你会联想到《2001：太空漫游》，而不是《查拉图斯特拉如是说》。更简单地，试想两个交替音符组成的经典意大利西部影片《黄金三镖客：好人、坏人和丑人》的基本主题曲。埃尼奥·莫里康内（Ennio Morricone）为这部电影创作了配乐，其天才之处不仅在于当你听到这个三秒的剪辑时就会想起这部影片，而且还在于一致地运用了不同的乐器（一支长笛、一支奥卡里纳笛和人声）来表示不同的人物。这让你仅仅靠音色——从实际音调中分离出来的声音精细结构——就形成了对人物角色的一种声音和情感的关联，甚至还是在具体故事的背景下。

将赞歌般的音乐运用到极致的可能当属约翰·威廉姆斯（John Williams）为《星球大战》创作的配乐了，光是在《星球大战 4：新希望》这部片子中，他就使用了不少于 8 个的单独赞歌，而在所有 6 部电影中则用了多达 26 个。在所有这些乐曲之中，主题曲或赞歌的基本力量是建立在使用有限数量的音符、相对简洁的音程安排、一致连贯的呈现和对重复的恰当运用之上的。[例如，作为《2001：太空漫游》的开场和片尾曲；电影《黄金三镖客：好人、坏人和丑人》和《星球大战》中相应人物出场时；还有每周相同的蝙蝠侠时间在同样的蝙蝠侠频道播放纳尔逊·里德尔（Nelson Riddle）的蝙蝠侠主题曲时。]

---

* 对于中国观众，尤其是 20 世纪 80 年代以后出生的，请回想一下"葫芦娃，葫芦娃"。——译者注

将电影中的赞歌使用得最有效也最广为人知的是1975年的影片《大白鲨》。我打赌你一看到标题，耳边就立刻开始听到那低音音型，像心跳般的低沉声音随着不断重复而越来越响，深入你的脑干，让你开始意识到出了些事情，而且是和蝴蝶、独角兽这种美好事物无关的。汤米·约翰逊（Tommy Johnson）对《大白鲨》主题曲的演奏是最棒的标志性电影主题曲之一，全靠一支大号的演绎。大号这种东西除非是被人扔过来砸向你，否则怎么能让人觉得恐怖呢？思考这个问题让我都有些认知失调了。我有个专业演奏大号的朋友，她可是位很棒的乐手，看着她被包围在5.5米长的黄铜和管子中向着大号吹口里吹气并且脸色越来越紫，就像看到一个抱着暖气管哮喘正发作的人一样，确实挺吓人的（她最终转行去玩电吉他，搞起了摇滚）。但是大号作为"情绪驾驶员"确实有诸多优势，至少当它不在一个仪仗队中当配乐的时候是这样的。因为大号实际有约5.5米长，它是一个非常低音的乐器，某些型号的最低音甚至进入了次声区。① 从感知上来说，音调越低意味着体型越大。这是基于非常基础的生物力学和进化原则，适用于几乎所有的脊椎动物。一只更大的动物会有一个更大的发声器官和更大的肺，从而能发出更响亮以及更低音调的声音。在雌性择偶的世界（像我们之前提到过的牛蛙），一只更大的配偶很有可能有着更健康的遗传基因，或是对于群居动物而言，有着更好地获得资源的生存技能。② 但是在择偶这个背景之外，如果某样东西发出的声音比其他的音量更大且音调更低，它代表的是某个比你体型大的生物在肆意地刷存在感。事实上，有一个理论就认为，大型动物之所以咆哮是故意地引

---

① 我那些演奏大号的朋友坚称，大号吹出的不是大调或小调音阶，他们吹出的是里氏震级（此处音阶和震级都是 scales 这个词）。
② 在实验室中，这被称为"巴里·怀特（Barry White）效应"。

起它们的猎物受到惊吓并开始移动，这样它们就可以开始追上去捕猎而不是只能坐等猎物出现上钩。

所以，在《大白鲨》开场主题曲中使用大号真是一个在电影中应如何恰当运用声音的完美范例：它既利用了基本的心理物理学原理，又用到了更高级的联结。它的基本结构是一个慢似心跳的模式，不断加快直至匹敌心脏狂跳的速度。听到这样类似于重要生物模式的听觉信号能激发所谓的"听觉便利化"效应。举个例子，几年前我曾做过这么一个实验，是在一个类似美术馆的小空间里，我用隐藏的扬声器非常轻声地播放粉红噪声[①]脉冲（通过数次的开开关关使其听起来像呼吸声），并监测进入到这个房间里的每个人的呼吸频率。80%暴露在这样一个简单的环境改变之下的人，会将他们的呼吸频率与听到的声音匹配起来。同样地，如果你播放呼吸或心跳类型的声音模式，起初较慢然后越来越快，那么听众的呼吸或心跳频率也会开始加速。所以30秒钟逐渐加速的大号是调动观众的一个绝佳方式，让他们在看到水里漂浮着一个女人的时候，疑惑着**到底**发生了什么。简而言之，一首好的赞歌需要遵循关于听觉联结和听觉学习的心理物理学规律。

但是除非你有一个非常严苛的日程安排并且花很多时间去制作特定的播放曲目列表，我们的现实生活中很少自带一份音乐原声音轨。你所拥有的是一个用声音提供日常生活背景的环境：空间中反射的声音线索告诉你这个空间的大小；越来越大的刮风声告诉你天气将要改变；车辆的喇叭声警告你为了顺利到达下个目的地需要绕开哪些区域。当然了，要是你不小心把冰淇淋甜筒掉在地上，并

[①] 粉红噪声（pink noise）是一种噪声形式，它每个八度的能量总和相等，噪声随着频率的上升而减少。和在所有频率都有相同功率谱的白噪声相比，它听起来是更加自然的生物学声音。

不会有人从长满草的山丘后跳出来演奏一曲伤感的长号。然而，为了让电影更有身临其境之感，数亿美元被投入到这个产业中来，人们运用着像环绕立体声、低音炮还有 3D 视觉技术这些所有能用到的东西，①其核心之处在于，观看一场电影或者一个电视节目本质上就是一个有限的感官体验，而导演想要仅用观众五个感官中的两个——听觉和视觉——就创造出一个完整的世界。这里有无数可以使用的小技巧，比如扭曲银幕边缘的运动，让你的外周视觉诱导你的前庭系统认为自己是在一架俯冲的战斗机里。但是，你仍然闻不到沙漠中尘土的味道，尝不到影片主角在小口抿的马提尼酒，也不能摸到银幕上小狗的毛。除非我们能建造出全息舱，否则一部电影总是会受限于你的远程感官系统，因此使用精心作曲、设计以及混合而成的背景声音对于电影的代入感至关重要，它通过为观者提供增强的空间和情绪反应来消除对影片的怀疑。

　　这些方法的核心在于音效的使用。大部分人在提到音效时，会想到杰克·弗利（Jack Foley）的工作。他在 1939 年开发了电影产业中用于与银幕上动作同步的机械性音效和模拟音效。但音效方面的第一个决定性工作早在弗利之前很多年，在 1931 年英国广播公司的《广播时报年鉴》上就刊登了。这篇文章虽然写于 80 年前，却揭示了如何在广播剧中恰当使用音效，而且用了一种相当科学的方法定义了音效的不同分类，从展现现实生活中具体事件的声音到能唤起情感的声音。这些参数以各种形式在英国和美国被广泛采用，并沿用至今。

　　但这些指导方针并非仅仅是由电台剧幕后的聪明脑瓜创作出来

---

① 我特意忽略掉了约翰·沃特斯（John Waters）所谓的"嗅觉电影"（smell-o-vison）。我建议你也这么做。

的。在 20 世纪 50 年代电视出现之前，广播剧是最具商业价值的家用媒体形式。就在广播剧被广泛采用之前，声学和心理声学领域涌现出一大波科学发现。20 世纪 20—30 年代是科学和声音工程崛起的一个时期，不仅为广播节目能在私人住宅播放提供了基础设施，而且也开始了解到人对声音知觉的心理物理学基础，这让人们甚至通过一个小小的带有限频的单声道扬声器就能想象出整个基于故事的背景环境。在这一时期，冯·贝克西（Von Bekesy）发表了他对声音在空间中传播及声音如何在环境和人耳中失真方面的主要研究成果。立体声录音之父哈维·弗莱彻（Harvey Fletcher）在言语可理解性方面开展了许多基础实验，用来考察音量、噪声抑制的知觉基础，进而发现了临界频带理论。三位贝尔实验室的科学家——弗恩·克努森（Vern Knudsen）、弗洛伊德·沃森（Floyd Watson）和华莱士·沃特福尔（Wallace Waterfall）召集了 40 位物理学家和心理声学家，成立了美国声学学会。20 世纪 20—40 年代是理解人类如何感知声音世界的全盛期，毋庸置疑的是，这一时期最明显的贡献并不是科研论文的财富，而是通过大众流行媒体真实地运用声音创造世界的能力。

电影中有一些时刻——某些抓住了我注意的东西，或是让我产生了特定感受，或是在某些时候让我情不自禁地从座位上跳了起来——曾令我久久不能忘怀。有时只是因为我注意到自己完全沉浸在了故事里；有时是因为我对整部电影非常不爽的事实。回过头来看时，我通常发现这都是因为在那个时刻影片中伴随着声音发生了很酷或很古怪的事情。[1]一个设计合理的声轨，加上电影配乐、对

---

[1] 我在听到一个特别酷的音效后常常会按下暂停，把这个音效录进一个声音捕获程序里，然后将其进行频谱、时间和相位的分析，这种癖好也是我的朋友们不喜欢和我一起看视频的原因之一。当然，那些和我有相同癖好的朋友除外。

话和音效，需要将空间知觉的心理物理学和恰当的视觉与听觉事件的时间安排编织在一起，这样才能让人们对物体的感觉进行多感官的融合，提供推动叙事的对话，并用音乐和能唤起情感的声音来改变观众的情绪。而失败的代价则是观众会立刻在心理上开小差——比如突然一个响亮的音乐主题曲抢走了你的注意，把你从故事里拉出来，而让你茫然道："那玩意儿是啥？"我一个从事电影作曲的朋友把它说得很明确："最好的声轨是让你在观影时感受不到它的存在的。"这一切都取决于你想让你的观众感受到什么。

  一个简单的方法是去激发观众的原始情绪反应。试想一些当前的"动作"电影，其中占用了影片很大的篇幅来表现爆炸、追车、枪战和变形金刚之类的。这些电影的声轨包含了突然出现的巨响、快速的节奏，以及充斥着高能量低音线与不协和音程的高音量配乐，片刻不停歇。简而言之，这些声音就是为了唤起你的感官而设计出来的，并且让你保持在那个状态里，试图用惊恐、害怕和兴奋占满你的时间。从心理学层面来说，这是听觉响应中最容易实现的。其原理就是将神经冲动信号在脑干与恐惧和唤醒系统的核心脑区——诸如杏仁核与基底神经节——之间往复传送，让你的交感神经系统随时准备就绪，以便投入战斗（fight）、逃跑（flight）或者交配（sex——其实副交感系统激活的三要素都是 f 开头，为了文雅些还是换成这个术语吧）。但问题在于，要想让这种状态贯穿一部电影的两个小时那么长，唯一方法就是不断让声音更加响亮且更不协和，这会让你看到影片结束时完全沉迷其中，只不过是会损失不少毛细胞。[1]

---

[1] 对当今电影的很多研究表明，大多数主流影院的音量都远远超标，让你看完一部电影的时候可能都不能听清了。

另一种极端的方法是运用完全的安静。在这一点上，总能震撼到我的一部影片就是斯坦利·库布里克（Stanley Kubrick）的《2001：太空漫游》，它简直是难以置信地强大。在我看来，那部电影对声音的每一次运用都是偶像级的：从使用古典音乐来强调运动和移动，到利盖蒂（Ligeti）的安魂曲在紧张和沉思的时刻渲染出的几乎无节奏的流动频率。但我觉得最有趣的还是电影对寂静的使用。不仅是在电影的开头和结尾都没有对话，在音乐和对话间没有任何一刻重叠，而且还是在太空场景中对无声的恰当运用。回想一下电影里的这个场景：当发狂的电脑 HAL 激活并用远程控制给分离舱发送指令让它攻击弗兰克·普尔（Frank Poole），然后普尔就被撞到了太空中。整个过程什么都没有，一点声音、一点音乐都没有。

作为一个"太空宝宝"[①]其实我在成长中是很矛盾的。从小我就一直梦想当宇航员，但我也一直知道外太空里是没有任何声音的。不过那时周六下午播放的六七十年代的科幻电影中，里面总会有宇宙飞船"嗖"地飞过，而且还能听到它们用各式武器来攻击金星怪人时发出的爆炸声（不过我承认，《星球大战》里钛战机经过时发出的大象吼叫般的尖鸣声一直在我心里有着特殊的地位）。也许这样的一种矛盾在《星际迷航》的创造者吉恩·罗登贝瑞（Gene Roddenberry）的一次访谈中得到了最佳的解释。作为一个科技迷，罗登贝瑞知道进取号在开场掠过观看者时并不会发出声音，但他还是让音效团队加上了一个"嗖"的声音，因为他觉得要不然电影看上去就太平淡了。从心理学的角度来讲他是对的：我们进化到

---

① 我出生于加加林（Gagarin）首次上太空之前 11 个月，我讨厌"婴儿潮"这个词，我宁愿叫自己太空宝宝。

今天，已经会预期到动态事件是与声音相关联的了。当一个庞然大物在我们面前高速通过（假设没有脚来发出脚步声，也没有轮子轧过路面的声音）将会把大量的空气挤到一边，从而产生像噪音一样的频带，并由于多普勒效应，在它接近时噪音的频率稍微增加，而远去时则会降低。没有声音会让我们感到奇怪，并让我们甚至是从神经层面上产生出对无声环境的听觉和注意敏感性的期望有所提高。这就是对我而言《2001：太空漫游》中那些寂静时刻的独特之处：库布里克通过运用无声，让观众们可以体验到在太空中的真实情况，这一手段将观众从日常的环境背景中带了出来，把我们放在一个完全没有声音的虚空中，从而让人注意到这份寂静所承载的张力。

然而，大制作的影片能在有像样音响系统的影院中放映，而如果你能指望的只有那种普通人家里的音响系统和环境，那又该怎么办？面向小屏幕的声音设计是完全不同的。在一部电影中，如果你想要增添紧张情绪，你可以加入氛围音乐或是增添一系列40赫兹的马达轰隆声来让整个影院地动山摇，触发观众们的"战斗还是逃跑"系统启动。但是除非一个人的家里有足够好的家庭影院设备（这在20世纪90年代以前甚至都不是普通消费者可以负担得起的），这个手法就没有用了。面向小屏幕的声音设计需要一些小技巧，因为它只能使用中等水平的技术，以及大多数普通家庭设备可以播放的中等范围的声音质量。

所幸的是，在今天，即使是平价的音响，其声音品质对于满足那些甚至是人类最出色的听阈也是绰绰有余了。因而通过使用一些心理物理学的小伎俩，你甚至能用家庭电视系统来获得相当震撼的效果。比方说，我最喜欢的音效之一出现在20世纪90年代的电视剧《X档案》中的一集。这部剧十分成功，连拍了九季，还出了两部电影。我喜欢它并非因为演员的演技和原创性——剧中的很多桥段都是在致敬 20 世纪 60 年代的《阴阳魔界》和 70 年代的《考查克之锦衣夜行》这样的早期悬疑剧。我（以及许多和我聊过的人）是因为它所营造的那种逼真的让人打心眼里发毛的氛围以及强烈的情绪感染力才喜欢它的。这很大程度要归功于音效师马克·斯诺（Mark Snow），还有剪辑师蒂埃里·库蒂里耶（Thierry J. Couturier）和声音设计师大卫·韦斯特（David J. West）的工作。

剧中使用了很多典型的听觉技巧：低频弦乐、突然的安静、角色们在嘈杂环境中进行对话等。不过其中对我来说最突出的一场戏是有一次福克斯·穆德（Fox Mulder）和他的伙伴在说话，他的伙伴本应是一个实验室的妇产科病人，而由于某种原因那场戏的气氛特别紧张。我把这一场看了好多次，不断重复、换用耳机来听，最后终于崩溃到把背景声音录制下来并去除了人物对话，就是想弄明白这样一个其实相当老套的场面为什么可以显得如此险恶。我最终检测到了背景音中的一个连续片段，我发现自己本来以为的空调噪声，实际上却是这种噪声卷积或混合上一个愤怒的马蜂窝的声音。马蜂窝属于那种根本无须解释的声音，它直抵你的脑干，让你从非常基础的大脑层面上就知道，这可不是什么能远离疼痛的好地方。[①]通过取样一个马蜂窝的声音——一种会诱发恐惧的原始声音，然后把它深埋到背景声中但依旧能被感知到，于是声音设计师们便能操纵场景来营造紧张气氛，并且创造出远比视觉或情节所致的恐怖得多的效果。

另外一个用在收音机和小屏幕上来操纵观众的方法就是笑声

---

① 不仅仅是人类会怕这个声音。有研究表明，非洲象甚至会主动躲避一个躁动的蜂窝的声音。这些蜂的录音可以用来把大象吓跑，避免它们践踏作物。

音轨。这个方法其实非常简单："录影棚观众"（一般是预先录好的录音带）在有包袱的地方会笑，而你理应跟着一起笑。这种笑声音轨据称诞生于1948年的"飞歌广播时间秀"。在节目录制的时候，一个喜剧演员放飞自我，讲了一些不登大雅之堂的笑话而使大家捧腹，这种笑话之后是不能用于播出的，但观众的笑声却被保存成录音带，并在其他节目中重复利用。在电视方面，20世纪50年代哥伦比亚广播公司（CBS）一位名叫查尔斯·道格拉斯（Charles Douglass）的声音工程师开始使用事先录好的笑声来改进现场观众的笑声录制，如果现场笑声不够强烈就把预先录制的笑声录音混合进去，而如果现场笑声持续太久则把每种声音都调小。在20世纪60年代前后，多数这样的节目都采用预先录制而不是现场观众的笑声。这种预录的笑声成为一个烦人的默认设定，直到20世纪90年代它才逐渐消失，今天我们已经很难看到它的踪影。

尽管有时其效果适得其反，但它依旧是一个强有力的声音制作工具，并且也是依赖于心理学的。预录的笑声音轨依赖于听觉社会助长作用：它是一个社会性的信号，往往被认为是一种排解压力的方式（大多数基本的喜剧情节都建立在一些发生在别人身上的不美好的事情）。笑声在声学上是一种复杂的信号：有研究表明，笑声传递了四种基本状态：唤醒水平、支配水平、发出笑声者的情感状态，还有发笑者所认为的听者应有的感觉——也被称为"听众导向效价"。笑声的特定成分类似于言语韵律中所发现的情感线索，这使它成为一种强大的非语言交流途径。

对笑声的知觉是通过大部分听觉皮层和边缘中枢来加工的，不同类型的笑声会在不同的区域加工。比如说，由挠痒痒所引发的笑声就是在右侧颞上回加工，这个区域经常参与社会活动中的

"玩耍"。而来自情绪反应的笑声则是在喙内侧额叶（arMFC）处理——这是一个参与情绪与社会性信号加工的脑区。而脑成像研究则揭示了这样一个事实，感知到笑声和做出发笑这个动作都会导致腹内侧前额叶释放内啡肽，它是大脑原生且强有力的止痛剂。许多研究都表明大笑可以提高你的痛觉阈限，但是更有趣的一种可能是，内啡肽的同步释放可能会在社会联结中起到作用。因此，尽管预录的笑声音轨或许是源自某夜一个喜剧表演家口中的不雅段子，但它通过声音来引起社会联结的能力，还是使它成为操纵观众情绪反应的工业标准。

还有另外一种形式的媒介，它也运用声音来操纵并使观众沉浸其中，只是它最近才获得了类似于广播、电视和电影那样的关注度。它们很多都会使用极短且简单的声音来引起几乎所有听者的迅速情绪反应，然而它们至今都没有被研究过，也没有被广泛使用，这可能是因为它们的来源是电子游戏。你可以去玩一个简单的电子游戏，尤其是那些诞生于家庭电脑游戏刚刚起步的年代、声音还只限于 8 位的嘀嘀嘟嘟声以及几种非常简单音调的游戏，比如吃豆人（Pac Man）：一个上升的三音重奏表示胜利，而下降的琶音则代表你死了，你也应该为此感到悲伤。一个嘈杂的咩咩声［比如波特 Q 精灵（Q-bert）里那样的］则传达着挫败和沮丧。限于当时的科技水平，[1] 这些声音必须尽可能简单，但它们还是要迅速地唤起你的情绪反应，以此让你保持在游戏中的参与感。

然而随着计算机能力的大步前进和电脑组件的廉价化，使得电子游戏的音效设计在今天已经成为追求感官沉浸领域的引领者。[2]

---

[1] 请不要发邮件问我 Commodore 64 SID 芯片如何带劲。我不用你们来提醒我多大岁数了。
[2] 尽管像其他游戏玩家一样，我一般都会关掉音乐：花在带动游戏进程的音乐作曲上的功夫貌似少于花在让模拟环境看起来真实的音效上面。

如今的电子游戏通过运用更强大的底层技术和与声音编程相匹配的更微妙的技巧，实现了对游戏者更强有力的情绪控制。我还记得20世纪90年代末我沉迷于《雷神之锤2》（*Quake 2*），里面的声音实在是太吸引我了：苍蝇在死尸旁边盘旋的声音、被折磨得无精打采的战士的嗓音，重复了一遍又一遍。但是有一个简单的音效给我带来了最大的麻烦，那就是异形部队（Strogg，反派外星人）角色中的一个脚步声。当你接近它的时候，那个简单的、轻轻的"嗒嗒嗒嗒"声不停地重复，只为了告诉你它就在附近。某个晚上我本该做毕业论文的，但我投入地花了8个小时沉浸在游戏里，到了第二天不得不开车去上班。当时我忽然听到了同样的"嗒嗒嗒嗒"的声音，然后就发现我的脚正在刹车上猛踩，手还把换挡杆晃来晃去，就像它是鼠标一样。所幸我的老式手动挡汽车及时地熄火了，才没有撞上前面那辆18轮柴油车——它的排气阀正以和电子游戏里那个怪物同样的模式"嗒嗒嗒嗒"地响。我到现在都不能确定，到底我的肾上腺素水平当时为什么会这么高，是因为没有在车祸中死去而后怕，还是因为发现我不会在罗得岛州安庄（Peacedale）的中部被异形部队击杀呢？①

所有这些类型的媒介——电台、电影、电视、电子游戏——都是基于同样的想法：运用声音来创造出一个世界，让人用自己的耳朵在屏幕之外创造出一个新的环境，以此消除人们的怀疑并让他们感觉更加身临其境，当然，最好他们同时也愿意为这种体验付费。除此之外，声音也被用于创造出一个情绪性的微观世界，一个随你而行的世界。而且这个世界的创造者也希望诱惑你来为这种体验付费。这个微观世界就叫作"广告歌"（jingle）。

---

① 不要让我提起入口处的炮台。

我的朋友兰斯被《马克西姆》（Maxim）杂志提名为全世界最烦人的人。如果你了解他这个人的话，这事儿还挺让人吃惊的：兰斯其实是一个特别友善、勤劳、风趣的人，他还会把自己大部分的空闲时间用于整出些新鲜不寻常的方式来用声音捕获注意。然而数字不会说谎。你也看到了，兰斯是 T-Mobile 移动通讯商的广告歌创造人。区区五个音符，单是在美国就被超过 3000 万人用作默认广告歌，而且还标志着家庭聚餐被打断、要去加班，或者又一个不得不接的恼人电话的出现。这是一旦听过就再也从脑海中挥之不去的五个音符。即便是在你可以把任何声音做成来电广告歌的今天，无论你走到任何地方还是能听到这个广告歌。《马克西姆》把它称为"对人性的听觉祸害"。而兰斯则说："它只是个广告歌而已。"①

这两者可能并没有本质的差别。而且这也不全是兰斯的错吧，你的大脑也负有部分责任。

作为一名神经科学家，我对水蛭的兴趣和对这些广告歌的兴趣一样浓厚。广告歌是应用型音乐的一个缩影，就像水蛭的神经系统是人类大脑的一个迷你功能模型一样。广告歌就是现有的形式最简单的音乐，它和完整的歌曲甚至交响乐一样，有着同样的特征，即它们都是以一定的节奏把不同的音高组合在一起，它们设法钻入你的记忆并且引起某种情绪反应。广告歌只不过是必须在几秒钟的时间里做完所有这些事情罢了。

你也知道一首广告歌是什么：它是和一个产品或名字绑在一起的过于朗朗上口的音乐片段，它在你的脑中萦绕几日不绝；而当那

---

① 按照通常说法，它是一个音频商标（audio logo）。广告歌现在一般被定义为要有歌词。

个产品早就不打广告或者换广告了，①时隔多年后的某一天这个调子还会突然又跳出来。不过如果你把这个定义下得广一些，广告歌其实和我们已经相伴很长时间了。当我尝试对广告歌的历史做一些研究时，我遇到了一个比较大的障碍。每个我找到的在线资料都把1926年Wheaties麦片的广告歌当作第一个应用于广播（当然是以电台的形式）的广告歌。所有这些资源看起来要么是对维基百科这个词条下内容的释义，要么很多甚至是直接把原文复制粘贴。唯一被提及的其他类型广告歌似乎只有广播电台的台标曲。所有这些在线资料都用完全相同的方式来描述广告歌，认为它是广告中运用的一段较短的旋律，是音频品牌化的一种形式。然而事实上，广告歌并不仅仅是一种卖给你东西的销售方式，它让你把一样东西和一种情绪联结在一起，并在无须你的注意参与的情况下就把这个联结转移到你的长时记忆中去。

　　一首成功的广告歌就是一个成功运用了基本心理学和神经科学原理的广告工具。然而即便是对人类而言，②"广告"的出现都比上述任何一个学科要早得多。庞贝城的古老壁画中描绘了贩卖东西的场景，中世纪的艺术家则建造起像品牌标识一样的大型雕刻来告诉人们去哪里可以给你的马钉马掌、放血，或是做成马肉汉堡，而纸版广告在18世纪的时候就出现在最早的报纸上了，用很大的字号和不同的字体来捕获读者的注意。即便是在20世纪，早在广告商聘请神经营销学专家用fMRI仪器做研究之前，人们的脑中已经回响着奥斯卡·迈耶（Oscar Mayer）法式香肠的歌曲了。这是因为

---

① 事实上我依然能记得所有20世纪60年代的香烟广告，这也表明厂商们倾注在电台广告上的好几百万美金的广告费物有所值，至少从品牌再认度的角度来看是这样的。
② 还记得吗，青蛙也会打广告。

在我们具备了向环境中去散播声音的能力的八十多年的时间里，媒体人也已经掌握了利用我们进化了上亿年的感官系统来达到其目的所需的基本规律。

一支成功的广告歌需要具备5样东西：1）它必须足够短，以便可被纳入到我们的短时记忆中，这就意味着它的长度只能在4到7个音符；2）它的节奏必须在能让其他感官和运动系统与声音形成关联的范围之内（你能把它哼出来，或是能用手指敲出它的节奏）；3）它必须和其他你能听到的东西有足够的差别，这样你才能识别出它来；4）它必须在有某个东西的情境下出现，无论这个东西是一件物品还是一个品牌，或是一个物品的制造商；5）它必须用到上面所有这些条件来创造出一种情绪反应。换句话说，它需要频率的区分度、节奏的识别与整合、与情绪加工脑区的多感觉会聚、关联以及连接，即所有那些参与到听觉加工与识别中的元素。而这还不是全部。一首广告歌只听一次是没什么用的，所以它必须被充分地重复，这样才能从短时记忆转化为长时记忆。如果你重复听了一首广告歌很多次，它就会被你的大脑记录为噪声，这也意味着你既能自动识别出它，又会觉得它无比烦人。与此同时，广告歌的呈现还必须与一个产品严格关联在一起，这样你会对那个产品形成一个认知关联，并且这也为你提供了一个情绪背景，以便每当你回想起这个产品时，与听到广告歌时关联的情绪也会随之而来。

简言之，理想的广告歌就是"洗脑歌"*，那种你想忘也忘不掉的曲子。我曾在"实验室外"的一个研究项目工作了几年，被我称为"洗脑歌项目"，我试图去搞明白"洗脑歌"是怎么造就的，以

---

* 原文为：耳朵寄生虫，earworm。——译者注

及如何创作出一首完美的"洗脑神曲"。这方面其实已经有大量优秀的洗脑歌/广告歌的例子了，比如说兰斯创作的 T-Mobile 铃声就是一例。兰斯告诉了我他的创作过程。T-Mobile 原来的标识［以前的德意志电信（Deutsche Telecom）］是由五个方形组成的图标，三个灰色的方形、一个粉色的方块高出水平线，接着另一个灰色的方块。这里有五个视觉元素，其中有一个是与众不同的。兰斯基本上想到用六个音符来表现这个图标：三个相同的音、接着一个高 1/3 的音、然后一个音回到最开始的调，最后加一个呼应的第六音逐渐淡出。简化的版本只有五个音，却形成了和视觉相匹配的听觉标识。短短五个音也可以使它维持在短时记忆的限度之内，以便更容易被人记住。再加上利用了多感觉会聚、匹配了声音和视觉，你就可以有两种感官系统来编码广告歌或是声音图标了。我们用来整合任何知觉对象的最强大的工具之一就是多感官会聚：你的大脑把拥有相似特征的客体——比如按照颜色、相近性或是节奏——编码成单个的客体。（这就是声音流分离的基础，在跨感觉通道会做得更好）。多感觉会聚和刺激的连贯性貌似就是神经科学中被称为"绑定问题"的相关机制，也就是关于大脑是如何把低级的感觉元素整合起来形成客体的问题。

但是这并不局限于视觉和听觉。我的夫人现在是一个声音与仿生艺术家，从前她还是一个芭蕾舞演员，她告诉我帮助她记忆音乐的有效方式就是能够去随着音乐律动，这给声音记入了触觉和本体感受（肌肉位置）的反馈。你自己也可以试试看。想想你喜欢的旋律或者你记住的广告歌的第一个音，我打赌你可以用手指或脚轻松地打出它的节奏。因此我们需要将"优秀广告歌"在时间节奏方面进行扩展：它不仅包含听觉再认的毫秒范围，或是视觉加工的几百毫秒范围，还需要包括比视觉的速度还慢的运动输出的时程范围才行。

  这里有一个问题是，你多快能够把一个感官刺激和一种情绪状态之间建立起关联？这依赖于许多因素，并且依赖于你是想要立刻形成情绪和声音的关联，还是想让听众把这个声音当作通常可触发这种情绪的事物的替代品。特定的声音——比如突然而来的咆哮包含了一个快速突发的巨响声音——会触发机体的惊觉，伴随着其后一大堆的低频不协调声音，类似指甲刮黑板的成分，这会让人非常恐惧。尽管在大多数情形下，向你推销产品的人并不想吓到你这个潜在顾客，但我确实记得本地有一个闹鬼游戏屋在电台上打广告，并且用了一支五个音符的小调广告歌，还是在一台失谐的低音管风琴上弹奏的。这个效果本来挺不错，结果他们在结尾处加上了一个卡通式的尖叫声，简直是煞风景。

  不过既然你可以在不到一秒之内就对一个声音产生强烈的正性情绪反应，那么简短的一系列声音应该足以让你建立起情绪关联了。其实这就是一种简单学习的基础机制之一，最早是巴甫洛夫在他关于经典条件作用的早期工作中对其进行了描述。在一条饥饿的狗面前摇铃铛并不会让它有什么反应，除非狗狗认为铃铛或者摇铃铛的人可以吃。但如果你摇了铃铛，然后迅速地给狗一些食物，那么这个铃铛声就成了条件刺激，它替代了非条件刺激（看见食物或闻到食物的气味），从而会引起非条件反射（分泌唾液，冲向食物等）。在摇铃和呈现出食物之间的时间间隔非常关键，如果中间的延迟超过 0.5 秒，以上效应通常就不会成功。这种经典条件反射方法就是简单学习的基本机制，并且研究表明在从人类到线虫（一种非常小的像虫一样的生物，只有 244 个神经元）几乎每种生物身上都是有用的。最常被用来描述这个操作的模型被称为雷斯克拉·瓦格纳（Rescorla Wagner）模型，尽管它是基于在大鼠和鸽子身上的实验发展出来的，但其基本概念在更加复杂的生物上也适用，这让它足以用来搞明白超过两个的多个动作是如何串联在一起来达成一个目标任务的（这个当然就在线虫的能力范围之外了）。

只不过问题是，广告和广告歌几乎没什么机会能让你在听到广告歌后不到 0.5 秒以内就在你面前的一个盘子里推送上它们的产品，而这个是简单的经典条件反射的必要条件。因此，他们依赖于用学习理论的原则来帮助你记住他们的产品，建立一个与它的正性关联，并让你在接下来几天、几周或者几年（如果这个广告歌真的很棒的话）之后去购买它。这一理论与经典条件反射不同的地方在于，学习者不得不基于先前的自主经验去调整其行为，这就要求受试者实际上要做些事情，比如像花钱、去一个度假村的会议上赢得奖赏，这就叫操作性条件反射。

而从这里开始，声音已经发生了转变，不仅仅是让你在一个被创造出的世界里减少对周遭真实性的不信任、增强你的欣赏愉悦以及情感沉浸度。在此，人们开始利用声音来有意操作你的大脑和心理的反应，以此来让你去做一些事情。我们的旅程，也就从简单的娱乐，来到了操纵大脑的领域里。

第八章
用耳朵操纵大脑

当你从剧院出来沿着漆黑的小巷一路走着的时候,即使是最轻微的噪音都会让你吓一跳猛地回头;当电视节目中间的广告插播进来而音量加倍的时候,你会本能地按下遥控器上的"静音"键;当收音机里传来了你初吻时听到的那首歌时,你停下了手中在做的事情,让回忆在一片无言之中涌上心头。

声音以我们并未察觉的方式影响着我们。它改变我们的情绪,改变我们的注意,改变我们的记忆、心跳、欲望、对异性的反应……这听上去好像……意念控制?(提示:像是悬疑惊悚片《谍网迷魂》那样的电影原声,也算得上是某种佐证。)嗯没错,就是这样。影视音乐作曲家约翰·威廉姆斯(John Williams)之所以能获得那么高的报酬,就是因为他有操控数百万观众情感的能力。不过对这样的意念控制其实也没什么可害怕的:音乐和声音都是在前意识阶段产生作用,对其原理稍有了解的话你就能明白怎样用耳朵去操纵大脑,而且也不再需要把棉签使劲向耳朵里戳了。

首先,什么是"操纵大脑"?我们大多数人脑海中出现的第一个画面可能来自于一些烂电影,其场景通常包括某个人脑袋上扣着一个拧着灯泡的滤锅，旁边一个穿着实验室白大褂的人嘴里大喊着："愚蠢的人类啊！我的创造将会毁灭你们所有人！"随即，他扳下开关，在控制面板做做样子的一阵爆炸以及火花四溅之后（因为科学界没有人真的听过断路器或是保险丝熔断是什么声音），那个发明家获得了精神超能力，可以让其隐身或是在电子线路恰当的地方和某个隐藏的维度进行交流。另一种更沉稳的版本（因此也更无趣）一般可以在电子消费产品目录中找到，在那里你可以买到"心灵/大脑的机器"。这些设备号称可以用来诱发不一样的意识状态，从平淡无奇的"沉思状态"到我最中意的"与地球本身一起进行同步电磁共振"——这款产品听起来像是尼古拉·特斯拉（Nicola Tesla）会去买的，如果在他发明交流电之前就发明了家庭购物网络的话。你甚至可以下载"用 iPod 操纵你的大脑"的音频文件。这些东西似乎听起来都非常奇异，且大部分这些产品的贩售者都会用各式各样听起来错综复杂的术语来描述，像是有着迷人希腊字母的"脑电波频率范围"，以及你在计算器上都按不过来的那么多小数点。

然而"操纵大脑"这个东西真的只是将我们前面几章中讨论过的一些实验室研究应用到现实世界罢了。操纵大脑可以很简单，比如把声音的虚拟位置从一只耳朵变到另一只耳朵、同时伴随着大脑的基本节奏来诱发情绪的变化。又或者，它可以很复杂，需要复杂的滤波和后期的调制加工步骤来尝试获得特定的心理或生理效应。有无限多的可能性可以让我们把听觉神经科学和心理学应用到现实中那些我们每天都能听到的声音上。这其中可以包括在制作电视游戏的时候，让你在游戏中通关升级时感觉更兴奋，或在丢分时让你真切地感到难受；可以在创作电影和视频音乐时将特定的情感线埋入音轨中，而不需要一整个交响乐团来帮忙；可以用一些能捕获注意的声音来让学生的注意点改变，或是让驾驶员注意到仪表盘上闪烁的灯和前方即将要撞上的人。这其中包含着巨大的商机，它可以让一个广告更"黏人"——通过创造出一个让你在脑海中挥之不去的音频标识，换句话说，就是一个指定品牌的"洗脑曲"。然而问题是，这些技术真的可以足够稳定地发挥作用，以此构成当代市场营销的基础吗？

如果想知道声波大脑操纵术有什么能做的和不能做的，我们就需要考察一些特定的应用场景。操纵大脑，也就是切换你的意识状态，主要分为两大类：1）引发全局变化并普遍改变你大脑的整体状态、提高你的唤醒水平，2）对心理状态的特定元素进行调整，而不引起全局的认知变化。这二者表面看上去非常不同，但是其中任何一个都可以通过运用一些控制感觉输入方面的简单原则来实现。并且无论你是操纵者还是被操纵的人（或者二者都是），明白这些原理都可以提升你的经验，或者在你发现有人正用此法操纵你的时候可以帮助你屏蔽掉那些影响效应。

让我们先来看看最简单的方法：对你的心智和大脑做出全局性的改变。这里有趣的地方是，其中最有效的两种途径貌似拥有截然相反的性质。一种需要你限制听众听到的声音，而另一种则需要你把声音增加到淹没一切的程度。

使用受限制的声音来操纵大脑可能是最简单的：只需要杜绝所有噪音即可。比如，可以使用降噪耳机，尽管这似乎并不像一个操纵大脑的方式，但其实它真的有效。这种方法可以将你平时的正常听觉环境屏蔽掉，使你能够关注内部世界——通常像是你的音乐或者有声书之类。你也可以这么想：如果你戴着降噪耳机走在大街上或者坐在飞机上，那么你把平常你的无意识会加工的所有环境信号隔绝掉了，这样帮助你无须过多思考就可以自己适应。这在飞机上真是一个福利，因为你并不需要一听到引擎声中的细微变化就一跃而起，然后冲进驾驶室找机长让他救救航班上的乘客们。不过在大街上走路或者跑步时佩戴耳机，还是很可能会让你错过一些重要事情的——比如像是那辆从左转的车道直接右转了的SUV。在听觉被阻隔的环境中进行户外锻炼的结果可能是你的脑子被车碾过去，就算是用一个大号的棉花棒往你耳朵里面戳所造成的伤害都比这个来得轻。

假如你还是不相信屏蔽噪声是一种正经的操纵大脑的方式，那么你可以去拜访本地的大学，随便找个做听觉研究的人——最好是研究蝙蝠的。蝙蝠研究者通常会有一点另类，但他们会很乐于与你交谈，因为他们不怎么在白天出外活动，并且他们中大部分人的社交要么涉及很多数学问题，要么就是讨论诸如苍白蝠是如何在5米开外听见一只蝎子放屁这样的问题。虽然这些话题算不上最好的搭讪语，但是就像我们先前讨论过的，这群科学家通常拥有很酷的玩具和专业设备来与那些听力比你好上几个数量级的动物一起玩耍。而且更重要的是，他们可能还有一个消声室来让蝙蝠们在其中嬉戏。而在这个消声室里你才能知道，真正的安静对于通常比较聒噪的人类来说是多么扭曲。

你走进那个房间，墙壁、天花板、偶尔还有地板上都布满了装鸡蛋的纸皿形状的泡沫，它们将声音吸收或将其反射到另一个吸收表面上去。关上门，整个世界都安静了。是那种真正的安静。大概两分钟以后，你一定会忍不住说一句"这里也太安静了"，说这句话也只是为了让你自己听见些什么而已。不过因为没有回声和回响，这使得你自己的嗓音也被消音和减弱了。在这里发出的声音都会立刻被吞没，而你的大脑只会告诉你，这一切都是错误的。有的人在一到两分钟内就开始出现焦虑状态，不过大多数人都可以再待上两分钟，然后就会开始听到微弱的"嗡嗡"声。一个真正好的消声室里是如此安静，让你的耳朵能够立刻展现出它们的实力，使你开始听到空气分子在附近相撞击——就是那个"咝咝"的声音。随即，你会开始体验到一种"我一定是被困在文森特·普莱斯（Vincent Price）的恐怖片里了"的感觉——因为在上述"咝咝"声之外，还会有一个温和安静的"咚嗒，咚嗒，咚嗒"的声音，那是你自己的心跳。以上就是你能听到的所有东西了。大多数人也是在这个时候选择离开这个地方，或是自己哼个小曲、制造些声音出来。因此这就是最简单的听觉大脑操纵术——只要把所有像回声、回响，以及来自背景嗓音和噪声的杂音这些"外来"噪音都去除掉。这样做之后，你绝对就处在一个增强的觉知状态，并且试图去弄明白到底哪里出了问题，究竟少了什么。这个例子很好地证明了一点：我们的大脑是多么期待（即便不是依赖于）那些正常的、未被注意的背景事物。若是把这个背景事物拿走，将你的听觉世界剥皮去肉地只留下基本听觉信号这样一副光秃秃的骨架，那么你的整个精神世界很快会开始痉挛，然后你就等着大蝙蝠来到你眼前吃掉那只放屁的蝎子就好了。

如果你不吃这一套被自己的心跳折磨到疯掉的方法，或许你更适合于听到很多很多的声音。在某些情况下，我们都喜欢大音量的输入：把随身听的音量调大，让家里的电视和音响高声播放，或者去电影院欣赏一部50%的声音都是爆炸声的电影。然而是什么让我们倾向于较大的声音呢？它又是如何被利用或是被误用的？答案其实很简单，大声的噪音会激活你的交感神经系统，而且正是这个答案清晰地将"高音量"定义为了一种操纵大脑的方式。你的交感神经是驱动着大部分脊椎动物3F生活方式的控制系统，这3个F就是：战斗（fight），逃跑（flight），还有你懂的（意为交配的一个F开头的词，我是绅士不说脏话）。

巨大的声音，尤其是当它们突然出现的时候，会被大脑区别对待。首先，大声的噪音会激活你的整个内耳，而不仅仅是通常检测和编码声音的耳蜗。如果音量足够大，那么它还会触发内耳的其他部位，比如参与平衡功能的半规管——它采集低频的振动并让我们知道哪个方向是朝上的。如果突如其来地"轰隆"一声巨响，即使是最有声音强迫官能症的人也不会去在意它的频率内容、潜在的语言含义，或者它是否是协和音。而最能让这个人松口气的则只能来自于一个事实：那个发出巨大声音的东西没有掉落到他身上。一个速度快、声音大的响声会让你做出一个高度模式化且特别迅速的反应（通常只涉及三个神经元）：声音激活半规管（平时它是重力感受器），半规管触发了与姿态控制相关的高速运动通路，让你把头埋在耸起的双肩中并且微微跳起。简而言之，你被吓了一跳。不过除了这个快速的运动反应外，响亮的噪音还可以导致听觉信号与前庭觉信号从脑干往反方向传输，沿着一条略慢的通路前往提高唤醒水平和警觉性的脑区，只是为了以防万一那个从天而降落到你身边的铁砧仅仅是接下来许多铁砧掉落的开始。

这样一个惊人的声音可以操纵大脑吗？当然可以，如果你能使用得当的话。拿一部电影来说，本来没有什么特别的事件，一切都很安静。有一艘宇宙飞船在巡航，系统都是绿灯，一切正常；或者有一家人在共进晚餐，其乐融融。紧接着，"砰"的一声——一个做得很好、放置到位的声音，把你吓得从座位上跳了起来：飞船上有人的胸膛中炸出了一个东西，掉到了餐桌上；或者是一个飞机发动机从餐厅的天花板掉了下来，它还连接着那个喷气飞机。观众的心跳在加速，座椅都湿了。在此情况下，我觉得这声巨响就起到作用了。

但是你也能反驳说，即使有个巨响吓到了你，你也可以很容易从中恢复出来。惊觉反应只会被触发一到两次，之后人们就对这个信号产生了适应。你可以试着对一个小宝宝喊几次"砰"，从第三次开始，小宝宝就只会像看个疯子一样看着你，抑或是开始大哭，也可能两者都出现，然后宝宝的尿布就被装满了，吓小孩儿的乐趣也荡然无存。再举个例子，如果在一部电影里有只怪兽从每个人身体里蹦出来时都在咆哮，那么它的吼叫很快就会变成一个笑点，而不是一个会引发大家恐惧情绪的时刻。利用大噪声来使人惊觉，这虽然很好地表明了来自耳朵的信号能触发一个短期唤醒反应，但若是连续而重复的巨响又将如何呢？

从生理学的角度来看，就像我们早先提过的那样，声音过响意味着坏消息。你的耳朵和大脑对特别大音量的声音——不管是惊觉还是长期巨响的类型——都会有所反应，并且总试图对这个信号有所控制；而如果控制声音信号失败了，那么它们就会去控制好你自己的行为。如果你本人并非那个巨大噪声的制造者，那么你会试图弄清楚噪声源从哪里来，移向哪里去；你还会用手指堵住耳朵，或者干脆用扫帚撞击天花板来告诉你的邻居："赶紧把那该死的声音关掉！"那么，我们为什么有时还会让自己沉浸在巨大的声音之中呢？这其实和有些人去低空跳伞、滑雪或者飙车的原因是一样的：因为激活"战斗还是逃跑"的系统会给你一种冲击，短时间内让肾上腺素和多巴胺这种兴奋性神经递质的浓度急剧上升，这点亮了你大脑中的唤醒脑区，就像是在狂欢派对上点亮了霓虹灯圣诞树一样。

如果这种响声超出了你的控制范围（当然，是假设你没有办法走开或是调小音量的情况下），在你试图约束你的交感神经系统时会产生另一类行为。你的大脑有一套专门来处理属于你控制范围之内感觉的特定机制，称作"传出副本"（也称"感知副本"）。这就是为什么你挠自己痒痒不会觉得痒，也不会在自己开车时晕车。它是一种将你大脑的执行决策中心与你的知觉中心关联起来的自动化程序，通过一种称为"运动诱导抑制"的机制来工作。其中一个你比较熟悉的会用到它的场景，是在言语产生的时候。想象一下，当你冲着在房间另一侧的朋友大吼一声好引起他的注意时，你的脑袋所听到那个声音其实真的会特别特别大声。

为了不让你的吼声把自己的耳朵震聋，这个反射系统会减小增益（或者说是相对音量），并且降低你对自己声音的听觉敏感性，但是它也会在你进行一些与言语无关的事情时同样被激活——比如当你去调整音量旋钮时。当你正在听你最喜欢的歌，而你觉得它实在是一支非常好的曲子，值得让墙壁为之律动、让你的胸腔为之共鸣时，于是你的大脑就拟定了一个简要计划，不光对你的运动功能定下计划来让你伸手去调大音量，还包括对接下来要发生的事情——声音会变响——有所预期。这些前馈指令会向你的听觉系统发送信息，告诉它声音快要变大了，然后让大脑对输入的声音降低敏感度。这样一来，你既能知道声音变大了，又能防止产生那种"那是什么鬼"的反应——如果周围有其他人弄出意外巨响的话。

但是，如果你不是能控制音量的那个人，又会发生什么呢？你是否有过许多次这样的经历，当你在看电视或者在线视频时，突然有个广告蹦了出来，其音量是之前节目的两倍之大？这其实是故意的：它是一种通过激活你的交感神经系统来获取你的注意，并提高你唤醒水平的手段。在收音机和广播电视统治地球的遥远年代，它或许还是个不错的小技巧；但是如今，这个方法的滥用已经导致了广播和电视自身的没落，也促使了那种可以跳过整个广告的数字录像机的崛起。此外，它还推动了最近的"商业广告音量缓和行动"立法（CALM 行动，calm 一词本身有"平静"的含义，一语双关），要求广播服务商确保广告的音量不能比所播放的节目音量大。更不用说，这种广告对增大音量方法的滥用还让我们如今市面上的电视遥控器都有了一个"静音"键，因此对听觉世界的控制权还是交还到了我们自己手上。以上这类方法，是媒体想要借用心理学"把戏"来增加消费者对品牌的识别并提高关注度的很不幸的典型例子。尽管这个技术只用到了一个非常基本的知觉原理——通过大音量来提高注意和唤醒水平——但是它忽略了一个甚至更有影响力的因素，那就是适应。因此，这样做并没能提高你对一个品牌的记忆，也没能使你在品牌和某种有共鸣的特质间建立起关联，取而代之地，噪声反而让你对广告不胜其烦，并因此对那个产品也很讨厌，乃至最后采用 3F 中"逃跑"（flight）这个 F 选项来回避它。

可要是你自愿所处的环境实在声音太吵且无处可逃该怎么办？你肯定遇到过这种情境：走进一间喧闹的酒吧里，那里如此嘈杂，甚至让你即使冲着对方耳朵吼叫也没法和身边人完成一次对话；走进购物中心的一家店铺，尤其是那些迎合较为年轻群体的店铺，你立刻开始被 90 分贝水平的音乐轰炸，就算是职业安全和健康管理局（OSHA）的检查员要来给他们开罚单，估计也得先要戴上耳塞才能写得下去；又或者是你走过一家赌场安静的门廊进入了游戏室，来自上百台机器的噪声、铃声、警示音、鼓励音乐混合着闪烁的灯光，都在营造一个让你没有办法听见自己思考的环境。而这也正是他们的目的。思考可以让人做出理性慎重的选择[1]，但是实话讲，无论是在酒吧、高价店铺还是赌场，理性周密的选择对企

---

[1] 如果你思维能力出众或者运气很好的话。

业的账面收入可没有任何帮助。在这些地方的声音水平并不是设计失误，也不是声学事故。如此压倒性的音量就是为了提高你的唤醒水平、激活你的交感神经系统。既然你选择到这样的环境里，且自己没有办法降低音量，那么你就会做出任何动物在面对逃不开的压力源时都会做的事情：想个办法控制它。在一个研究中，大鼠们面前摆着这样两个选项：要么去接受不可预知的电击，要么就自己去按一个开关、触发一个可以预知的电击。它们于是学习到去选择后一种，尽管那个选项意味着按下按钮来伤害自己。还有多个研究表明，买东西或是赌博（也就是学术用语中所谓的"获取可控的资源"）是人们在面对压力较大的环境时为了实行控制（无论是真实的控制或是想象出来的控制）而采用的一种常见策略。

但这并不是一个让你自动去买东西那么简单的事情。如果是我——一个处于48岁这样脆弱年龄的人——正在一个商场里，当我转向阿博菲奇（Abercrombie & Fitch）服装店，而那里音乐的音量被公司设置在了90分贝（根据一份新闻的报道），那么我会直接从入口走开，甚至不会把我那脆弱的、久经岁月的鼓膜暴露在像建筑工地一样的噪音水平下。然而年轻人群却对此十分习惯，他们经常寻求更大音量的噪声和音乐（这也是为什么在汽车改装行业中，为年轻司机减弱消音器效果、让汽车的声音更吵的业务会这么繁荣）。所以，这种策略是针对一个具有人口学特征、更年轻、也更容易被声音唤起的顾客群体的。类似地，在赌场里，对赌博的不同声音效果研究也发现了有意思的人口学效应。偶尔来赌场玩玩的人在吵闹的噪声中会倾向于赌得更多；而嗜赌成性的赌徒在同样的噪声情况下则会赌得更少。这一差异的背后，研究者们做出的假设是，对于这两种人，吵闹的噪音都让他们唤醒水平有所提高，只不过偶尔造访的赌客会把这个唤醒水平与赢钱联系起来，然后赌得更多；而嗜赌的赌徒则会把它与输钱相关联，因而赌得更少。这两个例子说明了关于声音诱发的唤醒现象中非常重要的一点：声音所诱发的唤醒效应，依赖于听到这个声音的人是谁，以及他在面对这个唤醒水平并做出反应后会有怎样的后果。因此，我们别搞错了：对大音量的定向运用，无论是更大声的广告还是震耳欲聋的店铺音乐，都是非常重要但是常常被误用的一个营销工具。

将声音的音量调到很大或者很小是最简单的操纵大脑的方式，但是它到底多有用呢？毕竟，你不大可能在每时每刻手边都有个消声室可用，而且即使是顶级的降噪耳机也只能将环境噪音降低 45 分贝而已（耳塞式耳机甚至更糟，只能降低 25 分贝）。虽然我们之中太多的人，尤其是孩子们，会把音量调得太高，或者沉迷在嘈杂吵闹的酒吧或赌场之中，但我们仍然有一个终极办法来逃脱这些噪声：在无法离开环境的情况下，若我们长期继续这样下去，几年之后不可避免地将会出现听力损伤。

所以，如果不进到一个特殊的房间里，也不去冒着听力损伤风险的话，那我们还怎样才能对大脑进行全局性攻破呢？答案是，我们需要意识到，音量只是听觉世界的很小一部分。

另外一个关键部分是时间。通过操纵声音的时间要素，你可以迫使大脑中平时各自为政的大块脑区之间达到人为的同步性。

我们的大脑习惯于处理大量的同时且不同步的输入信息：外面的世界很嘈杂，然而我们正是为了应对这个世界而演化并发展发育的。如果你能够把噪音都摒除掉，并用同一类型的感觉输入将你的大脑超负荷地塞满，那么这样高度集中的感官将会对你的精神心理起到非常不同的作用。这就是许多名称各异的精神状态的基础：阿尔法状态、冥想、催眠诱导等，但这些都能归结为我们操纵大脑的第三种策略：通过限制干扰来增强你的专注度。这或许是你听到过最多的那种"大脑操纵术"了，因为它就是催眠和冥想的基础。

从根本上来说，催眠和冥想貌似是从通常输入的相反类型而来的。催眠往往是让你把执行功能、决策能力和注意全部都交付给他者而实现的。冥想则一般是自我引导的，通过屏蔽周遭对你注意的干扰、使用来自内部或外部的同一刺激，来帮助你达成一种比你在咖啡机前专心渴求咖啡时更甚的精确专注的状态。尽管这两种方法不尽相同，但二者都是通过限制你的大脑用来处理其他声音的脑区（比如别人打电话的声音或者水龙头滴水的声音），然后把这些区域空出来做一些其他的事情，像是转移或者集中注意力，这对于操纵大脑是非常重要的。

那么，什么样的刺激能够让人停止注意其他事物而集中专注于一个单一的输入呢？语气平静、节奏适宜的说话嗓音算得上一个重要的专注要素，但通常催眠师还会使用一个规律闪烁的光或者一个节拍器有节奏的嘀嗒声来帮助进行催眠状态的诱导。为什么呢？因为注意是为了将神经资源转移到你感兴趣的客体上，你对一个事物注意得越多，你就越要从其他干扰物中挤出更多的神经资源来支撑这个注意。当你选择去注意一个以适当频率呈现的特定感觉输入，你的局部脑区本来可能产生的变化波动于是就被淹没了。而正是这些波动的脑区通常会走神，去想你走之前到底有没有关灯，或者晚餐应该吃什么，甚至是为什么这个正在心平气和跟你说话的哥们儿想让你像鸡一样叫。你正在把你的感官世界缩小，来集中到过量负载且同步化的感觉输入上。由于你清醒时的常态大脑强烈依赖于输入信息的质量以及时间进程，通过一个像嘀嗒声这样的精确的集中信号来使大脑被过量负载从而获得几乎全部神经资源，与此同时又有一个单一的轻柔、舒缓的嗓音在以恰当的节奏不断传入你的耳朵，让你保持在这种奇怪的精神状态里，这就是为什么之后你像鸡一样叫起来时自己也不觉得不对劲了。

但"恰当的节奏"到底是什么呢？你的大脑有着一些固有节奏，从以几个月为周期的神经激素变化到几毫秒就会改变一次的单个神经元的激活状态，这都是大脑自身拥有的频率。说到节奏，最常被提起的是那些涉及大脑半球的大沟回以及脑电图的报告。对活体大脑的电生理记录最早可以追溯到19世纪40年代，而在1920年，汉斯·伯格（Hans Berger）研发出了能够无创记录活体大脑电信号的脑电图记录设备。现代的各种脑电图设备是颇具有空间精度上的可选择性的，能够记录几十个甚至上百个放置于头部的单个电极的信号，时间精度可以达到毫秒水平。但是，所有脑电图的共同缺陷在于，它所记录的非常微弱的信号（千分之一伏特或者更低）需要通过一个特别好的绝缘体——大脑的保护膜、你的颅骨、头皮还有头发。这就意味着，唯一能够穿过这个绝缘体而被记录到的信号实际上是上千甚至上百万个单独的神经信号的一个总和。你没有办法去分析单个神经元或者一个局部神经环路的响应，不过如果电极摆放位置得当，你可以测量到一大群神经元一齐发放的神经信号，从而在宏观上知道大脑的一大块区域（毫米甚至厘米级）对特定的刺激——比如闪烁的光或者声音——是怎样做出响应的，这也就是我们所称的"诱发电位"。

但是即使是你没有采集到诱发电位，自由的大脑也从不会缄默（除非大脑死亡了），更不会杂乱无章（除非受试者患有严重癫痫）。没有经过训练的人如果看到了脑电图的原始波形，他会觉得这就是近乎随机的振荡，然而其实里面包含了大量大脑电响应的信息。人类皮层的整体功能基础有五种主要频率波，它们相互结合，而每种都会在不同的生理或认知条件下有所改变。θ波（西塔波）是最慢的，大约4—8赫兹，貌似部分来源于进行记忆加工时的海马体。α

波（阿尔法波）的频率大约是6—13赫兹，产生于皮层不同部位之间的连接或是皮层和作为信号转接中心的下丘脑之间的连接。它通常被分为几个亚类，低-1α频段（6—8赫兹）的出现表示警觉；低-2α频段在注意状态发生变化时可见；高α波（10—12赫兹）一般是由外部事件和语言相关的记忆任务触发的。后α波（8—10赫兹）是最常被讨论的一种，因为它一般是在深度放松时被观测到。β波（贝塔波，20赫兹）由控制自主运动的运动皮层生成，一般仅会在受试者停止运动后的很短一段时间内被观察到（可以认为是一个"停止"或"终止程序"的信号）。γ波则泛指40赫兹以上的频段，它是大脑主要节奏中最有趣同时也最有争议的成分之一。

有多个研究都提到了γ波在大脑中从前向后传播、扫过大部分脑皮层的现象。于是产生了这样一种假设（还没有被证明），认为γ波可能参与了将所有单独的感官输入以及反馈环路全部绑定起来的过程，因而让你将这个世界知觉为一个一致性很高的地方，而不是在蓝色、高音调、恶心的气味或者高温之间游移不定。

我们对这些频率的描述只有短短一页纸，但是背后却有着好几代科学家和工资极低且饮酒过量的绝望研究生们所做的大量技术研发、数据分析、实验设计以及结果解析的工作。而如果你能有充足的时间来看一下这几百篇文献，你会发现其基本结果其实并没有改变，改变的是精微细节。这些频率节奏是大脑工作时的部分基础架构。在脑电波追踪中所出现的这些频率，是上百万相互连接的神经元协同发放的证据，也是大脑一些关键功能的基础。这些功能的关键程度足以让大脑将自己处理能力的一大部分都贡献出来用在此处。而掌握了这些功能就给了我们操纵大脑的机会，当然，也给了那些宣称能操控这些功能、其实却效果参差的仪器市场营销以可乘之机。

入定的钟声、心脑机器、神经反馈设备、iPod 大脑操纵术，即使用最简单的在线搜索都能搜出大量硬件或软件产品，全都声称它们可以用声音、闪光还有"哔哔"声以上述的一个或几个频率呈现，通过改变你的脑电波来转变你的知觉，从而解锁你的心智力量。而其中大多数产品所提供的科学原理还不如 20 世纪 50 年代的电影《哥斯拉》中的多。最可笑的一点是，由于用户自身的期望，它们中的许多产品还真的有效。如果你也想出去买个"心脑机器"来为你的执行力量加载上超能量，好吧，你已经有一半相信它有用了，而且你很有可能已经在更傻气的东西上花过钱了，比如用于提高你家宠物狗的自尊的睡眠学习录音带。（这个我真的不是编的。毕竟，这样一只让主人给它戴着耳机睡觉的宠物狗确实值得你去担忧一下它的自尊，搞不好过一阵子它就会在梦里追捕巨大的兔子了。）最让我们这些对此类事物感兴趣的人沮丧的事情是，以这些基本节奏为频率而对感觉信息进行正确的操控，确实有可能诱发心理状态的改变，而且还不需要冒着因明亮狂乱的闪光而引发癫痫的风险，或是被你家狗狗狠狠咬上一口的风险——当你的狗认识到测量犬类自尊的最好方法并不是戴上从某些新世纪在线商店搞来的傻气东西时。

让我们来检验一下，运用这些节奏和声音来操纵大脑到底有多有效。一上来最简单的方式貌似就是以特定的频率播放一个乐音或者噪音，比如通过一副耳机来听 8—10 赫兹的后 α 波，慢慢地等着舒缓的意识把你融化掉。但不幸的是，这通常更可能会让你很快觉得讨厌或者无聊，逼得你去想事情。这其中的原因包括了我们之前提到的许多因素，比如适应、习惯化，还有这样一个事实，就是如果向两个耳朵同时播放一个单音，这仅需占用你的听觉加工力量中很小的一部分就能处理好。无论这个声音是否用到了后α波节奏，这个声音在你的耳朵听来就是快速"砰"的一声，就像微波炉的声音一样非常想要捕获你的注意。不用说大家也明白，这真的会让人觉得极其讨厌，估计也不会让你进入恍惚状态。

如果想要让你大脑中大量神经元响应一种单独的节奏，你需要来自多个源头的复杂输入一起奏响。其中一种方法就是运用"双耳节拍"。这是一个相当简单的方法，可以使大脑更多区域来以想要的频率加工声音。如果你弹奏一个特定频率的音，比如说给你的左耳440赫兹（A440是一个乐队和交响乐团常用的校准音），而给右耳弹奏444赫兹，你听到的将不会是两个分开的音高极其相近的音，相反地，你会听到一个单音，而且似乎是以每秒四次变化着。这要归结于你的上橄榄核发生的作用，它是脑干中的一个听觉核团，让你能依据两耳间音量的相对大小和/或声音到达双耳的时间差来搞清楚声音在空间中的位置。

上橄榄核是你的大脑接收来自两只耳朵输入的第一站，它会进行数学分析来确定声音是从空间中什么位置过来的。如果两只耳朵听到的是完全相同的音，上橄榄核会将信息告诉给大脑的其余部分，然后你就知觉到了一个单音，而且这个单音来自于一个固定的位置——比如是在开放房间里两个音响的正中间，或者如果你戴了耳机的话就是你的头中间。但是，如果在两只耳朵接收到的信号之间有细微的差别——差不多几赫兹的话，你会感觉到声音在双耳之间来回移动，其速率和两边声音频率的差值相同。如果双耳间的声音差别再大一些、通常到了4—12赫兹，你会听到一个单音，其音量发生着周期性的变化，其变化速率也和差值相同。而任何更大的差别（通常到了20—40赫兹），都会让你听到两个单独的音，且让你觉得听起来挺好的；你那可怜的脑袋也不再饱受声音震荡之苦了。因此双耳节拍是从脑干到皮层地改变你的大脑的一种简单却有效的方式，不过前提是你用的是简单的音而且调制速率相对比较低，比如像前面提到的 α、θ、γ 波的节奏。

如果你去听双耳节拍的声音，你能够得到一些冥想或是注意的效果，而这取决于你的期望水平和对这种状态的准备程度。然而就算它是有效果的，把一个单一的音一遍又一遍地听上 20 分钟，对于想用它来改变心智状态的追随者来说，即使是最顽强的人，也都是对其耐性的考验。大多数尝试过它的人都认同它是有某种效果的，只不过一两次之后他们就再也不想再来一次了。要达到同等的心智状态改变，他们宁愿喝上三到四杯莫吉托，这样还能事后跳支舞。因此一些更有效的操纵大脑的方法会运用由多种频率组成的复杂声音（音乐、话语、撞车等），这些声音本身及其所营造出的氛围需要用到更多的大脑对任务的加工，并且可以经由调整音量大小还有声音的相对位置来增强这个效应——这就是声音工程师所称的"声相"（也叫"仿立体声"）。你应该已经听到过很多次用到这种技术的声音了，尤其是在 20 世纪 60 年代或者 70 年代的经典摇滚乐中，比如平克·弗洛伊德（Pink Floyd）的《欢迎来到机械世界》的开场，其中像发动机一样的声音从一只耳朵相对缓慢地移动到另一只，就是通过将两耳的相对音量大小进行平滑的转变而实现的。

不过上橄榄核只会用到相对高频声音（1500 赫兹以上——想象一个小女孩在牛奶里发现一只虫子时的尖叫声）的音量差别。如果是对频率比这低的声音，就依赖于对两个声音之间精细的时间或者相位的差别了。因此如果你拿到一支复杂的乐曲，并小心地把低频部分的相位差别进行同步化，把高频部分的振幅差别进行同步化，然后只需使用立体声的音响或者耳机，你就能获得让声音动起来的无比真实的感觉。而且用这种方法，你几乎可以把任何音乐都进行重新混音（鼓的独奏除外）以此来唤起心智状态的改变。接下来，一切就变得好玩起来了。

如果你不把调制率进行同步化呢？如果你让高频声音以一种速率变化、让低频声音以另一种速率变化，并且持续地改变二者间的差别呢？这样的话，你可能就会得到一个严格且有效的、对某些人来说好玩而对另一些人来说糟糕的操纵大脑的方法。

这里有一个我曾做过的例子。在我荒废掉的青年时代里，有一天我接到了一位老友兰斯·马西的电话，他问我"什么是心理—物理学？"在我用了很长时间来解释这个词中间不应该有连字符，而且它也并不涉及有人要用质子对撞机来毁灭地球之后，他听我讲了一堂关于感觉与知觉的课。然后他问了我一个问题，这个问题如今还在困扰着我们："这是不是意味着我们可以通过音乐来进行心灵控制？"基于我多年的研究和实验，我的答案是"我哪儿晓得，咱们试试呗"。于是，我们成了一个特别不寻常的乐队的创立者。

兰斯创作了一系列氛围音乐的曲目，其中我们加入了基于大脑不同部分的最佳刺激频率而定的调制速率，尝试用这种方式来让听者产生特定的心理学效应。我们的想法是利用听到音乐后经由听觉皮层向大脑特定目标区域传输的神经反应，这类似于利用对载波的调控来通过无线电传输信息。载波本身是什么你并不关心，你只是用它来把调制运输到接收者那边，在那里它会被转码成一个对听者有用的信号。这类声波算法比一个简单的"双耳节拍心灵机器"要复杂出好多个步骤。我们的设想是对于任何音乐或其他复杂声音信号，以对大脑特定区域的最佳刺激频率来调制声音的音量大小、频率以及相位特征，从而刺激到这些与特定事物有关的脑区，比如诱发情绪反应、改变心率或者血压、让听者感到他在移动，或者仅仅是改变他们的注意状态。如果我们的乐曲完成了，我们希望它可以成为下一代大脑操纵术。

我们最早的一个尝试是用相位和振幅变化来让音乐听起来像是盘旋在听者脑袋周围。我们的首次公演是在曼哈顿下城的一个狭小的俱乐部里，乐曲一开始，我们就注意到人们都缓慢地在座位上摇晃起来。而当音乐里出现了一个大幅度的声音虚拟移动时，有个家伙直接从座位上跌了下去，于是我们知道，我们有了重大发现。仅仅是运用这个盘旋位置的声波算法，一首简单的氛围乐曲就能做出一些奇怪的事情来：它可以控制人们认为自己在空间中是怎样移动的。因此我们决定加大"搞怪"的力度，慢慢地改变不同频带的调制速率。我们认为，使用了这个算法的曲子会让人们觉得他们正在移动，但如果声音中有些元素显得是向某个方向移动，而另一些是向别的方向移动，听者就会觉得困惑不已。我们悉心地将这个曲子命名为《眩晕之旅》，并将它收录在我们的 CD 中。

我当然知道我在折磨我的听众，但我仍然想求得来自听众的反馈。反馈结果和我的设想不太一样，但是十分有趣：在听了这个曲子几分钟之后，当振幅和相位同步时，大约三分之一的听众觉得自己在移动；另外三分之一的听众觉得音乐在声场中移动；剩下三分之一则感到强烈的恶心。这非常科学。我们搞明白了怎么用声音诱发听觉运动眩晕。当时我的部门主管是一个高保真音乐发烧友，他拥有的音响系统比我的工资还值钱。很不幸的是，他是第三种人。我把预售 CD 交给他之后的第二天，当我要去泡咖啡的时候他突然从电梯里冒了出来，抓住我的胳膊说道："你的曲子让我恶心！""那么我猜我们成功了！"我试着显得不太雀跃地说道。毕竟，仅仅是利用了相对简单的调制速率再把它小心地应用到一支复杂的乐曲里，我就成功操纵了部门主管的大脑，并让他差点吐到了他昂贵的音响设备上。

当然，即便是我也意识到了用声音去刺激人呕吐估计没有什么盈利的可能性，幸运的是，我还是相对较快地找到了另一个工作。不过这件事也向我证明了，对听者而言，用声音操纵大脑即使是在最基本的生理学水平上也能有很强大的效应。虽然你可能并不想让你的听众听了你的歌之后呕吐不止，但这支曲子让我们看到了一种可能性，就是我们可以让经过调控的音乐有目标地引发特定的反应。那么如果是想要用声音来诱发人们一般想要让其听众获得的效果呢？

音乐和声音总是被用于诱发听众的情感和其他反应，而且它们发挥作用时完全是在你的认知雷达监控下。在电影里，就在怪物突然拍了下主角肩膀让他不要踩到自己的尾巴之前，并不会用巨大的告示牌写上"害怕地尖叫"给观众看。这可不像电视剧录影棚里观众会被出现的标志来引导着鼓掌。跟跄的声音、突然的安静、排山倒海的咆哮从耳朵直接通过交感神经系统传到大脑调控情绪反应的区域。等回过神来，你会发现自己的爆米花已经撒了一地。所以当我们做音乐实验的消息刚开始流传时，就有一家英国的重金属乐队"Thrush"找到我们，说他们正在创作一首表现法律系统之残酷的歌曲，希望我们把歌曲加以改造，这样让任何听到这首歌的人都会害怕得尖叫。一般而言你是不会希望人们听歌之后有这样的后果，不过这可是重金属乐队，于是我们接受了挑战。再一次，声音科学通过把声音用到大脑与情绪的联结上而给出了答案。

我隐居到我在长岛的一个像是巴伐利亚城堡的公寓里暗无天日地疯狂工作起来，我做出了一个滤波器，它可以将任何声音输入，然后把我们所熟知的伪随机的指甲刮黑板的声音包络加在上面。然后我们把它应用到了重金属乐队的歌曲里。当我们在最终重录之前把音乐播放出来的时候，录音棚的工程师尖叫着跑出房间，并且拒绝再和我们一起工作。在神经算法操纵大脑的世界里，这完全算得上是成功了。至少这次没人必须去清理呕吐物。

因此，通过逆向工程，将一个声音运用相对简单的算法来附上一个已知的情绪和生理学效应，我们就可能充分利用大脑的本质特性来获得有针对性的感知效果，就像把音乐用作载波一样。但是如果我们想要做一些既更有针对性且又不那么让人困扰的东西呢？比如有着很特定的效果，但并不涉及呕吐或者尖叫着跑掉这样的反应的东西？

兰斯有位朋友是个幸福的父亲，有两个超级活泼的孩子。而他和许多父母一样，也有这样的抱怨：如果不求助于药物或是挥舞着棒球棒来虚张声势，他根本不可能让孩子们去睡觉。他听说了我们的一些工作，就很直白地问我们，能不能想到一种方法来让他的孩子们每天晚上能够消停下来然后安静地去睡觉？

直到现在，睡觉都是一个十分复杂的现象。我们其实不太知道它是为了什么、是如何运作的，也不知道它为什么在任何有多于两个神经节的生命体中都如此普遍。不过当我在一个时间生物学实验室工作了几年以后，我了解到所有长途货运中都会涉及的最大问题之一就是：驾驶员在开车时睡着。驾驶任何东西——无论是火车还是汽车——理应可以让你有充足的动机来保持警觉，这样你就不会被可怕的撞车声吵醒。然而在长途驾驶中睡着是一个十分普遍的现象，它太常见了，以至于有大量的资金都花在工业研究上来监控驾驶员的警觉水平。你甚至能发现还有这样的头戴式电子设备，当你的头垂到了某个角度之后开始不断点头时，这个设备就会对你发出令人不快的尖叫声。

这背后的原理挺让人吃惊的：不是疲劳，也不是注意力不集中的问题,尽管这些确实可以导致司机睡着;事实上,真正原因该归于你的前庭系统——内耳里控制平衡的部分,它是与你的唤醒中枢,而且还与影响你唾液分泌和胃部蠕动等非自主活动的中枢广泛相连的。如果你在远海上坐过小船,或者坐过高速过山车的话,你可能对此有一些经验:你的视觉没有办法跟上你内耳的信号,于是你的感官发生失调,导致产生了晕车、晕船等运动眩晕。不过神经源性的运动眩晕(就是让你想把午饭都吐出来的那种)只是其中一种形式。低振幅、低频率的伪随机振动,这些即使在相对平坦的道路上开车也会遇到的情况会产生另一种形式的运动眩晕,叫作"昏睡综合征",无论此时保持清醒对你有多么重要,它都会导致极度的疲倦和困意。很少有人听说过"昏睡综合征"这个词,然而对于婴儿的父母而言这可能是个常识了,因为这就是为什么你可以把孩子摇睡着了。低振幅、低频率的振荡使孩子平静,然后他们就昏昏睡去。我的父母当年是这样使用这个技能的,他们把我放在我爸那辆老旧到悬架系统都很成问题的大众甲壳虫车的后排座椅上,然后把我带去在附近的土路上开半个小时。事实证明,这个方法效果拔群。

　　昏睡综合征的一个有意思的特点是,它对乘客的影响比对司机的影响大得多,这可能是我们的老朋友"传出副本"在起作用。如果你在驾驶的话,你至少还在对车辆的运动进行某种控制,所以颠簸和摇晃需要更长时间才能在你身上产生作用。在这方面最明晰的例子就是当我和后来成为我夫人的女友第二次约会时,我开了大约一小时的车之后她就睡着了。我当时非常感动于她竟然如此信任我的驾驶技术,但在结婚后多年的旅行经验中,我慢慢发现,她只是确实对昏睡类型的刺激比较敏感而已。浪漫和科学真是常常矛盾啊。

所以，在大量阅读了来自NASA、NIH和军事组织的研究中关于能诱发昏睡综合征的最佳频率与振幅的论文之后，我们着手尝试去弄明白怎样让超级活泼的孩子们入睡。但是由于我们只是做了一项私人研究（说白了就是没有钱拿），而且时间比较有限，于是我们没有选择重新作曲，而是决定把我们的调制算法加到一些古典音乐的音轨上混合起来。这是一个有趣的挑战，因为我们需要以恰当的调制速率对声音的振幅做一些微妙的改动，却不改变曲子的整体声音——毕竟这个做父亲的不能告诉孩子们他把他们的灵魂卖给了科学，他要做的只是去播放一张"无聊"的古典音乐CD，以期孩子们或许能安静下来。听古典音乐来让人昏睡在以往可是相当成功的，就像你能想到的那样。但是问题在于，当我们把混音完成的作品在我那位对昏睡刺激很敏感的夫人身上进行测试时，一点儿效果也没有。于是我们从用算法来进行调制的思路中跳了出来，到真实的世界里去录制声音。我们把一个地震检波器——就是那种用来记录地震的极低频麦克风——放在我的车后座，开车兜了20分钟，接着把声音的包络提取出来，卷积到三首不同的古典乐曲上，并将其交给那位疲惫的父亲，同时祈祷着它有效。

到了第二天，他告诉我们，一点儿用也没有。扎心了。

不过第三天，他又打电话给我们，说我们简直是天才，因为他把第二首曲子放起来几分钟以后，他的两个孩子就都睡着了。我们很高兴自己的天才得到了认可，不过感觉事情还是有一点奇怪。几首曲子有着几乎相同的声密度，其调式、乐器、长度、音量都是相近的，而且我们使用的算法也相同，那么为什么一首曲子无效而另外两首非常有效呢？那两首曲子太有效了，甚至后来被其中一个孩子称作"立刻睡着CD曲"。其原因凸显出了我们在操纵大脑时所面临的一个巨大的问题：所有人的大脑都是不同的，每个人大脑的经验也是不同的。结果发现，我们这两个超级活泼的孩子事实上之前在网上听过第一首曲子的重金属摇滚版并且深深被迷住了，而且听到这首曲子还能让他们像袋獾一样在房间里快速地蹿来蹿去。因此尽管算法摆在那里，在另外两首歌中它也确实起到了催眠的功效，但孩子们先前在第一首曲子重金属版本的基本音乐结构中所获得的高速振奋的经验，使我们调制出的相对微小信号被完全覆盖了。就像我之前说过的那样，这就是任何类型的大脑操纵术都会面临的一个问题（对消费者来说则是让他们感到欣慰的因素）：如果它是基于大脑工作方式的统计学模型（神经科学在很大程度上正是以此为基础）来设计算法，尽管它可能在很多人身上有效，但它不会对每个人都有效。

所以我们怎样才能在生活的方方面面都来操纵大脑呢？我从2000年就开始研究怎样通过声音来有目的地操纵大脑，试图弄清它怎样才能被合法地利用起来。当时我们是仅有的真去研究它的人，而我们第一个想法就是可以用在广告上。毕竟，自从世界上第一个多细胞生物长出炫耀性的器官，可以使沼泽中的伴侣对它的体格和保卫领土的能力留下深刻印象后，广告就一直围绕着我们。从远古时代第一个夸张的骨头雕塑展示出一位繁殖力超强的丰腴女性形体开始（"快来奥格的洞穴里度过好时光吧！洞后面就能停放你的猛犸象"），这就成为人类交流的一个重要部分。即使是在当代，打广告依然是想要从情感上让潜在消费者上钩，让他们相信自己急迫地需要某个东西，而这样东西甚至在他们看到或听到这个广告前都不知道存在于世的，但缺少了这样东西他们会没有吸引力、不被雇用，或是落伍。在这里我们不会去花大篇幅来讨论消费心理学的点子，也不去涉及神经经济学的时髦用语（这一崭新且相当脆弱的领域使用非常昂贵的神经科学设备去洞悉普通消费者购买行为）。广告，尤其是成功的广告，其实是建立在扎实的心理学基础上的。广告是想让人去买东西的。对于任何购买行为，它的一个重点就是要明白，几乎所有的购买都是情绪化的。当我们决定出门去买一个新的音乐播放器时，很少有人真的花上几个小时去研究最新的电子产品、了解它们各自的专长、比较每个耳机的频谱有多平整，或者它的最大音量是否有违 OSHA 和健康指导标准。我们买它只是因为它看上去酷炫，抑或是我的朋友们可能拥有它。撇开大家对于最近推出的一款面向女性消费者的音乐播放器的愤慨（这款播放器的不同之处并不在于它将话语放到更偏右侧耳机去播放，或是拥有略为不同的声音频率响应，相反地，它做的只是推出了粉红色款式），这背后也是有其市场营销决策的：这款产品要卖给特定目标人群。

广告很大程度上依赖于朗朗上口的短句和广告歌，以此推动消费者对某个物品产生情绪需求，尽管没有这样东西她可能还是活得好好的。其思路是让你深信自己真切地需要一个"全能王 4000"家用绞肉机再配上个沙拉切制机，因为没有它的话你会变得没有吸引力、卫生状况很成问题，最终可能死于"不宁眉综合征"。然而广告并不光是为了让你相信自己需要某个东西，它还用上了心理学工具来帮你记住产品的名称，而且灌输给你这样的想法：只有**那个特定品牌**的东西才能给你你所需要的。简言之，通过运用各种基本的心理学原理（重复出现是让人记忆深刻的核心，性暗示也很有销路之类的），其目的就是让黏住你的广告去操控消费者的情绪、记忆以及注意。要是你对这些基本原理是否有用产生了那么一秒钟的怀疑，好吧，那你又是怎样把"我的博洛尼亚红肠有个名字"*的下

---

* "我的博洛尼亚红肠有个名字～"（My bologna has a first name）是 1974 年播出的一个香肠品牌的著名广告歌，下半句即唱出了这个品牌的名字。——译者注

一句记得那么确切的呢？

但是在 20 世纪 60 年代，还没有任何人用高级的神经算法来控制消费者的心智。他们只是在用过去已经有效的方法，并且有时正好就起了作用。他们不只是在创作朗朗上口的广告歌，还把熟悉性、调式和节奏等因素意外地汇聚成了一首"洗脑神曲"（或者用神经领域的话叫作"听觉留存"），也就是那些你几乎不可能从脑中抹去的音乐性短句。洗脑神曲有简单的也有复杂的，简单的可以像是幼儿园的儿歌，陷在你的脑袋中好几分钟；复杂的可以像布鲁斯·斯普林斯汀（Bruce Springsteen）的《雷霆之路》开头四个小节，可以在你的脑海里来回循环萦绕四五天，直到你已经想要去炸掉新泽西州，以确保这个"花园之州"不会再冒出像这样的东西来。

有些人正在研究这些现象的本质，眼光瞄准着它们在所谓"神经广告学"中的应用前景。目前的数据表明，这一现象的产生不仅有关节奏、音调和内容，洗脑神曲可能是基于大脑中的多个节奏性活动，一旦它们同步起来，对"被洗脑者"来说这个环路就很难被打破。如果有一天，要是哪个广告商找到了创作终极洗脑神曲的要义，让我们永远没办法从其品牌名称的萦绕中逃脱出来的话，那一天很可能会出现全世界范围内对广告经理人和神经广告学家的大屠杀〔"这世上有些事情是我们人类不该插手的，我亲爱的怪诞声音博士（Dr. Frankensound）……"*〕。

那么这个"神经广告学"所谈论的东西到底在多大程度上是真实的呢？真的有这样一个产业在运用神经科学和心理学的数据吗？而且更重要的问题是，这个东西真的起作用吗，还是只是一个噱

---

* 这也是一首著名的广告歌。——译者注

头？答案是它确实是真的，它可以起作用，但通常由于一些很基本的原因，它并不有效。

让我们来看这样一个特别的例子，让你知道想要用声音操纵大脑时你可以试着做些什么尝试，以及它可能会有怎样的效果。想象一下你是一名很有创意的广告商，必须要去销售一款面向女性的浪漫产品。男性和女性的大脑是有区别的，他们听东西也有所不同。虽然花很多时间去计算男女在音量和频率阈限上的差异可能不会在实际层面上有什么用处，但是你要记得我们之前有一章讲过，听觉系统中大到可怕的一部分都是专注于探测和分辨合意和不合意的伴侣。基于声音的雌性择偶行为并不局限于青蛙，只要看看巴里·怀特（Barry White）*粉丝们的人口统计资料你就会明白我的意思了。一个深沉、低频的嗓音意味着一个巨大的声源，而在声音世界里和在生活里一样，尺寸确实很重要，尤其是对于你大脑的无意识部分来说。

让我们更进一步。考虑到既产生又探察声音的振动表面的体积和面积，音高与尺寸具有高度相关性，对两足类生物的我们而言，身高是择偶过程中一个非常重要的考量因素。因此声音设计师能为我们这位创意总监做的事情是，不光用上低频声音或嗓音，还要骗过你的耳朵，让它们觉得声音是从比听者本身高的地方传来的。

这就很需要技巧了。虽然上橄榄核可以对声音进行左右的定位（对前后的定位没有那么精确），但你还可以通过自己外耳廓的形状获得声音的竖直线索。然而把声音做成在某个特定高度的滤波效果的挑战在于，每个人的外耳廓都有着细微的差别（在一些法医案例

---

* 巴里·怀特是一位著名的男中低音歌手，成名于20世纪六七十年代，获得过三次格莱美奖，以嗓音低沉浑厚充满磁性而著称。——译者注

中,"耳纹"也被用于身份的鉴定。不过在我们建立起一个标准的国家耳纹数据库之前,它只能继续充当执法办案中的一个偏门)。这些外耳廓上小的凸起和凹陷实际上会改变进入你耳朵的声音,你的大脑则因为已经用你自己的耳朵活了这么久,基于声音中的谷(特定频率的减弱)和峰(特定频率的增强)就能够解析出声音到底是从上面来还是从下面来。所幸,对声音的定位功能,即使是在竖直平面内的定位,也已是听觉心理物理学中已经研究得较为成熟的领域。有不少研究表明,如果你创建一个滤波器把宽频噪声频谱上谷的位置从 6 千赫改到 8 千赫,那么声音听上去就像是在向上移动一样。所以我们这种坐拥大量软件并有大把时间的天才声音设计师,就会录制一段说着这个浪漫产品名字的嗓音,如果有必要的话将其音高向下调到巴里·怀特的嗓音区间内,并把它再嵌入到频谱上谷的位置向高频移动过了的安静声音中;忽然之间,我们的目标听众就会听到一个非常性感的嗓音说出了产品的名字,说话的人还是个身材高大的潜在配偶。这可是向大脑发出了一连串的信号,覆盖一大片脑区——从听觉皮层到前额叶的注意区域,到下丘脑和控制瞳孔大小与唤醒程度的视前区——然后,好了,你可能已经抓住了听众的注意,并且让他们仅仅对一个名字就建立了非常正面、非常性感,而且深入其心的反应。

要是事情有这么简单就好了。

别忘了你的听众也有可能是男性。对这类被操控过的声音,男人通常都会被激怒并变得恼火起来,因此他们并不会去买这样一个产品来作为礼物。而一个女人,甚至在更深的层面上,也可能并不对男人感兴趣。或者,也有可能听者的耳朵用来鉴别竖直方位的频率是在 8 千赫到 10 千赫区间呢。又或者在她小时候,一盒巴里·怀特的专辑掉落窗外砸死了她的小猫。大脑操控术从来都只是在群体水平上有统计上的显著作用，但是人们的大脑要比每个人的指纹更加个性化。别忘了统计量只对群体有效，在任何一个个体身上，并不存在那种有效力的预测可以去知道一个既定刺激的作用是成功的还是失败的。

不过"在群体水平上有统计上的显著作用"对于市场营销者来说却是一个良好的人口学数据。这可能就是为什么媒体充斥着像是"神经营销学""消费者大脑扫描"和"精准广告"这一类的时髦字眼，他们报道的故事和广告里还用到了各种神经科学的工具，比如眼动仪、脑电图甚至还有功能磁共振成像。如果被合理地运用，那么这些东西确实可以为购买决策行为提供不少洞见。（至少是在实验室环境中的购买决策实验，当被试头上戴着电极帽，或是被捆到床上塞进一个管道里、身边还有个 100 分贝的声音在你脑袋边萦绕 20 分钟的情况下。"需要来一个毛绒兔子吗？""好的，我来两个吧"——潜台词："求求你快让我离开这里吧！"）不过这还不是市场与销售的全部。如果说把这些有目的地对大脑的操纵应用于强压环境下来创造一个让人平静的声场呢？比如说在医院的等候室或是机场的等候区。或者说将立体空间声用于减轻交通中的晕车情况？再或者对刚刚从手术台上下来的医院病人播放诱导睡眠的音乐，来帮助他们更快地恢复？这只是新时代的开始，我们不仅将更加了解大脑中的感觉和听觉加工，还会将所得的知识在现实世界中派上用场。在"大脑的十年"过去之后的九年时间里，我们才刚刚开始认知到全世界数千个神经科学实验室收集的所有数据有多大的潜在实用价值。既然声音从一开始就一直陪伴着我们，那么它也一定会帮助我们明确我们的技术与生活的未来发展愿景。

第九章
武器与怪诞

1981年读大三的时候，我没拿到文凭就从哥伦比亚大学跑掉了（而且一个生物学教授告诉我说我在科研领域没有什么前途）。此后不久，我就把演奏音乐作为我的工作。我当时买了我的第一个音响合成器——一台老式的 Juno 106 模拟器，正如在 80 年代技术初期阶段中最常见的那样，它的数字技术含量和寄居在我公寓里的蟑螂不相上下。我当时正在试图弄明白，是否有可能创造出"分形声音"。所谓"分形声音"，在当时更多是一种理论上的结构，涉及要生成递归的乐音使其可以实时自我调整、产生自相似的旋律。当时的科技条件还没有办法在软件工作的同时改变参数。于是我只能用模拟振荡器、滤波器、推杆、旋钮还有其他一些古老的手动控制器，这导致我的研究陷入了停滞。当时我的 Juno 还被连接到一部很旧、很吵还极其巨大的 PA 放大器上。

有一次我花费了一个小时把各种控制杆和旋钮都调整到非常精确的位置上，这样这些振荡器在我调整低频振荡器的同时可以同步开始或者同步停止，充当起一个截断滤波器的作用。结果我的猫跳到了控制台上，把所有的设置全部按它的口味打乱了。然后它又快速跑开，可能是因为它被自己主人嘴里发出的一个非常响亮、非常恼火的非分形嗓音给刺激到了。等平静下来之后，我意识到它在控制系统上这么随便扒拉一下制造出分形声音的概率可能和我调整了那么久的概率也不相上下，于是我就随便按下了一个键。放大器播发出了一声非常怪异的巨响，是频率很低、能量很高的猛烈嗡嗡声。与其说是分形，倒不如说是令人恶心的声音。我感到有点奇怪，于是转而面向那个放大器，然后立马就吐了。

等我把自己、放大器还有猫都收拾干净之后，满脑子想的都是："刚才那个到底是什么东西？"不知怎么回事，我和猫一起意外地弄出了一种声音，它有一些很神奇的非听觉的效应。多年以后，当我试图说服一名学生这个世界上并不存在"棕色声音"——一种传说中可以让你肠胃失控的音色——的时候，我想起了那个场景。我本来正要说"声音只是你听到的一些东西，它不会影响你的肠道或者身体"，结果越说越慢，到最后，我只能含糊其词地说我得去给别的班上课了。然后我就开始思考这些藏在声音里的奥妙甚至是机密。

人类和声音有着一种奇怪的关系。我们忽略掉大部分的声音，在大脑的脑干中将其打乱并作为"背景"进行监控。这些"背景"构成了我们世界的舞台，虽然驱动着我们的注意，但是很少会捕获注意。不过尽管我们忽视了它，它依然安坐于我们心智之下，默默做着各种各样的事情，只有当我们把它与剩下的感官和周围环境放到一个情境之中后，它才会在我们的意识里冒个泡。它是在黑暗中运作的感觉系统，活跃于我们的视线之外，它不太能告诉你某样东西是什么，但它却会让你知道有些对你生存十分重要的事情发生了。也许这就是为什么人们经常认为某种声音具有力量，就好像声波本身是活的，而且有自己的意图——或善意或恶意的一样。

声音一直遍布在人类文化的漫长历程中，将我们和世界联系在一起。《圣经》里记叙着，当上帝说"要有光"的时候，他便创造了世界；印度教徒笃信音节"噢姆"（OM）的创造性振动；而"黄钟"则定义了音阶的原始音调，正是这个音阶影响了古代中国宫廷与宇宙大和谐之间的关系。这种趋势在我们生活的方方面面都有所体现，从宗教到波普文化、从科学到军备，都是如此。而且，就像人类历史上出现的任何工具一样，人们在对它进行了足够的关注和开发之后，这些力量总会被用在邪恶的方面。从各方面来说，声音本应是疗愈人类的手段，或是能够促进人类社会团结的途径。但事实上可能至少还有两种方法可以让它被用作武器——无论在现实中还是在我们的故事里。

声波武器的想法由来已久。在 iPod 出现之前的几十万年里，我们的祖先就了解到，声音告诉了他们正在发生些什么，而这些正在发生的事情往往都在他们的控制之外。地震和雪崩时低沉的隆隆响声、林中嫩枝忽然被折断且黑暗中传来捕食者的低嚎声、飓风来临时妖风的尖叫，这一切声音都警告着他们，一个具有强大力量的东西要来了，你应该避开它。一万七千年以前，远远早于《星球大战》中的音速爆破被幻想出来之前，我们的某些祖先就认识到，如果你在一片平整的木头上打个洞系个绳子在上面，然后在头顶上绕着圈地甩它，就能制造出一个低频的嗡嗡声，像是低沉的咆哮之音，而且随着听者靠近或远离的时候还会有所改变。这个声音会让人联想到直升机，或者是一个发生了意外的时光机器。这种声学武器——吼板，在除南极洲之外的每个大洲的考古发掘现场都被发现过，而且吼板如今还在澳大利亚原住民的宗教仪式中被用来驱赶恶魂。尽管发声的原理非常简单，但它制造的声音却又大又复杂。木制"螺旋桨"在随着绳子转动时，会成为一个低频振荡器，而且其频率会随着靠近或者远离听者有所增高或者降低，这是来自于木板绕圈运动中的多普勒效应。大个吼板的声音很像大型动物的叫声与喘息，如果在夜晚的篝火边听到了这个声音，听者们一定会确信有某种体型巨大，且可能十分危险的东西被这个快速转动的东西召唤而至。而现在他们只能寄希望于这个东西和自己是一伙儿的，共同去对付黑暗中的其他力量。吼板因此是将声音作为心理武器的最早运用之一，尽管它本来的目标是针对一些超自然的存在。

声波武器在世界上各个地方的故事和现实中都出现过，涵盖着从古老的吼板，到当代例如远程声学威慑 LRAD 之类用于（或误用于）对付现代人群的非致命性武器。它们多种多样的应用依赖于各式各样的技术，从系在绳子上的一块骨片或木片，到高技术的相位阵列压电发射器。不过不同于许多其他武器，它们背后的故事和它所带来的恐惧，往往比武器本身更具威慑力。它们所具有的文化普遍性告诉我们，除了它们在世界上产生的实际效力之外，还隐藏着更多秘密，那就是我们对声音在心理上的依赖以及我们和声音的密切关系。

对于西方人来说，最早听过的声学武器可能都是靠物理作用的。根据《圣经》故事和一些考古研究，在公元前 1562 年左右，约书亚在耶利哥城与迦南人展开大战。战斗十分惨烈，最后城市的外墙都纷纷倒塌。根据《圣经》的记载，约书亚受到神圣启示，让他的勇士们同时吹响了手中的羊角号。羊角号更像是一种没有阀的小号，吹完之后，所有的勇士们又同时大喊了一声。就是这喊声的巨大共模谐波摧毁了城墙。约书亚和他的人在此役中做到了巡演乐队如今经常在做的事：他们把整座城都摧毁了，此外，荡妇喇合也帮助他们完成了这一次演出[1]。

这个故事是对能从物理上毁掉一件东西的声学武器最早的记载之一。于是我们也很好理解人们是如何相信足够巨大的响声可以让建筑物倒塌的了。如果有一群马闯进村庄，那么桌上的瓶瓶罐罐都会被震落在地。地震隆隆，房屋将应声倒下。近处空中响起一声惊雷炸裂，小路尽头的茅屋就会起火。人们听到一个声音并且体验到某些破坏性事件，就会形成一个快速的心理关联，认为空气中的声音要为这次破坏负责，而相比之下，通过地面传播的波则难以察觉，所以就不那么容易被认为是破坏的原因。虽然声音是通过振动的分子来传递能量的，但它还是需要一些相当专业的设备和在有限空间中释放的巨大能量，才能经由空气传播的声音来造成一定的物理冲击。

所以我们回过头来看这个问题：如果把羊角号的齐鸣巨响、士兵们的集体呼喊以及统一寂静进行了恰当的混合之后，真的有可能把城墙击倒吗？如果你和建筑工程师、考古学家或者声学家谈起这个问题，那么简短的回答是——不可能。故事中约书亚的勇士们所使用的羊角号可以产生非常巨大的声音，音量大约在 92 分贝、以 400 赫兹为基频，且根据声学家戴维·卢布曼（David Lubman）的说法，其中的谐波频率大约在 1200—1800 赫兹。这使得羊角号产生的力量和恼人程度与成年牛蛙相当。人类男性嗓音的频率范围是从 60 赫兹到大约 5000 赫兹，其中主要的能量都在 1000 赫兹以下。如果他用尽全力尖叫，音量最大也就能达到 100 分贝，虽然这个声音比牛蛙略大，但并没有大多少。卢布曼对耶利哥城的声学场景做

---

[1] 对在进行巡回表演中的乐队来说，"果儿皮"乐迷（groupie）在他们心中总是有着特殊的地位。

了一个分析：他假设当时有300—600个成年男性以超人类的精确同步率在吹响羊角号，在吹完的同时又完全同步地一起呐喊，那么他们的威力还是比能够从结构上进行毁坏的频率能量差了几百万倍——即使其材质是最脆硬的，即使他们就站在其正前方，更不用说他们声音的相位还需要同步到足够精确的程度，使得其对不同大小的物体产生共振。而这依然是一个不错的口耳相传的故事，虽然对历史的记载可能有所添改，但它更多地是讲述了我们与巨响声音之间的关系。

不过对于经由更致密介质进行传播的声音，那就是一个不同的故事了。因为住在距离美铁铁路线大约只有100米的地方，我能作证，700吨的火车以50—65千米/小时的速度经过时，其破坏性力量可以通过地面传播开来，我家墙壁和天花板上的裂缝都可以证实这一点。声音在高密度介质中的传播比在空气中的速度更快，因而它也减弱得更慢。另外，如果这个振动是在一个封闭结构中传播，比如建筑物的金属框架里，那么它很可能让这个结构产生共振——让一个物体与声源共同振动。假如这个共振一直能持续下去而没有被打断，那么共振就会累积到一定程度，使得整个结构产生金属疲劳，理论上可以使其损毁。

近代也有很多关于这种破坏的故事，其中一个就来自近代最才华横溢（且偶尔有些偏执）的发明家之一，尼古拉·特斯拉（Nikola Tesla）。特斯拉1856年生于现克罗地亚的一个小镇史密利安（Smiljan），后来他移民美国，并因其发明了无线传输技术和交变电流而闻名于世。不过在他的传奇事迹中，最吸引人的还是他关于电磁共振和声学共振的想法。根据他的几部传记和数不清的阴谋论网站的记载，在1898年，特斯拉正在摆弄一个小的机电振荡器，他把它连接到了一个铁棒上，然后放在了他位于纽约东休斯敦街的阁楼实验室里。故事说,当他让这个振荡器工作时,整个地板和空间都开始共振,使得房间里的小物件和家具都开始四处移动。接下来发生的事情就需要考证一下了:据说,这个共振通过建筑地基向外传播,使邻近的建筑物和商店都振动起来,窗户被震碎,还把旁边小意大利*和唐人街的居民都吓坏了。这共振据说一直持续到特斯拉被警察砸门警告了。当有人问起他是否知道是什么才让这一共振被中断时,特斯拉声称(其中有个版本是这么写的),他先去告诉附近居民这可能是地震,指引人们离开房间到街上去。然后他用一个大锤子砸掉了那个振荡器,阻止了这次人工地震。

不久后记者们就赶来了。特斯拉以他一贯圆滑谦逊的口气告诉他们,要是他真想的话,他已经在几分钟之内就毁掉布鲁克林大桥了。但是,后来,1935年《纽约世界电报》(the New York World Telegram)上刊出的文章指出,特斯拉给出了这一事件的略微不同的一个版本,声称这一事件发生在"1897年或1898年"。"忽然间,"他写道,"那地方所有的重型机器都开始四处飞行。我拿起了一个锤子砸掉了这个机器,否则的话整栋楼就会在几分钟之内倒塌。外面的街上一片混乱,警察和救护车都来了。我让我的助手守口如瓶。我们告诉警方,这必然是一次地震。这就是他们所知道的全部了。"特斯拉不光是一个发明天才,名下有700多项专利(其中包括上面故事中的振荡器,专利号514169和517900),众所周知,他还胸襟开阔地宣称他发明的设备原理多么简单但结果多么可怕,比如他曾经宣称"能够用5磅的蒸汽压力和他的一个振荡器就把帝国大厦弄倒"。

那么,这架"地震机器"真的有用吗?从理论上来说,是的。

---

* 位于纽约曼哈顿的意大利移民聚居地。——译者注

坚硬材质物体的简单周期性振动可以使其产生共振,这种共振最终能够达到戏剧性的失控后果。你可以自己去搜搜塔科马市窄桥坍塌的视频来看。这座桥由利昂·莫伊塞夫于1940年主持建设,通车4个月后,吹来了一阵每小时67千米的匀速风,产生了气动弹性颤振。在气动弹性颤振的情况下,如果在风压的作用下没有有效地减弱共振,那么建筑结构的自然共振会进入一个正反馈的循环,愈演愈烈。于是,这座桥开始振动,整个桥体以其自然共振频率画出优雅的波动循环,最终整体坍塌,落入下方的河流中。①

也有离我们更近的例子。伦敦千禧桥在2000年通车后不久,就开始被大家戏称为"摇摇桥"。在其通车仪式上,桥上行人的脚步就引发了桥梁共振,桥开始以一定的频率从一侧晃动到另一侧,当时管理者为了避免主体结构的损毁只好将其关闭了。所以说,振动是会引起共振灾难的。但是特斯拉的那种可以放进口袋的"振荡器"真的能在曼哈顿下城制造出人工地震吗?"流言终结者"栏目在2006年的一期节目中试图模拟这个实验。结果显示,一个完美调制的直线电机(就是一个振荡电机,是在一个方向上往复运动,而不是旋转式运动)能够让一个大金属棒产生显著的共振。但特斯拉的那个振荡器的复制品在任何距离上都没有表现出什么严重的效应。

"流言终结者"团队面对这样的挑战,保持了一贯的从不退缩的风格。他们倾全队之力,把这个振荡器安装在了一个服役多年的铁质桁架桥上,将它精确调制到整座桥梁的共振频率上,并且能够在一定的距离之外也探测到隆隆作响的声音以及振动。但桥梁本身并没有因此而受到太大影响。于是他们宣告,特斯拉的那个故事只

---

① 你在视频中看见的那条狗事后幸存了下来。

是一个谜。和众多类似的故事一样，问题可能并不在于它背后的理论，而是现实世界中的诸多细节。你可能确实可以用合适的振动来造成一个甚至多个建筑物的严重损坏，但是却需要一股恒定的67千米每小时风速的风，或者数千人的脚步，或者至少是一场地震。简单的共振可以放大坚硬封闭结构——比如像是一座建筑的框架——中的振动，但是每一个现实世界中的结构都会由于材质或是环境的改变而使其振动能力有所改变与削弱（这就是为什么我的房子没有在凌晨2点的货运列车经过时倒塌，它们比美铁的客运列车重多了）。就算特斯拉让他实验室中的小铁棒振动起来了，那铁棒是被埋在混凝土里、被土壤包裹着，并且与附近的居民楼相隔很远的。即使适当的频率引发了铁棒的共振，这个振动波一遇到低密度的材料就会被扭曲、减弱成为隆隆的声音。它更可能会让邻居们对这产生出的噪声心生怨气，而不会让他们全都跑出房间逃命。

不过考虑到我们的心路历程和神经结构，我们人类不断想象着声音应该会在大尺度上产生物理性破坏，而我们更具创造力的工程师、科学家和作家都在不断努力试图创造出声音武器。这可能就是为什么它们在科幻片中是主心骨了。在弗兰克·赫伯特（Frank Herbert）的电影《沙丘魔堡》中，魁萨兹·黑德睿可（Kwisatz Haderach）的追随者就用一条改良的纪律来约束大家将嗓音作为攻击性武器，让他们的嗓音可以摧毁城墙，就像约书亚的军队一样。在电影《少数派报告》中，警察所用的配枪中都是"音波子弹"，可以把人打晕。不过我最喜欢的幻想派声学武器是20世纪60年代马特尔（Mattel）制造的一个玩具——"零号特工M音速枪"。作为那个年代的传统，玩具制造商们会以好玩的名义制造具有过度杀伤力的玩具，这个枪使用压缩空气来产生一个150分贝以上的震耳欲聋的爆破声，它可以把卡纸叠成的小房子炸飞，还可以一枪把地上一大堆落叶打散。尽管它并非世界一流的军用设备，但它绝对应该被归类成一个声学武器，因为在"有幸"拥有它的孩子们中，家长们报告了多个遭受了永久听力损伤或者鼓膜穿孔的案例。如果你的目的是要把几个家长的耳朵搞坏，或者把一两个麦片盒打翻，那么它还真挺实用的。但是实际上，声音对物理客体造成损坏的能力十分有限，声学武器真正有效果的其实是对人心理和生理上的影响。

我们为什么要创造声学武器呢？人类这个物种投入了惊人的时间和资本来制造武器，同时却又公开谴责对武器的使用。多数武器的基本思想都是用能量来把有组织的坚固结构破坏掉，使其成为更加无组织、更不坚固的结构。尽管声学武器在除了小说之外的生活中并没有太大用处，但是声音在我们身上的效应对于另一些类似的事情还是有用的——比如可以对一个有能力制订和实施计划的有组织的心智，用它自身的神经联结来对抗它自己。声音作为警告信号的这个本质属性，从我们最深层的脑干一直延伸到我们最高级认知中枢。如果要用一种充满力量的方式使大脑变得不稳定，你只需要对其加上一些基本心理声学特征即可。回想一下进化生物学曾教给我们的：如果一个声音又响又低频，那么它一定很可怕；如果它响亮且有很多随机频率和相位组分（就像指甲刮黑板的声音），那么它一定很恼人；如果它声音响亮还不可回避，那么它就是让人困惑且失去方向的。而且最后，如果一个声音完全脱离开了背景，就像来自于一个不该来的地方，那么它就是会让人失去方向且让人害怕的。当然了，最有效的心理声学武器一定是结合了上述所有的这些情况。

想想你看过的几乎每部电影或者动画片，每当有东西从天上俯冲下来的时候——可能是导弹、小行星，或是捕食中的鸟儿俯冲向它可怜的猎物——总会有一些音效来增强你对于速度和即将到来的危险的感觉。不过在现实世界中，除了极端情况（比如火山爆发落下的岩浆块、冲入地球的小行星，或是战场上迫击炮的炮弹——这从听觉进化来看真是个新名词）之外，从高空向你冲下来的东西几乎不会产生任何噪音，更不可能提前发出警示。其结果就是，任何从上空袭向你的东西都格外吓人。

想象一下公元前220年发生在中国的这个场景：三国时，诸葛亮带领的蜀国战士们听到了一声奇怪的哨响，随即大量火矢从天而降，它们落在地上时发出尖叫和口哨的声音。三国时期的中国军事发明家发明了"鸣镝"，它是一种由弓发射的箭矢，箭头中空，在飞过天空时能发出高音调的尖叫声。已发现最早的鸣镝是由骨头雕制的，箭头很钝，根据汉代司马迁《史记·匈奴列传》记载，鸣镝实际上主要是作为军队中信号传递与情报交流的工具。后来，鸣镝的箭头做工更加精细了，上面打的孔更小，材质换成了铁，铸有一个或多个锋利的箭头，经常可以把浸了油的棉花放在里面点燃。鸣镝的角色于是明显从一个远程交流工具和家庭用品演变成了一个声学负载型的攻击武器，它不仅从上方坠落时会发出死亡般的惨叫声，还可以在此过程中让你着火。孙光宪（大约900—968年）在《定西番·鸡禄山前游骑》中表达了鸣镝的有力袭击给处于被攻击方的人所带来的极度恐惧："一只鸣髇云外，晓鸿惊。"作为一个用声音引发恐惧的武器，它们在一千年间取得了巨大的成功，而考古工作者也在中国、韩国、日本多地的发掘中发现了鸣镝的踪迹。

在更现代的时期里，来自上方的危险声音可能是在第二次世界大战中被人们所注意到并记住的，尤其是来自纳粹的"容克斯

（Junkers）87"轰炸机,它更广为人知的名字是"斯图卡"（Stuka）。就好像一架用来轰炸和低空扫射敌方部队与平民的高能轰炸机还不够吓人似的,斯图卡还配备有另一个特殊的装备:一个可以发出哀号声的汽笛,它的名字叫作耶利哥小号（Jericho-Trompete）,这名字很恰如其分。耶利哥小号是一个通过小螺旋桨把空气送入发声腔而启动的汽笛,它可以制造出一种咆哮的声音,随着飞机俯冲下去越飞越快,这个声音会越来越响、音调也越来越高,只有当用上了空气制动而飞机进入平飞状态时声音才会被切断。斯图卡造成的心理学效应——它俯冲向目标、随着接近而尖叫声越来越大、只有在扔下了死亡炮弹之后才会变安静——成了纳粹的一个重要宣传工具,并且深深烙印在幸存者和军人的心中。以至于在后来变成了一大批要表现空袭或者飞机坠毁的电影里标志性的声音效果。

斯图卡和其后的 V1（也叫"嗡嗡炸弹"）引起的恐慌并没有结束。在"二战"之后,由于核战争的威慑,直接军事冲突变成为更小更可控的冲突,情报和军事组织开始投入更多的注意和经费到那些能尽量减少实际战场活动的战术上,并更依赖于对敌方部队与平民的操控。因此,各种各样的心理行动组应运而生,他们在美国最常为人所知的名字叫"Psy Ops"（心动小组？）。心理行动组是从中央情报局的特别活动科（SAD）分离出来的,主要执行心理与准军事活动。而在 20 世纪 60 年代,军方的几乎所有分支中都有了他们自己的心理行动组。其中一个特别有趣的项目是在越南战争期间使用的,叫作"徘徊的灵魂",它的亮点在于创造性地运用了复杂声音来操纵高压力水平下的人群,这个技术同样也必须面对几乎是最难以解决的问题。"徘徊的灵魂"本身是一段录音,它试图用越南的传说和信仰来对抗当地人。越南人和其他亚洲人相信,如果人死后没有安葬在自己的家乡,那么他的灵魂就会永远备受折磨地四处

第九章 武器与怪诞

游荡。

这一信仰就是盂兰节或者鬼节的由来。这一节日在中国的农历七月十五，东南亚也在同一天过这个节。这一天，祖先的灵魂会回到故土，来和他们的后代相聚，也让那些被得体地铭记与安葬了的游荡灵魂归于休息之地。因此在1968年，心理行动组的工程师制作了一个卷盘式磁带。它有点像一个粗制滥造低成本电影的声效设计，不是为了在影片中播放，而是用来恐吓越共，让他们投降或者至少是放下武器。原始的录音磁带有大约4分钟长，包含了越南传统丧葬音乐，小孩呼喊着父亲的阴森可怕的号哭声，还有一个女人的嗓音诉说着她的丈夫在战争中无谓的阵亡。一些衍生版本用到了老虎的录音以及各种不同的脚本，比如笑声、小孩的哭声、哀悼声，所有的声音都加上了极重的混响和回声，营造出一种闹鬼的氛围。每到深夜，这些磁带就被美军第六心理行动组的直升机和飞机用侧面悬挂的巨大多音响阵列播放出来，他们希望这样可以让村民们放下武器、让游击队员投降而不再作战。其背后的理念被总结为第五特种作战中队的非官方口号："攻身为下，攻心为上。"

然而这方法有多大效果呢？现在是21世纪了，你读着这些内容应该觉得它就像是一盘万圣节音效的CD一样。想象一下当你被人追杀了几周甚至几个月之后，每晚都在丛林中一遍又一遍地听到这样一盘磁带被不停地大声重复播放着，那是怎样的一种感觉。心理行动组的指挥层显然在这方面投下了重资，因为他们相信，使用当地文化特有的与死亡和损失相关联的音乐，再结合上最新的电子特效技术，就可以将声音渲染得神秘而恐怖。但他们显然漏掉了一个关键点，那就是在这个磁带播放的同时还有清晰可闻的飞机引擎噪音。尽管在20世纪60年代，"美国人掌握着优于其他国家的一些技术诀窍"的心态在整个指挥层无处不在，但无论是哪个国家的人类，只要听到鬼一般的声音和飞机螺旋桨与引擎的声音一起出现，很快就能做出关联，知道这并不是一个超自然事件，然后迅速地把注意从这种神秘莫测的声音上转移走，去对这个武装飞机所造成的军事威胁做出响应。事实上，后来对此的典型反应是，一旦"徘徊的灵魂"磁带开始播放，当地士兵就会立刻开始以声音来源为目标，将所有的火力对准它，比赛着试图将该声源击落。于是这导致了军事策略的改变，这个声音被当成引诱地面火力攻击的诱饵，让后面跟着的第二架飞机可以轻松定位地面火力而对其进行打击。为了把这个声学武器发挥到极致，第二架战斗机经常还会播放另一个录音，叫作"哈哈盒"，这是一个非常让人不爽的笑声，在把开火的地面力量端掉之后播放。所以，尽管"徘徊的灵魂"是一个声学武器，但在交战双方习惯了它的出现之后，它的角色发生了显著的改变。

不过那并不是情报界和军队试图把声音当作武器的最后一次，后来他们也进行了其他尝试，得到了时好时坏的结果。1989年12月20日，"正义事业行动"开始，美军第82次空降于巴拿马城附近的托里霍斯（Torrijos）国际机场，目标是抓捕并推翻曼纽尔·诺列加（Manuel Noriega）。行动在一周内就结束了，不过复杂之处在于，诺列加本人已经被梵蒂冈大使馆庇护起来了。美军心理行动组的音响小队立即出动，开始广播大音量的音乐。根据当时的报纸报道，广播的音频材料多种多样，包括"指甲刮黑板的声音"，还有高能的美国摇滚音乐，声音大到可以把耳朵震聋［第一首据说是枪炮与玫瑰乐队（Guns N Roses）的《欢迎来到丛林》］。播放的曲目据称是向军队广播电台的 DJ 们询问过的，包含许多高能量的歌曲，像是冲撞乐队（the Clash）的《我与法律抗争》，布鲁斯·库克本（Bruce Cockburn）的《如果我有个火箭发射器》，还有纳萨雷特（Nazareth）的《狗毛》（不过在12月25日，据说是把圣诞音乐播得震天响）。《新闻周刊》将此事贴上了"美国历史上最匪夷所思的心理行动"的标签：

> 问题在于，尽管这好像是有人用基本的大声噪音和重复播放来给诺列加施压并把他逼出来、离开他的庇护所，但是本报采访了多名当时在场的军方官员，他们都指出这些大声的音乐并不是为了操控诺列加的，而是在那里用噪声屏蔽别的媒体的抛面传声器和其他长程麦克风，使他们不能获得会谈的信息，也无法对里面举行的关于如何让诺列加和平离开的协商进行报道。心理行动组的音响小队仍旧在将大声的音乐作为一个声学战术，但是它不再是直接影响对手的一种方法，而是作为一种混淆信息、作为一个提高安全系数的技术被使用。

然而情报界却仍然从中看到了将声学武器应用于个人用途的机会。在20世纪70年代，有几个有趣的授权专利描述了运用调制的微波能量作为载体，在一定距离之外把声音直接输入听者的脑袋。为数不多的第一手信息将这个技术描述为一种潜在的可防止任何外部窃听的通信设备，可以直接从信息源头与目标人物的大脑进行交流，而没有任何外部声学能量的泄漏。基于这个时代情报界的趋势，有人说这一技术更有可能被用作一个心理干扰器，让人们认为他们听见有人说话或是别的声音，好把他们逼疯。那么这样一个系统真的有用吗？从某种程度上来说，是的。

你能知觉到微波能量，但并没有办法真正利用它。在雷达刚出现的时候，人们首次发现人类是可以听到电磁能量的。一些操作员声称，他们在走过雷达发射器前方时，能够听见特别的嘀嗒声。

1974年，肯·福斯特（Ken Foster）进行了后续的研究，表明受试者真的可以探测到微波能量。不幸的是，这并不是因为某些特别的神经感受器可以专门感受电磁波谱，事实上，这只是足够大的微波能量——就像你家微波炉的工作原理一样——以不同的速率把耳朵的不同部分加热了，所以听者听到的实际上是他们的内耳在被"烹饪"的声音。

不过，将微波调制到声学上合适的级别来发射，以此控制热损伤幅度这一想法还是被保存了下来。不是把它当作一个超级绝密的通信频道，也不是作为心理行动组的设备来让你以为你听到什么人说话，而是作为一个旨在控制人群的设备。内华达山脉公司正在筹划建造一个非致命微波镭射枪，名叫美杜莎（MEDUSA，"使用无声音频对暴徒进行过激威慑"的简称）。这种枪的初始研发来自于军方的发明创造经费，他们的想法是，这个设备可以用于传送足够响的嘀嗒声，将人们从一个区域驱离出去。但问题是，如果你要创造一个在背景之外很难被听见的声音，你就需要将微波能量以40瓦/平方厘米的功率向外传播。考虑到微波辐射的安全上限是大约0.001瓦/平方厘米，这方法听上去更像是一个烹饪人类的食谱，而非控制人群的有效方法。

根据你的目标不同，其实也存在更好的方法来把声音以一个紧凑的半径散布到远方去，那就是使用压电扬声器。定向压电扬声器与我们更熟悉的基于隔膜的扬声器的工作原理有所不同。它并不是用电信号来诱发磁场强度的变化来振动锥体，压电体是用特殊的材料对电压产生直接响应而进行振动。其主要优势是它们可以比机械扬声器振动得快得多，从而可以发出波长极短、频率上达超声频段的声音。这一点是十分有用处的，因为波长更短的声音更能抵抗衍射。这也就意味着它不会像长波的声音那样容易

第九章 武器与怪诞

散开。所以，只要你给它注入了足够的能量，你就可以得到一个长且相对窄的声学"聚光灯"。记住，在同一能量水平下，频率越高，范围就越短。

而这些定向压电扬声器一般都使用 60—200 千赫的频率，远远超出人类的听觉范围。为了在如此高频率的载体中埋下一个可以被听见的信号，你实际上需要用扬声器播放两个单独的信号：一个处于载波频率（比如说 60 千赫）的稳定参照音；另一个是用可听见的信号进行振幅调制（AM）的波，频率在 60—80 千赫之间变化。当这两个信号到达你的耳朵时，它们会发生互相干涉，相长相消，最终只留下两个波的差异，这个差异就处于你的耳朵能听见的频段了。你在许多博物馆中都可以体验到这种超声调制，这个类型的扬声器可以让你在走到某个画作或者雕塑前时才能听到解说。它只发射到一个非常窄的区域内，使用非常高频的载波来限制其传播，所以它不会对区域内其他的声音产生干涉，你也就不会听到其他展品的解说词与此重叠在一起了。

那么这个可以被用作一种心理上的声学武器吗？这是可能的。几年前我曾购入了市面上能买到的一种元件，一个超音速音频聚波器，并指望它能在实际工作中派上用场。当你想弄明白一种动物的发声行为时，你会遇到这样一个问题，就是如何只把信号发送给一只动物，而不是整个一群动物。我的想法就是用这个聚波器来给飞行中的蝙蝠或者正在鸣叫的青蛙发送信号。但在两种动物身上都立刻出现了问题：对蝙蝠而言，60 千赫恰好处在它们回声定位的频率范围中间，所以一个半米宽的 60 千赫声波对于蝙蝠来说等同于直接对着你的眼睛照射强聚光。所有的蝙蝠都避开了它。[1]另一方面，尽管青蛙不会在意载波信号的频率，但把信号融入载波的振幅调制技术没有办法把 300 赫兹以下的声音混合进去，而这个频率却是大部分青蛙使用的频段，所以它们就坐在那里，完全忽视了我的信号。

结果就是我多了一个很贵的声学玩具，成了一个手上有大把时间的略微疯狂的科学家，所以当然了，我就把它带到我夫人在纽约威廉姆斯堡区的跃层公寓去了。我把它挂在窗户外面，将一个麦克风连接到输入接口上，然后等待我们认识的人走过窗前的那条街。第一次尝试是在我的一个朋友身上，他当时正走到这个街区的一半。我用这个聚波器向他悄悄说道"你欠我 50 美金"，他的反应是立刻回身看向四周寻找我的身影，然后扫视整条街道来看这说话声到底是从哪里来的。我等到他平静下来一点儿并且走得更近了之后，又说"要不然是 100 美金？"就算这 100 美金我再没能从他那里拿回来，他接下来的反应也完全值回票价了。他迅速地再次扫视了整个区域，然后飞奔到我家拼命地砸门。我请他进门之后，询问他是否安好，因为他看起来濒临崩溃了（为此我又失去了更多朋友）。

这就是把此类声学工具用于心理操纵时遇到的问题：我的朋友知道，只要他的耳朵发生了什么奇怪的事情，很有可能就是我在搞鬼——尤其是我手上又有了新设备的时候。同样的道理，人们在博物馆、机场、赌场和酒店里都体验过这种被限制的声音，但他们并不会认为自己听到的是来自一种超自然力量的说话声，也不会觉得声音来自他们自己的脑袋里面——他们会觉得这是他们在体验某种科技所产生的效果。有一些公司甚至在研发一种装有面孔识别软件

---

[1] 这也使得我成为把 LRAD（大范围声学设备）用在蝙蝠"示威者"身上的第一人。

第九章 武器与怪诞

的摄像头，搭配上定向扬声器，可以针对路过店铺的人有目标地播放不同的广告。科幻电影里的场景正在我们的生活中出现，它的目标不是你的理智，而是你的钱包。

目前，长距离定向扬声器已经被用于声学武器科技了，并非是为了把说话声直接放到人们的脑袋里，而是要去利用我们对响亮、刺激性声音的恐惧反应来对付我们自身。在"9·11"事件之后，关于它们的故事就不断涌现出来，几乎所有的线上线下新闻媒体都开始谈论"不寻常的武器"，还有它们的所发出的恐怖声音，比如指甲刮黑板的声音，或是把婴儿的哭声用巨大的音量倒着播放，意图把它所在范围内的人都驱离出去。虽然任何曾经被困在一架飞机上或其他封闭环境中听过婴儿尖叫的人，都知道这个声音多么有刺激性，但就算哭声是用婴儿典型的80—90分贝高音量播放，也没什么人会在高空中打开紧急出口跳出飞机来逃开这个声音吧。

这些故事在之后的几年中不断出现，但在正规媒体中越来越少，在来路不明的网页上却越来越多。直到2004年，在纽约市举行的共和党全国代表大会上，有人看到执勤的警察用一辆车装载了一个大型的黑色圆形扁盘，这一特征与当时刚刚上市能买到的高能压电扬声器的外观非常相似。当时还没有什么人用这种东西，但在短短几年内，它就被标识为大范围声学设备（LRAD），并在2009年匹兹堡的G20峰会期间首次被用于应对游行示威者。LRAD和音频聚波器可不一样：虽然它也用了压电扬声器的一个相位阵列来产生一个可以投射出去较长距离且发散程度较低的声音圆锥面，但它不使用超声，而是用大约2千赫频率附近的声音，这正是我们人类最优听觉范围的中心频率。它创造出一个极其强大且尖锐的声音，可以激活任何人大脑中的"战斗或逃跑"环路。

曾经接近过这种设备的人表示，他们听到这个声音时有一种强烈的想要跑开的渴望，有的人还说他们感到极度恶心和恐慌，而这两种反应都是由他们的交感神经系统的要素来调控的。如果一架 LRAD 开始工作，那么它距离 100 米内的人都有遭受短暂听力损伤甚至可能是永久听力损伤的危险。有些航海者认为 LRAD 可以帮助他们暂时抵挡海盗的攻击，但考虑到两船之间的距离，它的作用更多地只是一个警示信号，而不是能直接让海盗举手投降的武器。不幸的是，它的使用场景大多是把游行示威者赶出某个区域，最近的一次是在"占领奥克兰"示威行动中，LRAD 被用于攻击示威者，完全不顾及直接对着他们耳朵播放震耳欲聋的巨大声音对长期听力健康和创伤情绪所造成的恶劣影响。所以我们现在是有了从心理层面上作用的声学武器，并且一般都被控制在警方和军方手上，然而它们的长期使用价值还需要进一步的考量。正如史蒂夫·科尔伯特（Steve Colbert）指出的，尽管这些设备对没见过它的目标人群十分有用，但如果人们面对这个新东西不再恐慌，并且上街游行的人开始戴着降噪耳机或者仅仅用手指塞住耳朵，那又该怎么办呢？未来，声学武器是否会把功率不断放大，最后找到方法对目标人群造成实际伤害，但又不把他们全杀死，就为了能继续披着"非致命"武器的外衣来获得研发经费资助呢？

　　声音无疑可以在生理层面上对人产生影响，而且这些影响不全都是间接的生化作用，像是涌上大脑和身体的血液中有着引发恐慌的肾上腺素或皮质醇那样。恰当类型的声音实际上真的可以导致耳朵和身体其他部位的物理损伤。120 分贝左右的声音已经位于疼痛阈值了。你的耳朵中充满了不受约束的神经末梢，它们是作为痛觉感受器来警告你某些潜在的损伤事件，包括高于一定水平的噪音，以及在外耳道掏耳朵还离得远着的棉签。在 120 分贝的响度下，空气分子的振动幅度产生出极大的压强变化，大到让你的鼓膜被延展

第九章　武器与怪诞　　217

到失去控制，并使你的毛细胞（尤其是靠近鼓膜的对高频声音敏感的那些毛细胞）有脱落的危险。

你的耳朵有一个压强减缓的系统，叫作卵圆窗。它会随着内耳液体被推进或推回而向内或向外伸缩。然而，即使是这个系统也只具备有限的减压能力。当声音的音量刚超出这个水平时，你的毛细胞就会开始出现潜在可恢复的损伤，这也导致你的听觉敏感性降低，一开始是高频听力，然后随着声音越来越响，受损频谱逐渐向下移动，你对低频的听觉也没有那么好了。如果响亮的声音持续时间相对较短或是没有超过 120 分贝太多，那么听力缺失就是暂时的，而且通常只局限于一些特定的频率有损失。若是你听到了一种响亮的嗞嗞声，你就能辨认出是发生这种损伤了。嗞嗞声的时间长度变化不一，取决于你暴露在某个特定声音下的时间有多长（我深刻体验到这一点是在听一次摇滚乐现场时，我离几个音响太近了）。不过如果声音超过了 160 分贝，比如离爆炸现场很近、在拆迁现场工作或是与重型机械近距离接触却没有采用听力保护措施，那么你就会受到永久的严重损伤，包括鼓膜破裂、耳鸣甚至全部或部分地永久失聪。这就是为什么大多数入门级和专业级音响放大器都有一个截断电路，它是为了保证你不会听到比这个更大声的声音。这就是为什么 LRAD 虽然理应是一个心理上的威慑物，却被划定到物理损伤类装备之中：它在 1 米范围内放出 167 分贝的巨大声音，但由于它的声波形状在传播中较为聚集的属性，它发出的危险声音一直可以波及设备前方几十米范围。

被打上"在未来很危险"标签的声音通常是超声。我觉得凡是前面带有"超"的词语，都会让人从认知上和文化上特别兴奋，而且让科幻作家们感到一种必须要把它们用到未来主义场景中的需要，比如像《星际迷航》原初系列的"上帝毁灭的人"和"通往伊甸园之路"这两集，还有《第十三号仓库》中"决不再"这一集里的超声钹。当把超声与高科技的成像设备关联起来，它又能对人们有所帮助，像是 2D 和 3D 的医学成像设备，以及"阴谋论"网站上的大量故事，讲述着超声是如何被用来操纵控制着人的心理，就像在音频聚波技术中一样。然而不那么酷的真相是，要把超声作为武器有着很严重的局限性，因为它的工作范围十分有限。

超声是指位于人类听觉频段上限附近的声音，在 20 千赫左右。这些高频声音相比于低频声音不太容易衍射，然而它们的短波长使得它们丢失能量却要比低频的声音快得多。所以如果要让超声在各种距离下起作用，就需要非常多的能量。蝙蝠回声定位所使用的超声频率高达 100 千赫而响度在 120 分贝，其工作范围是在 10 米之内。深海中的一些海豚会使用频率高达 200 千赫、音量 130 分贝的超声，这让它们或许在 17—28 米的范围内都是有用的。但在以上这两种情况中，超声信号也仅仅是被用来探测环境中的物体的。如果要让超声造成任何物理上或是生理上的效应，那么它必须具有非常高的能量、非常高的频率以及非常近的距离。在此情况下，大量的能量被塞进很紧密的一束超声之中，这样它不光可以产生用于医学成像的回声，也具备了形成冲击波来粉碎肾结石的能力。这让医用超声听起来好像是一个小规模的声波武器，不过重点是，医用超声的声波频率在百万赫兹左右而不是几千赫兹，而且要与被治疗的组织紧密接触，往往还要借助一种凝胶的帮助而在传感器头部和皮肤之间形成一种液体密封状态。那么如果你把超声源移远一些又会发生什么？你还能用一束超声来把某个东西震碎吗？恐怕这就不行了。一定距离之外发放的超声波的能量——即使是非常高的能量——绝大多数也会被你的皮肤反射回来。就算你把超声波直接对着别人耳朵来发放，它甚至都没有足够的能量来让任何毛细胞摇晃

第九章 武器与怪诞 219

一下，更别说脱落了。因此除非有人弄出了一种高能量单元，能发出响度数百分贝、频率在几百万赫兹的超声，否则超声武器对你来说都是安全的。

不过在频谱的另一端——次声域中，情况就截然不同了。人们通常完全不把次声当作声音。你既能听到88—100分贝以上响度的非常低频的声音，也能听到几赫兹的超低频音，但只要频率低于20赫兹，你就无法从中得到任何声调信息——这样的声音对你来说就像是跳动的压力波。就像任何一种其他声音一样，只要音量大于140分贝，它就会让你感到疼痛。然而次声的主要效应其实不作用在你的耳朵上，而是作用在你身体的其他部位上。

在布朗大学的生物医学楼中有一部电梯（希望现在已经修好了），我听见有人管它叫"地狱电梯"。这并不是因为它的目的地是地狱，而是因为电梯天花板上的吊扇有一个叶片弯了。电梯轿厢本身是典型的那种老型号，就是一个2米×2米×3米的盒子配上必备的嗡嗡响的荧光灯管，这让它们成为低频声音的绝佳共振材料。一旦轿厢门关闭，你其实不会听到任何有异样的声音，但会感觉到你的耳朵（以及你的身体，如果你没有穿大衣的话）以大约每秒4次的频率跳动着。即使仅仅上升两层楼也会让你觉得特别恶心想吐。风扇本身并没有多大能量，但是弯曲损坏的其中一个叶片以一个特定的速率改变了气流，这速率正好匹配了轿厢的空间尺度。这就是所谓的振动声学综合征的基础——次声输出的效果不是作用在你的听觉上，而是作用在了你身体里各个充盈着液体的部位上。

因为次声可以影响到人的整个身体，所以自20世纪50年代以来，军方和研究机构都对它进行了认真研究，其中很大一部分是由海军和NASA来做的，他们试图搞明白当人们在大型且嘈杂的舰艇上，要么是有震动的大引擎，要么得待在火箭顶端被送入太空，那么人们一直待在上面会不会受到低频振动的影响？而且，看起来似乎和军方的任何研究项目一样，这一课题在社会上也充满了猜测和谣言。在众多"默默无闻"的次声武器研发人员中，有一位生于俄罗斯的法国研究者，名叫弗拉迪米尔·戈夫罗（Vladimir Gauvreau）。根据当时大众媒体上的报道（还有很多到现在还有待证实的小网站），戈夫罗着手去研究他实验室中一个关于反胃的情况，这种恶心的感觉据说只要在某个排风扇被关掉之后就会消失不见。他随即启动了一系列实验去研究次声对人类的影响效应，他那还未发表的报告结果包括从一场次声的"死亡包络"的时间缺口中救下了受试者，而他们的内部器官由于暴露在一个次声波汽笛下而被"变成了果冻"。

据称戈夫罗仿照特斯拉的方式将这些申请了专利，而它们则构成了政府秘密研制次声武器计划的基础。如果你相信那些轻易就可访问的网站信息，你会觉得这绝对算得上是声学武器了。但是，当我开始对此深究的时候，我发现尽管戈夫罗确实存在，而且做过声学研究，但他只在20世纪60年代写了些文章，描述了人类暴露在低频声音（不是次声波）下的状态，发表在当时一些相对次要的期刊上，而且传闻中的那些专利没一个是真的。近年来后续引用戈夫罗研究的次声波研究论文都在指出，让新闻界抓到某项复杂的研究工作可能会造成多么大的问题。我自己的理论是，之所以他的研究能流传至今甚至进入了阴谋论的编年史，是因为弗拉迪米尔·戈夫罗听起来是一个疯狂科学家会有的名字，有这样名字的人必须得搞出点儿事情才行。

抛开阴谋论来说，次声的特性确实让它有成为武器的可能性。次声的低频和相应较长的波长使它更能够绕过或是穿透你的身体，创造出一个震荡压力系统。根据频率的不同，你身体的不同部位会发生共振，从而能产生很不寻常的非听觉效应。举个例子，在相对安全的水平下（小于 100 分贝），频率在 19 赫兹呈现的声音：如果你坐在一个质量上乘的低音炮音箱前面，然后播放一个 19 赫兹的声音（或者如果你能找到一个声音编程员，让他帮忙弄一个能听到的声音然后调制到 19 赫兹也行）。这时，记得请取下你的眼镜和隐形眼镜。你的眼睛将会抽动。假如你把音量提高，逐渐逼近 110 分贝，你可能甚至开始在外周视野看到五彩六色的光，或是在中央视野看到一块鬼魅般的灰色区域。这是因为 19 赫兹是人类眼球的共振频率。低频的脉动开始扭曲眼球的形状并且对视网膜产生压力，进而通过压力而不是光线来激活视锥细胞和视杆细胞。① 这种非听觉效应可能就是一些超自然民俗的基础。在 1998 年，托尼·劳伦斯（Tony Lawrence）和维克·谭迪（Vic Tandy）为《心理研究协会期刊》写了一篇文章，叫作《机器中的鬼魂》，其中讲述了他们是如何对"闹鬼"实验室一探究竟的故事：实验室的人描述说看见了一些鬼一般的灰色形状，而当人们转过去面对它们的时候，形状却消失了。他们在检查了整个区域之后，结果发现原来有一个风扇正在以 18.98 赫兹的频率和这个房间共振，而这个频率几乎正好就是人眼球的共振频率。当风扇关掉了以后，闹鬼的故事也停息了。

你身上几乎每个部分——基于它们的体积和构成不同——都会在能量足够时以特定的频率振动。人类的眼球是被液体充盈的卵形、肺是气体充斥的膜状物，而人类的腹部则充斥着各种各样的液体、固体与充满气体的囊。所有这些结构在人体受力时的伸展幅度都是有限的，所以如果你在一个振动的背后提供足够的能量，这些结构就会随着围绕在周围空气分子的低频振动而舒展与收缩。由于

---

① 你在暗室中揉自己的眼睛也可以获得相似的视觉呈现，这叫作"光幻视"。

我们并不能很好地听到次声频段的声音，所以我们通常无法觉察这些声音到底有多响。在 130 分贝的音量下，无论是否有正常听力，内耳都会开始经受直接的声压变形，这会影响到我们理解话语的能力。而如果音量增大到 150 分贝，人们就会开始抱怨说自己感到恶心，而且感到整个身体都在震动——通常是在胸部和腹部，它们是体内两个巨大的空腔，里面充满了液体和像你的内脏那样湿润的固体。① 当音量达到 166 分贝的时候，人们开始注意到自己呼吸困难，因为低频的脉动开始影响到了充满气体的肺，当声音达到 177 分贝这个临界点时，0.5—8 赫兹的次声波实际上能够导致由声波诱发的人为异常节律呼吸。此外，通过一些基底（比如地面）而传来的振动可以经过骨架传遍你的全身，随之会引起你整个身体在竖直方向上以 4—8 赫兹振动，在水平方向上以 1—2 赫兹摇摆起来。这种全身性的振动效应能导致诸多问题，短时暴露会出现骨骼与关节损伤，而长期暴露则会导致恶心以及视觉损伤。次声波振动的共性（尤其是对于重型机械操作行业），迫使联邦政府和国际健康安全组织创立了相关指南，限制人们暴露在这类次声刺激之下。

既然身体的不同部位都会共振，而且共振具有很强的破坏性，那么你能借此建造出一个实用的次声波武器来有针对性地引发一个特定的低频共振么？这样我们岂不是就不用非得扛着大约 45 千克的放大器或是把你的目标人物锁进电梯轿厢里了？比如说，假设我是一个疯狂的科学家（这种假设太夸张了，我知道），想要制造出一种用声音就能让别人脑袋爆炸的武器。在我们的研究中，有一部分就是通过特定类型的助听设备观察骨传导的情况，从而计算出人

---

① 这可能就是我在本章一开头描述的，我那个放大器放出的扭曲声音的音量，因此这就是内脏效应。

类颅骨的共振频率。一个干燥的（就是取下来放在桌上的）人类颅骨有一个显著的声学共振频率，在大约9—12千赫，稍小的颅骨可能在14—17千赫，甚至更小的在32—38千赫。这些声音都很方便获得，因为我不需要非得拖着一个巨大的低音发射器，这些频率大多数都不是超声，所以我也不需要担心得去给颅骨抹上凝胶来让它爆炸。因此，如果我用声波发射器发出两个共振峰恰好在两个最高共振频率点——9千赫和12千赫、音量大概在140分贝的声波会如何呢？然后我就可以等着你的脑袋爆炸了么？好吧，这可能需要等上一阵了。事实上，除了或许能让那个放在桌上的干燥颅骨稍微震一下之外，我们什么都做不了。而对于一个活生生的脑袋，除了能让他转向你来看看这个烦人的声音是哪里来的，我们更是什么也做不了。

　　问题就在于，虽然你的颅骨在这些频率上能振动得最厉害，但它被四周柔软湿润的肌肉和结缔组织包裹住了，里面还有黏糊糊的大脑和血液，这些东西根本不会在这种频率下共振，因此共振振动完全衰减掉了，就像在你的立体声扬声器前面放了一块小地毯一样。事实上，如果在同一个研究中把活人的脑袋用干燥的颅骨替换，那么12千赫的峰会比原来低上70分贝，而最强的共振峰也会变成200赫兹。即使是这样也比干燥颅骨最高的共振峰强度低30分贝。你可能需要用240分贝这样量级的声源才能让头部产生破坏性的共振，到这时还不如你直接举起发射器把他脑袋砸碎来得更快些。因此，尽管我们依旧没法用次声来帮自己防御那些危险的脑袋瓜，也没有找到所谓的"棕色声音"来调戏我们的朋友们，次声还是会对鲜活的身体带来一些潜在的危险。只要你有一个大功率的气动位移装置，或者要在一个密闭空间中工作很长时间，你都会有这种风险。

很抱歉在声学武器方面让大家扫兴了。我其实一直想要把我地下实验室的很多扬声器都连起来，然后跑到各处去在东西上轰个窟窿，再把大坏蛋都赶走。但多数的声学武器都没有说的那么厉害。像 LRAD 这样的设备确实存在而且具有一定的威慑力，但即便是它们也有很显然的局限性。一个手持的声波破坏器可能需要等到能源技术和换能技术等方面有了重大突破才会出现。不过在未来，声音的运用也许会有更广阔的空间，而不仅仅是去破坏东西。

第十章
声音的未来

> 欢迎来到声音的未来世界！这里有人工生长的耳朵！声波破坏器！可植入的微型声呐系统！次声隧道挖掘机！聆听一下火星上风吹起沙尘的声音吧！和谐音肠易激综合征有了疗法！

我热爱未来主义。虽然它总是至少有一半是错的，但它经常给人启发，并让你在读到一篇有关某种疾病的疗法已初见曙光的最新博客时有可以思考的东西，即便这种疗法目前实际上只对一个卫生环境堪忧的实验室里4只基因改造的老鼠起作用。

我对这些研究并没有失去耐心的一个原因是，我对那些试图预测接下来会发生什么的人总是深有同感。对任何领域来说，关于前沿事物的写作会面临的最大问题就是，这个"前沿"会不断在你身后向前推进，把你的那些预测撕得粉碎：要么是你预测的东西在印刷出来时已经显得过时了，要么是它们最后被证明完全是错的，让你显得无比尴尬。当我还在写这本书的初稿时，我回想起1998年我作为博士后去参加了神经行为学的戈登会议。其中有一个议程就是讨论听觉神经假体的进展，也叫植入耳蜗或人工耳蜗。植入耳蜗基本上就是一种微型麦克风，它连接着滤波器和放大器，将声音转化成电脉冲，然后这个电脉冲被直接送入听神经以补偿失去功能的内耳的作用。第一个简单的单信道人工电子耳蜗是在1961年由洛杉矶豪斯听觉研究中心的威廉·豪斯（William House）博士研发出来的。这种早期的元件并不好用，它们确实能让听障人士"听见"，但是声音的质量实在是太差了，以至于它基本上只能作为读唇的辅助物。三十七年以后，到了这场会议的时候，已经出现了24信道的人工电子耳蜗，在某些案例里它的声音质量好到已经足以让重度听障的人真切地听到并欣赏音乐，还可以听懂别人说话。而这个设备直到今天还在不断地改进中。

华盛顿大学的埃得温·鲁贝尔（Edwin Rubel）是研究噪声导致听力损伤的世界级专家之一，他还是进行毛细胞再生研究的一位先驱。他提出了一个观点，在会上引发了更有趣也更激烈的一场争论。在人们争相夸赞植入耳蜗时，埃得温站起身发表了一番慷慨激昂的讲话，表示植入耳蜗是一个非常糟糕的想法。他的观点是，一旦未来的某天我们掌握了让受损毛细胞重新长出来的生物医药和技术方法，那么所有已经佩戴了植入耳蜗的人都没有办法再从这样的疗法中获益了，因为把金属电极插入到听神经中会对耳朵的基础设施造成非常巨大的损毁，以至于无法留下足够的功能组织好在未来再生出任何东西。他非常坚定地站在自己的立场上，表示如果他有孙辈聋了，他一定会强烈劝导其父母**不要让他们的孩子装上人工电子耳蜗**——因为我们正处在能够重生毛细胞能力的边缘上，并且很有可能让听障人士重新获得正常听力。对这个观点最响亮的反对也是在临床和基础研究间的争论中经常出现的：植入耳蜗现在已经做出来了，而能够自然重生出耳朵的动物却依旧只有鱼、青蛙和鸟类。之后多年过去了，临床学者们的主张现在看起来似乎是正确的：数百万的资金投入到了科研之中，但对成年哺乳动物的毛细胞重生研究几乎没有取得任何进展。

因此，当我开始写这部分关于声音和听觉的未来的章节时，我想要涉及的一点就是关于神经假体的未来。自从1998年以来，神经假体逐渐变得可靠，也变得复杂起来。这有一部分是源于我们对大脑有了更多的了解，但另一部分也是因为更好的生物兼容型材料的出现，它们长时间留在体内对身体的伤害减小了。神经假体正在被用于防止癫痫发作、减轻慢性疼痛，而且有些甚至能让闭锁综合征患者和环境产生一定的互动。（闭锁综合征一般是由腹侧脑桥受损导致的四肢瘫痪和无法说话。）神经假体看起来似乎就是未来的（也是当前的）方向。然而接着，一篇我们许多人都以为二十多年后都不会读到的文章出现在了美国国家科学院院刊上，那是斯坦福大学的大岛一男（Oshima）和同事们成功地用大鼠干细胞在体外培育出了功能型毛细胞。

能够再生内耳毛细胞是听觉神经科学领域未来最重要的目标之一。在美国有60万到80万功能性听障人士，以及600万到800万人患有严重的听力损伤，为他们恢复听力是一个重要的临床目标。尽管人工植入耳蜗是一种达到这个目标的重要且成功的方法，但这800万人中只有25万人适合使用这个技术，更不用说每年的治疗费用高达每只耳朵6万美金。如何能够让由于疾病、创伤、发育问题、长期暴露在噪音下，或者仅仅是"正常"老化缺损等过程中损失的毛细胞重新长出来，这一想法不断吸引着大量听觉神经科学和发展神经科学领域的研究者试图去搞明白，为什么几乎每种其他类型的脊椎动物都能够再生毛细胞，而偏偏是哺乳动物做不到。哺乳动物的内耳和跟我们有亲缘关系的其他脊椎动物的内耳在几亿年前就分化开来，哺乳动物内耳的适应性虽然让我们拥有了更加宽广的听阈，但也伴随着自己的代价。哺乳动物的耳蜗要经历一个比其他脊椎动物复杂得多的形态发育成熟的过程，这使得留给能创造出新的毛细胞，或是让先前已经存在的支持细胞转分化为有功能的毛细胞的这些细胞周期的进入空间更小了。此外，无论毛细胞在哪里死亡，由于创伤或是衰老过程都会造成其基底组织形成伤疤，这个疤痕能阻止内淋巴（内耳中富含钾元素的淋巴液），让它们无法渗透入细胞间隙而在那里去极化并损毁其他细胞。但这个伤疤的形成也断绝了毛细胞经由自然过程而重生的任何可能性。毛细胞的损失还会导致输入到耳蜗螺旋神经节中感觉神经元的信号有所损失，使得这些感觉神经元突触回撤并最终死亡。

不过如果我们能在培养皿中长出具有功能的大鼠毛细胞，这是不是就意味着在几年内我们将可以把毛细胞移植回耳蜗中，从而把衰老和创伤造成的听力损失修复回来呢？好吧，这不太可能。如果比几年再多些时间呢？那就有一点可能了。首先，体外培养基内的毛细胞是取自大鼠的，而大鼠尽管是哺乳动物，但它们的功能和发育路径和人类截然不同。大鼠在几周的时间内就发育成熟了，然后就开始显现出衰老所致的听力损伤，取决于种系的不同，这发生在半年到一年的任意时间内。而对于正常发育的人类，如果其间还躲开了噪声导致的听力损毁，则一般会在40岁左右出现衰老所致的毛细胞损失。这就说明，由于我们无法正常地让它们再生，我们的毛细胞拥有了一种未知的神奇机制，可以让它们保持功能与活力的时间比大鼠的毛细胞至少长40倍之多。

多个研究已经指出，或许就是这种保护机制阻止了我们从一开始去长出新的替换性毛细胞，而这种保护机制还可以轻易地赶走移植的毛细胞。此外，由于耳蜗的精确音调布局的特性，我们不光需要去长出人类毛细胞或兼容人体的毛细胞，我们还必须通过手术把它们极其精准地放置到受损伤的区域。耳蜗是人体内最复杂的神经和感觉结构之一，这种微型手术需要在一只活生生的耳朵上进行，而如此精确的移植手术目前还并未被发明出来。我们需要的是在不伤及耳朵其他部位的前提下试图去修复目标区域，而这样的技术目前也尚未出现。最后，就算我们真的能把毛细胞替换掉，我们接下来还需要把螺旋神经节的连接也换掉——这连接是从毛细胞出发经过内耳到达耳蜗的。尽管有一些动物（比如青蛙）可以在听神经损伤后重新长出适当的连接，但这是另一种哺乳动物不太能做到的事情。

所以，如果我们不太可能去移植真正的毛细胞，那么我们用它们的祖先——干细胞如何？这种想法是利用了干细胞的多能性——换句话说，一个恰当选择的干细胞在合适的生化环境中被移植到受损的区域后，可以分化成需要的组织。研究者已经成功地从成人的前庭组织（内耳中掌管平衡的部分）中分离出了细胞，诱导它们成长、分化成为像是神经元和神经胶质细胞这些内耳中能找到的要素，还显示出了一些毛细胞的蛋白质标记。其他的一些研究则表明，通过提供合适的培养基条件，我们可以获得胚胎干细胞而不是成体干细胞，它可以分化成类似于毛细胞的结构。不过无论是哪种类型的细胞，这些研究的结果对理解自然发育与分化过程的贡献，都要大于其对临床应用的意义。有少数研究曾经试图把干细胞植入到耳蜗组织，但它们都没有什么成功的结果。所以，尽管有的成果让听觉神经科学家惊讶得下巴都掉了下来，让他们在嫉妒中低喃或是为进展而欢跃，但在生物意义上去修复正常听力的能力，绝对只能是未来才出现的事情。

那么，既然我们很可能得再等几十年才能让干细胞移植成为有效的治疗方法，现在还有什么其他可能的方向来实现生物学上的听力修复呢？如果你去阅读某个领域科研论文中的"未来展望"段落，你会找到作者基于当前的研究经常能给出一条未来数年里精确的进展路径。这些论文通常要么是由阅读了大量最新研究来寻找自己未来科研生涯发展方向（同时完成所在实验室发文章指标）的研究生所作，要么就是由在一个领域引领风骚数十年、如今抛出一些有待研究的问题给现在和将来的同行们的学界大牛写成的。无论作者是以上哪种情况，他们都会受一些因素的限制：他们不得不从当前的研究发现中直接立意，还得考虑要符合当前资金支持的参数和范围，并且他们通常还都聚焦在他们自己或者和自己紧密相关的研究小圈子所擅长做的东西上。

我发现，诞生最多关于听觉（或者其他任何事情）的未来研究想法的地方是在非正式的聚会上，通常是在开完一次会议之后，那种由本科生、研究生和博士后非正式组织起来大家一起喝一杯的聚会（只要实验室领导和经费资助方代表不出来扫兴）。上一次我参加这样的听觉盛宴时，在我偷偷从实验室其他成员身边溜走然后喝了好几轮之后，我获得了一些关于之后要做些什么的绝佳建议。其中一个点子是去移植一整个胎儿内耳的原基，也就是那些注定要变成一个完整内耳的全部细胞群。当我们提供了静脉注射培养基时，原基就会以被损坏了的那个为模板，重新长成一个完整的新耳朵。有人指出这其中涉及了伦理和政治问题：不光要获取一整个的人类胚胎，更不用说其中还有未分化的干细胞，这些都是问题。而另外一种回应则是不去移植人类的听觉原基，而是用来自其他生物的原基——比如青蛙的。这里的主张是，所谓的"异种移植"实验——将器官从另一种生物那里移植过来——已经持续了超过一个世纪，从20世纪初将山羊的睾丸移植到人类男性的阴囊中来治疗性冷淡，一直到如今已被大家广泛接受的用猪的心脏瓣膜移植来替换人类受损的瓣膜。这种手术几乎无疑会被人类寄主的免疫系统强烈排斥，但它依然不失为人类创新思维的优秀案例。

另外一个建议是用暂时性植入微型注射器来引入启动子，使那些被识别为是正常耳蜗结构发育基础的基因得以重新激活，还可以注射细胞死亡的启动子。通过将这两种功能不同的启动子谨慎地分别运用起来，理论上我们就可以培育出一个新的耳蜗，并同步地让旧的那一个慢慢被吸收掉。这种方法的问题在于，尽管有许多基因都已经被识别出来是可以帮助构造出身体发育的结构轴心，以及确定身体各个部位从中正常生长出来的方式，但如果要真正让它们被可控地触发来长出一个功能正常的身体部分，我们还有很长的路要走。我在这方面曾做过的贡献是去考察了一些寿命长到不正常的哺乳动物，比如蝙蝠和裸鼹鼠（它们二者的寿命都是 3 到 5 倍于现有新陈代谢模型计算出的理论值），并看看它们是否有任何保护机制来让它们的听力保持得更久。

蝙蝠尤其是一个有趣的模型，原因在于：首先，它们与我们人类的关联比大鼠要紧密得多；并且，它们是绝对依赖听觉来生存的。如果有一只蝙蝠无法听见，那么它即使没有因为误撞到树上而死，也会因为无法获得食物而饿死。此外，蝙蝠的听力基本都在高频段（据我们目前所知）。如果能够了解它们是如何在 35 年的生命中一直保持着 20 千赫的听力，那么我们至少能获得一些有关耳蜗保护方面的启发。尽管以上这些想法在未来的几年内都不太可能变为成功的科学故事而被写出来，但正是这类点子的存在给了新一代听觉神经科学家们灵感，而且这种启发往往能延续到他们从同行聚会的醉酒中清醒过来。

不过当时有一位神经工程学的研究生，他坚定地认为生物学实验总是需要花上比技术实验更长的时间以臻于完美。他认为，与其去试图改进3亿年来哺乳动物的进化，我们更应该关注耳朵的科技附件。诚然，做技术研发实验与做生物实验相比确实有很大的优势，至少在你把电子设备弄坏了之后不需要去给它止血。

在过去的十年中，在生物微缩电子产品领域的科技应用有了令人震惊的进步，经常让五年前处在前沿的人们好奇到底发生了什么。举个例子，在我博士毕业后不久，我受邀去参加一个美国国防部高级研究计划局（DARPA）的会议，主题是声学的微传感器。在其背后的推动想法是应用到战场情报方面，去识别出一个区域中的物体，仅仅基于它们的声音和振动，并将信息上传到一台远端服务器上。提案计划的这个系统将使用半独立声学模组，它们的体积足够小，可以从低空飞行的飞机上一次抛下数百个，并在落地之后形成一个网络来报告声学事件。这些模组的声学基础是新研发的诺尔斯超小型麦克风，它的边长只有几毫米，可以采集范围广泛的声音。研究动物听觉的生物声学家们也被邀请参会了，因为所有动物——包括我们人类在内——都具有优异的识别声音和定位声源的能力。基于这个投射网络的参数，远程的聆听者通过频率分析和振幅分析将可以识别出声音的类型，并且基于不同麦克风之间的振幅差异和相位差异来获知一个声音的位置。

当时希望的是，只要你在某个区域内散布了足够多的这种麦克风，你就可以辨认出独立事件，像是正在接近的士兵的低频脚步声。这想法很动人，但它也面临着不少问题。比如在1998年，那时候还没有适当规格的驱动电池或是低能耗的小型可联网的广播设备，但是这些"仅仅是技术问题"——正如科学家们在自己无法解决问题时喜欢说的那样。另一个更大的问题在于要选择邀请谁来开会。与会的生物声学家们都是动物听觉科学前沿的顶尖科学家，但他们大部分研究的都是哺乳动物。换句话说，他们研究的动物都是以听高频声音为主的。大鼠、绒鼠、蝙蝠和猫，这些与会科学家们研究的重点物种，虽然都擅长探测和定位以空气为介质传播的声音，但是对地面传播的振动却不那么在行。所以真正需要的是研究青蛙、蝎子、裸鼹鼠的专家，这些动物对基于地面的低频声音敏感得多。

这个项目和众多 DARPA 的项目一样，最终也没有对手上的问题拿出一个可行的解决方案。不过它却让许多参与其中的实验室有机会接触到神奇的微型麦克风技术。这个项目的直接和间接衍生品最终催生了像微型麦克风阵列这样的东西，它可以在很远的距离外对声音进行定位，精度在 1 米以内（这在当时是闻所未闻的）；还有数不胜数的声音自动分类算法，以及最近研发出的仿生耳蜗芯片，可以用和哺乳动物耳朵类似的方式去采集无线电频率。麦克风的小型化一直在继续，1998 年做到 2 毫米大小，如今已经可以做到 0.7 毫米，几乎很难用肉眼看见，而它的能耗也一样降低了。同样地，诸如超声声呐发射和探测器以及水下麦克风等特殊的声音传感器，它们的体积、价格也下降了，可用性则大大提高。

那么，有了这些微小的声音设备，我们能做些什么呢？单是面向个人电子用途的微型麦克风市场已经相当令人震惊了。在 2010 年卖出了大约 7 亿个微型麦克风，涵盖了从手机到个人电脑、从军事通信设备到工业机器人等各种产品。并且，随着这些产品可靠性的提升以及价格的下降，它们也被应用在越来越多的地方。其中一个概念性的应用在 2002 年面世，那就是可植入的手机。其想法是用一个微型电池驱动一小块射频芯片，再在牙齿、骨头等处植入超小型麦克风和扬声器，这样就可以既向内耳传递信号，同时还经由下颌的骨传导通路来采集说话的语音。当这种植入型手机可以在市面上买到时，虽然你可能不会愿意让家里十几岁的孩子弄一台来（他要是煲电话粥超过限定时间的话，你能做什么呢，把他的下颌骨拿走吗），但是把这样一个设备做到一个可移除的齿冠或齿桥之中将会对警察和军队在搜索和救援中的协调与通信极有帮助（更不用说，另一方面还不会丢失或遭遇抗议者）。从某种程度上来说，这种植入型手机是随身听出现后这几十年来对消费级电子产品进行微型化的集大成者。

另外一件得益于微型化的声学科技产品是超声换能器，也就是声呐的基础。就在十年以前，绝大多数能够发射和接收超过 20 千赫信号的超声换能器，要么是非常简单的单频率设备（比如宝丽来 2.5 厘米大小的对焦单元），要么就是非常昂贵且脆弱的科研级别设备，应用于水下声呐。而在过去的五年中，比这些科研级设备性能更强且体积更小的产品在几乎任何电子产品商店或者机器人商店里都变得更容易找到了。它们多数都连接在平价的放大器和探测电路上，这让一个自制的机器人玩具能够绕开远在三米之外仅只有几厘米大小的物体。我们开始在汽车上也看到小型声呐设备，它们通过"声呐卷尺测量"[①] 来保护你倒车时不会撞到车库后墙。甚至还出现了可穿戴的微型声呐平台，可以嵌入衣服或帽子来帮助视觉有障碍的人。超声换能器的小型化也让它们被更好地用在非侵入式的医学成像中来对更小的结构进行成像；甚至还被应用在工程中来检测流过细小管道中的液体是否有泄漏发生。不难想象，也许在几十年甚至更短的时间里，可穿戴式高清晰度声呐单元将可以嵌入到头带中，让人们可以在黑暗中执行搜救；或者外科医生可以将超小型声呐单元戴在指尖或是安到手术刀的顶端，这样就能对手术

---

① 在 iPhone 的 App Store 上面有类似可下载的"声呐卷尺"（sonar ruler），是用低频的声音来进行测量，分辨率也就几厘米，而且还得是在它好使的时候。

区域生成三维图像并投映到上方的显示屏上，让手术过程更加安全。并且随着神经假体的进步，在不太久远的将来我们可以把声呐数据转化成人类视觉皮层能够理解的信号，赋予我们一种像蝙蝠和海豚一样可以在黑暗中"看见"周围环境、看透彼此身体的能力。

不过我们如果对声音在高端科技领域的应用过于重视，往往就会忽视其在数十亿人群中的日常角色，毕竟大家几乎每天都会用到智能手机和互联网。在"请听"项目的一次讨论中，我和布拉德·莱尔谈到声音不能仅仅在教学和媒体中得到运用，它还可以成为让人们更多参与到声波世界中的一种交互式工具。其中一个最让我们振奋的项目叫作"世界之耳"（World Ear）。世界之耳是一个公民科学计划项目提案，通过使用简单的录音设备绘制出声学环境图谱，这将成为所有人都参与的全球生物声学数据的公开资料。该项目的运作方式将和其他的一些基于互联网的公民科学实验的方式类似，例如，NASA 的"银河动物园项目"（Galaxy Zoo）允许用户来识别哈勃望远镜所摄图片中的银河表型，而"雪推"项目（Snowtweets）则让用户把他们所在地区雪的厚度发到推特上，然后基于收集到的数据，大家就可以用一个叫作"雪鸟"（Snowbird）的手机 App 来观测全球积雪厚度。任何一个有手机或是录音设备并且能上网的人，都可以参与到"世界之耳"项目中，一开始需要录入的是你的录音设备的名称、型号以及它们所处的位置。然后一个用户每天将去这个特定地点两到三次，把他们的设备以相同的方式摆放并配置好，然后录制至少 5 分钟的声音。这段录音随即会被上传到一台中央服务器中，它会在那里被转制成统一的格式（比如 MP3 之类）并被链接到一个地理信息数据库项目中发布——这个地理信息数据库中还有其他的用户可上传内容，比如像是"谷歌地球"（Google Earth）和NASA的"世界之风"（World Wind）。

这样做究竟为什么会有用处呢？人们为什么要不嫌麻烦地去参与这样一个项目？因为，通过让有足够多的人参与进来，我们就能创造出一个可以用来评估全球声音生态的、出色的环境工具。声音生态学研究的是人类或自然活动所导致的环境改造引起了什么样的声音上的变化。声音既能是环境因素的量度：比如一个经历了大规模开发的地区中特定鸟叫声的消失，也可以是造成环境变化的始作俑者：比如在市中心区域的过量噪音水平与居民糟糕的心血管健康状况显示出了相关性。由于我们所能感觉到的变化中最普遍且最无处不在的就是声音的变化，"世界之耳"项目将让我们用相对简单的仪器就能检测出一个区域的生态"健康度"，其时间跨度可以从几小时到几年之久。

如果"世界之耳"项目上马，它将不仅给我们一个听见这个世界的窗口，让我们成为其中的声音旅行者，还可以成为极其强大的科研、政策以及教育的工具。这样一个可以免费访问的声学数据库能为立法者和声学科学家们提供都市生物声学（也就是城市声波环境）的信息。它能让人们比较罗马和威尼斯这两个城市每天不同时间下的低频噪声频带，因为罗马是一个有大量汽车交通的人口密集的城市，而威尼斯则几乎没有什么道路交通，但其步行交通量与罗马相近。基于特定频带的声音水平可以建立出都市和乡村特定区域的声音地图（类似于用气象学的等压线画出天气图来），这个数据将对获知人们健康和流行病现状有很重要的作用，让我们可以从中寻找与人类健康问题或认知问题相关联的声音因素。比如说，是不是更安静的区域里心脏病的患病风险会更低？如果学生的学校在机场旁边，他们的学业表现是否会更差？

这些数据还能对理解经济学问题有所帮助。比如说，使用了"鸟炮"的农业社区是会因为吓走了鸟而获得更好的收成，还是会因为鸟类太少、害虫活动增加而使得收成更低呢？一个地区的声音状况与该地区的社会经济水平是否有关联？是更加安静的区域房价更高，还是在实体工业区那种可能很嘈杂的地方财富价值更高？还有，对一个区域进行生态健康的监测又会怎么样呢？在每天的不同时间、从不同的地点录制的声音，可以结合动物叫声自动识别软件来使用，以此来鉴别鸟类、青蛙、昆虫以及其他发声活跃型动物的种类，绘制出它们在一年之中的种群活动变化地图，甚至通过对单个物种在多个年份中或者多个地点下的声音进行比较，来绘制其种群密度的变化地图。尽管这是个在不久的将来就能实行的应用，它采集到的数据却可以在未来的几十年中不断帮助我们计划并维系地球的生态健康和人类的健康，而这些仅仅依靠人们用手头已有的设备来录下他们所在地方的声音即可。

况且，还有什么能超越用我们的耳朵来丈量整个地球的呢？听觉是我们所具备的一种探索性很强的感觉，它在我们的四面八方延展开来，无论是在黑暗还是光明之中。因此，如果它的作用无法体现在人类有史以来最伟大的探险——探索太空上面，那就有点讽刺了。

在2009年10月9日早上6:30这个平凡时刻，我和夫人前往位于布朗大学的NASA行星数据中心去观看月球陨坑观测与遥感卫星（LCROSS）撞击月球表面，其目的是帮助NASA在月球上寻找水。在之前一个小时里我原本还有些担心没有人前来观看。但我很高兴地发现自己多虑了——两间屋子坐满了学生和老师，他们都目不转睛地盯着实时直播的屏幕，那里播放着NASA电视台从LCROSS飞船传回的实时连线画面。当LCROSS的"半人马座"

助推火箭启动了撞击的最后倒计时，整个房间变得鸦雀无声。而在屏幕上那片可能数十亿年都未被阳光触碰过的黑暗区域的中央，则出现了一些小小的光点。光点如此之小，让我甚至都怀疑这是否仅仅是信号干扰。然后房间里到处都是窃窃私语，大部分是刚才错过了那些光点的人们在好奇是不是哪里出问题了。

我意识到，让我们大家瞎猜的其中一个原因是，这样巨大的冲击只对我们的感官（任何一种感官）造成了最小的感觉输入。尽管理智告诉在座的所有人，即使他们站在月球上去直接亲眼看到这场撞击，那里也不会有任何声音（除了一些通过太空靴传导上来的震动），但奇怪的寂静还是让我们从这个撞击事件中出戏了。

当一些宏大的事件发生时，我们总是期待有声音。而如果那里实在没有声音，我们则会为之提供掌声和欢呼（或者尖叫）。每当飞船要在地外星球降落之时，来自降落任务计划者们的欢呼往往预示着降落的成功——即使着陆地点是在离地球百万千米之外、没有任何声音或者图像，且通常是由一个数据位的翻转作为信号标记的（或者，如果那个信号没有来，寂静会变得越来越沉重，比如"火星极地着陆者号"就是一个活生生的例子）。对于任何一个年龄足够大，观看（或是被允许可以熬夜）过当年人类首次登月的人来说，那次登月都是一个至关重要的事件。在那短短的一段时间里，没有人再去关心越南战争、学生游行和种族问题。所有人都在观看一个人踏入了另外一个世界。不过对我而言印象最深、至今仍烙印在我记忆中的，不是那模糊的视频信号，而是那个噪声很大、满是静电干扰且被高度压缩过的嗓音，来自尼尔·阿姆斯特朗（Neil Armstrong）："这是我（一）个人的一小步，却是人类的一大步。"（是的，他确实说的是"一个人"，几年后对当时古老的无线电信号进行的后续分析显示，当时确实有"一"，但是在数据压缩

第十章 声音的未来　　239

中丢失了。）

不过这些都是人类发出的声音。地球之外的整个声音舞台还并未得到我们过多的细致关注，这很可能是由于我们都认为太空是寂静的。声音需要媒介来传播，而人耳则主要是对经空气传播的声音敏感。尽管行星际空间和星系际空间的真空度都非常夸张——我们就算用昂贵的测试舱也无法模拟出那里的情况——但那里并不是真正的空无一物。那里有一些粒子，每立方米的空间里会有几个氢原子——相比之下，地球上海平面附近每立方米中大约有 10^{25} 个粒子——不过只要有一个功率足够大的声源，产生出一个声波振荡依旧还是有可能的。问题就在于声波在太空中需要在如此稀薄的介质中传播特别长的时间和特别远的距离，如果你要听见一个黑洞那降 B 音高（B^b）的低吟（比中央 C 低 57 个八度，假设它已经振荡了 1000 万年），你要么需要有一对超级大的耳朵以及充分的耐心，要么就像这个低吟的发现者曾经做过的那样，去结识 NASA 钱德拉 X 射线天文台的安德鲁·费边。

大多数情况下，当你听到"来自太空的声音"时，你实际上听到的是电磁波现象的转制——或者叫"可听化"处理之后的声音，就像无线电波被转制成声音信号一样。需要进行这种转制的原因有很多。首先，我们没有能够拾取电磁辐射的感受器[①]；其次，尽管电磁波的信息像声音一样，有频率、周期和振幅，其损失的因素也和声音相同，会反射、折射，也会随着传播而减弱，但电磁波无线电信号传播的速度和频率却要比地球上的声音快上百万倍。

在过去的一个多世纪中，我们一直在地球上试着把电磁波信号

---

① 从生物角度来说这也不是不可能的：电鱼就可以通过皮肤中的电磁感受器用电场互相交流。

转化成声音。40年前,卡尔·詹斯基(Karl Jansky)在自家后院打造出第一台可操作的射电望远镜,让他能够听见银河的射电辐射。从那时开始,将电磁信号和在外太空传播的声学事件所进行的可听化转制让我们听到了太阳和其他恒星表面热对流的响声,听见了太阳风的带电粒子在太阳系中扩散出去长达几十年的呼啸声。而地面系统和卫星系统则让我们听见这个太阳风作用在地球高层大气的效应,它产生出的恐怖高频声音从极光处向外辐射出数千米范围。此外还有被称作"地球合唱"的声音,那是自由电子盘旋通过范艾伦辐射带时产生的声音。大型射电望远镜和轨道探测器都已经在木星和土星周围探察到了类似的现象。这不仅带给了我们关于这些星球电磁环境结构的洞见,还展现出位于内太阳系和外太阳系的行星与太阳风相互作用关系的普遍性。而当我们把太空探索的范围不断向更远的地方推进时,华盛顿大学的约翰·克莱姆(John Cramer)对宇宙大爆炸残余微波能量的可听化工作,让我们听到了来自宇宙产生之初的140亿年前的古老回音。它是一个缓慢变化的哀伤的声音,就好像宇宙后悔了一样。

不过尽管行星际空间和恒星际空间的能量有着无尽的魅力,我们依然是行星上的居民。即使是我也必须要承认,相比于太阳的日冕物质抛射,我对于在火星地表之下或是泰坦(土卫六)的乙烷湖中所发生的事情更感兴趣——虽然日冕的物质抛射会弄坏我的GPS导航,可能对我的影响更直接一些。我们对行星的声音经验极为有限。尽管我们已经在太阳系中的其他星体上完成了18次成功的着陆,但其中仅有三个探测器载有精密的麦克风。在1981年,苏联发射了金星13号和14号行星际探测器,对金星大气进行了测量,并在金星表面做了实验。

此前的探测任务都曾成功着陆并在金星地表最长待过2小时

之久,但是它们都遇到了各种各样的问题,从相机镜头盖打不开到压强密封设备故障所导致的土壤分析实验失败等。然而金星13号非比寻常,它不光在金星大气层那碾压一切的高温高压下生存了下来,还发回了金星表面的高分辨率图像、发回了从金星古老的玄武岩地面钻取出的土壤样本的分析数据,还历史上第一次带回了来自地球之外的另一个世界的声音。金星13号和14号探测器有一个仪器叫作"格罗扎2号"(Groza-2),是研究员克桑福马利提(L. V. Ksanformaliti)设计的。它由多个可以检测地表振动的地震检波器和可以采集空气传播声音的小麦克风组成。这些麦克风都做了严密的防护因而相对不太敏感,其设计更多是为了让它们能在高压锅一般的大气压下工作,而不是录下高保真效果的录音。它在降落过程中的几个小时里一直在工作,还在金星表面含有硫的酸性云中又工作了几小时。麦克风在探测器正在降落时检测到了雷声,以及金星表面缓慢、厚重的风那低沉的杂音。

有好些年我都一直在尝试弄到当年录音的拷贝,然而原始录音带和它的备份似乎都没有被转制成现在常用的格式。我离原始录音最近的一次是听到一个低采样率的波形,展示着金星13号上的"格罗扎2号"是如何采集到镜头盖打开以及撞击地表的声音的,后面接着是一次土壤取样实验的钻孔声,以及样本被放置到实验舱的声音。在你对这样有限的声音数据翻白眼之前,可要记得,这些录音是在金星表面455摄氏度的高温和89倍标准地球大气压的压力下获得的,而且使用的还是30年前的技术。就算是放到现在,仅仅是下个雨都能让我很难采集到像样的录音。

唯一的另外一个我们还采到过声音的太阳系天体甚至连行星都不是。它是泰坦,土星最大的卫星。泰坦是一个奇特的卫星。它比我们地球的卫星(月球)大50%,几乎和行星的尺寸是一个级别的。它与它的母星土星之间是潮汐锁定*的，这让它的一天是地球时间的 15 天 22 小时。它距离太阳有 15 亿千米，这使它成为又一个寒冷的冰冻体或岩石体星球。然而有一点例外的是，它所具有的大气与地球的大气成分非常相似，主要成分是氮气，还有少数诸如乙烷和甲烷等有机物形成的云朵。泰坦虽然是个比较小的星体，你可能会预测包裹着它的大气会非常稀薄，但事实是它的大气比地球上的大气厚了大约 50%。在来自太阳的能量和来自土星的潮汐能的双重影响下，泰坦是一个极速变化着的星球，它的上面布满了流淌着乙烷和丙烷的河流和湖泊、甲烷的雪、碳氢化合物凝结成的沙子所形成的巨大沙丘，以及那缓慢移动着却极其强大的天气。

在 2004 年 12 月 25 日，一个小型圆柱体飞船从美国的"卡西尼号"核动力土星探测器上分离，开始了它奔赴泰坦的旅程。这个以 17 世纪荷兰天文学家克里斯蒂安·惠更斯（Christiaan Huygens）命名的"惠更斯号"探测器，于 2005 年 1 月 14 日在泰坦表面靠近"上都"（Xanadu）地区的一个"泥泞的"区域着陆。因为探测器是用电池驱动的，所以大家对它的最高期望只是它能在穿越厚厚大气层降落的 2.5 小时内传回一些不错的数据，也许还能有些在地面操作的几分钟时间里的数据。探测器上有一个当时最新颖的设备，就是惠更斯大气结构工具（HASI），它包含数个加速计以及一个小型麦克风，用于捕捉降落期间作用在飞行器上的力学数据以及泰坦之风的真实声音。通过和多普勒风实验中的数据——使用射电望远镜来计算探测器降落时随降落伞摇动的位置变化结合在一起，研究者就能够重建出泰坦表面的风的声音，让我们可以管中窥豹式地首

---

* 指卫星绕母星公转的周期与卫星自转的周期相同的现象，在这种情况下卫星总以相同的一面朝向母星，比如月球和地球就是潮汐锁定的。——译者注

第十章　声音的未来　　243

次"听见"这个遥远的世界。当我在欧洲太空总署网站上听到这些声音时,我有一种非常奇怪的感觉——即使是在十亿千米之外的地方,有些东西的声音听上去依然可以像在家里一样。

除了金星13号、14号以及"惠更斯号"之外,只有"火星极地着陆者号"配备了声音录制设备——一个叫作火星麦克风的仪器。它是一个51克重的数字采样设备,旨在用来在这个红色星球的表面录下较短的声音样本。虽然它的板载内存仅有512 KB,只能存储总共10秒的声音片段,不过在1998年这可是一个微型音频设备中的杰作了,更不用说它还能防辐射。在火星上录音比在地球、金星甚至泰坦上录音更具有挑战性,这些星球上都有可观的大气层。而火星的环境其实和地球非常相近,相比于金星上那碾压般的大气压和熔化一切的温度,或是泰坦上过于寒冷的零下180摄氏度的气温以及溶解能力超强的泥泞,火星的挑战在于其大气太稀薄,只有地球大气浓度的1%,因此上面要安静得多。火星麦克风有内置的放大器,可以把信号增强到可以听见的水平,不过遗憾的是,"火星极地着陆者号"的飞船由于程序错误而撞毁在火星表面,探测器的这个麦克风也随之湮灭。它的接替者理应跟随法国火星登陆器一起发射上去,然而这个项目在2004年被取消,所以现在依然是闲置状态。由于大部分研究者给予听到太阳系其他星体上声音的优先级非常低,不仅是因为设备和发射的开销巨大,还因为获取实时声音信息需要相对较高的带宽,所以,第一个真正听见火星上声音的人估计会是首个登陆火星的人。不过说实话,这是一个短视的观点。因为人类太空探索者是从地球这里的声音环境中演化而来的,当他们身处一个外星环境时,声音可能就不再是一个可以提醒危险和获取信息的感官,反而或许是一个令人陷入混乱的来源了。

相对而言,人类探索太空中的心理声学问题很少受到研究者们的注意，这其实挺奇怪的，因为太空探索在声学意义上可以让人非常有压力。即使是人类首次太空航行中的宇航员尤里·加加林（Yuri Gagarin），也把宇航发射的声音描述成"不断增长的喧嚣……它并不会比你在喷气式飞机听到的噪音大，但它充满了丰富的音乐音调和音色，没有任何一个作曲家能谱写得出来"。美国和苏联在早期的太空飞行研究中确实花费了大量时间和资源来考察模拟的发射压力中振动和作用力对身体会产生怎样的影响，其中出现了一批关于次声对人体效应的最出色工作。基于地面上的数据，NASA（大概还有苏联）进行了大量分析工作，为建立"密闭空间中回声效应的可接受噪声水平"确定了工程学规程，并搞清了为避免关键的口头指令或警报被飞船船舱的噪声掩蔽，需要用哪种带宽的交流设备。然而最近在美国几乎没有关于太空飞船中噪声和声音水平的研究工作发表。由于国际空间站（ISS）最终建成并且有满载的工作人员在永久站点工作，我们可以看看其对听觉和认知效果是否有长期的影响，这会是非常有帮助的工作。国际空间站与以往任何一架太空飞船或是任何人类栖息地都有显著的不同。它有837立方米的内部空间，是目前所建最大的太空结构，并且已经连续服役超过11年了。

尽管国际空间站因花费超支以及在科研方面未被充分利用而遭受批评——大部分是由于研究未能按期完成而不断饱受诟病，它还是为我们提供了一个不可思议的实验室来研究长时间的太空生存对人类所产生的效应。而其中一个在任何环境下都最容易被忽略的压力源就是长期暴露于噪声之下。国际空间站和其他宇宙飞船一样都遭遇了相同问题的困扰：它本质上是一个充满空气的坚固容器，配备着持续不断时快时慢的风扇。这就创造出一个持续共振环境，且只能通过隔音来部分地稍微减弱。伯格图瓦（Bogotova）和同事们在2009年发表了一篇论文，报告了一个对飞船声学调查的研究，结果显示噪音水平在船舱的任何一个区域——无论是工作台还是睡觉区——都是超过安全标准的。考虑到你在地铁隧道中都需要忍受100分贝的噪音，或是孩子们玩音乐那震耳欲聋的声音，飞船上的这些噪声看似也没什么值得担心的。但是你要记得，空间站是宇航员们唯一能去的地方，所以噪音在他们的生活中一刻不停。在空间站上，你不能直接打开门就往外跑（除非你做了一大堆充分的准备），你也不能一直戴着降噪耳塞。然而声学带来的紧张压力是可以对人们的任务表现、情绪状态、注意以及问题解决能力有严重的长期影响的，无论你在地球还是空间轨道上都是这样。这在未来尤其是一个重要的考量因素，因为载人宇宙飞船有一天将会去往火星甚至更远的地方，它们将会沿袭国际空间站的标准来建造，而不是像"联盟号"和"阿波罗号"系列飞船那样紧凑的胶囊状空间。在航天员们开始超越地球轨道进行探索时，我们不得不考虑到声学紧张压力在他们日常生活以及各项能力中扮演的角色。

那么当他们到达了那里时，他们会听见什么呢？当人类第一次能盘旋于木星云层或者跋涉穿越泰坦上的冻土时，估计我已经不在了，但是我还是希望在我有生之年能看到人类在火星上留下脚印。直到今天，所有航天任务中在航天器外面进行的活动都发生在地球或月球轨道上，或是在月球表面，其环境中都没有任何东西能承载并传播可达人类正常感知敏感度水平的声音，除非是宇航员用自己的头盔往什么东西上撞去。高度隔绝的宇航靴也防止了把任何地面撞击和震动传给宇航员，除非是那种最强烈的。但火星将会有所不同。尽管火星在地质上（我们假设生物方面也是）远不如地球活泼，但它是一个具有鲜明天气的星球，有一个活跃的化学环境。尽管人类已经花了50年去尝试解开它的奥秘，但大部分依然是未被探索的。在火星上可以看到峡谷的边缘有沟壑，这是咸水可能流过的证据；还能看到二氧化碳冻成的冰盖随着季节变化而扩展与后退，留下了奇怪的地貌。在火星温度更高的区域，巨大的沙丘每天都在变化，在环形山和峡谷之间游走，而火星地下的洞群则通向一些可能有着更丰富大气和更多水的地区。所以火星并不是一个死寂之地，它只是非常不同，因此，估计上面的声音也与地球不同。

  火星上的大气浓度只有地球大气的 1%，且主要成分是二氧化碳。在一般人类头部所处的高度上，其气温范围在 1 摄氏度到零下 107 摄氏度之间变化。这些因素揭示出了火星上的声音与地球上有三种基本差异：其一，火星上的音速只有 244 米/秒，是地球海平面上声音速度的 71%；其二，火星上的大气会把 500—1500 赫兹范围内的声音削弱，而这恰好在人类最敏感的听觉频段的正中央；最后，火星大气的低密度会导致其上任何地方声音的相对音量都被削减 50—70 分贝。我们可以认为，未来为火星宇航员打造的太空服将会有内置麦克风来监测外部的声音。而我们的火星探险者，带着他们进化出的地球人类的耳朵，将不得不在其探索的新环境中学会对声学差异进行弥补。

  即使假设这些麦克风被连接到放大器上，并被恰当校准以防止屏蔽掉与飞船或其他探索者之间的话语交流，他们还需要应对一个事实，就是他们身边所有的东西听上去都不一样了。想象一下他们正站在靠近一面环形山壁的位置，此时一辆火星车震动引发了一次岩石滑坡。但是火星车在哪里？岩石又在哪里？他们将无法确定声音是在多远的地方，更别说去确定声音来源的精确位置了。我们的听觉定位能力是基于声音到达双耳的时间差异和相对强度差异进化而来的，而这又依赖于声音在地球空气中移动的传播性质。就算在我们的老家地球上，到了水下我们也一样不能对声音进行定位。在火星上音速的降低和在我们最佳听力范围的频率削弱，都会让我们遇到问题。即使是对声音来源的物体进行识别都会困难得多，不仅因为这里是一个充满奇怪声源的全新环境，也因为声音的频谱信息损失掉了。

所幸的是，这不会影响到我们用话语进行交流——因为如果有人蠢到把头盔摘下来在火星上喊话的话，与自己的嗓音听起来滑稽相比，他更需要担心的可能是一堆其他问题——只不过环境的声音将会很不容易让人弄明白。试想，当他们正在搭建检测设备的时候，一个低沉的呜咽声从外面传入他们的头盔听筒里。仅仅几秒钟后，他们感到头盔上袭来了一阵沙雨。甚至是通常为白噪声的风声，由于火星上在500—1500赫兹频段范围的削弱，这风声听起来也有所不同了，音调更低、更自然了。几乎不可能有宇航员会去假设那是某个饥饿的外星人的声音，但它仍会让人失去定向的能力。人类的太空探险者将带着我们百万年来进化出的听觉和几十万年来的人类心理物理特性一起，像他们的祖先迁徙到任何新环境时一样，要去学着听到代表着危险的声音，以及代表着资源的声音。无论我们去到哪里，无论那是在多远的将来，我们最古老、最保守与最万有的一个感官系统将不仅要去适应，还要推动着人类心智朝着应对未来场景的方向不断进化。

第十一章
所听即我

我花费了过去生命中三十年的时间在听东西上面。事实上，更确切地说我已经用耳朵听了快半个世纪了，只是我"花费注意"去认真听的时间是过去三十年左右而已。而在过去的18年里，我把大量的精力花在了大脑、这些大脑试图去获取的声音，以及它们发出的声音上面，这些大脑有人类的还有其他一些生物的。

我足够幸运，在正确的时间上，在音乐和科学方面都受到了训练。尽管我小时候学过几年钢琴课，但我真正严肃地对待音乐还是在二十出头的时候，不仅由于当时个人电脑变得平价且强大，还因为随着乐器数字接口（MIDI）的出现，把电脑连到乐器上的想法变得实际可行了。我进入听觉科学领域是在20世纪90年代，这让我不仅学习了传统的心理物理学和解剖学的技术，还让我赶上了脑电图从大型笨拙长得像蒸汽朋克般继电器驱动的塔状物转变为时髦小型独立单元的时代，那也是早期脑成像技术——如PET和MRI扫描——刚刚开始成为趁手工具的时期，且当时电生理学从模拟示波器时代进入了独立数字格式时代。这些使我得以在声学科技的十字路口，从制造声音到探索它们如何影响大脑而尽情发挥。我至今仍然记得当我第一次成功进行了大脑记录时内心的想法：

大脑在唱歌呢。

在电生理实验中，最先抓住我注意的就是声音。一段白噪音是否意味着电极还没有进入？而假如这声音恰好随着一个听觉刺激出现，是否意味着我找到了对听觉有响应的脑区？有没有那种像小军鼓的独奏一般巨大的敲鼓声是独立于任何播放给它的声音而存在的，暗示着我触及了某个有着自己重要节奏的区域，而这里对外面的声音不太敏感？会不会有那种像沙滩上的海浪声一样温和的唰唰声，暗示着我把电极插得太深入一个脑室里了，而让我间接地听到了脑脊液中血管的节奏呢？

在超过一个多世纪的时间里，通过外科开颅手术的方式把一个导电的电极放进大脑是唯一可以收集神经元实时离子过程相关信息的途径。而这些神经元要花上好几天时间不断传出信号，并且接收被传入的信息。大部分时候，采集到的数据通常发表成图表形式，比如电压幅度随时间的变化曲线、表明神经元对不同频率声音敏感性的听力图、不同通道的单个电极贴片电导率的变化图，或是基于放在不同位置的两个电极之间响应时间的差异，来图示不同声音响应脑区之间的连接性。但是更常见的情况是，我们的第一手数据都是声波信号，因为在实验期间，神经元的电位变化会被传入一个小的立体声放大器，然后再输出到一个正常的普通扬声器中。

但是这种数据几乎不会被发表——和多数的声音一样，这理应是我们对正在发生事情的第一感觉，然而令人伤心的是我们还没有哪种研究期刊足够接纳多媒体，把录音也重现到论文里。不得不承认这是个过于挑剔的抱怨，但我一直认为这是出版界的遗憾。我通

250　　　　　　　　　　　　万有感官：听觉塑造心智

常都能靠大脑是如何唱歌的来判断我正记录到的是哪个脑区。依赖于你所使用的电极类型，你能在某一时刻听到上百万个神经元，也能听到单个离子通道的嘀嗒声。你甚至能够通过不同神经元对同一个刺激产生的不同的反应声音来识别出神经元的类型。如果你在记录时用的是高阻抗①电极来采集单个神经元的反应，当你对受试者播放一个简短的"咔啦"声之后，即使那是个麻醉中的被试，你会发现大脑还是有反应的，并且也发出"咔啦"一声来标志大脑自己对这个声音的电化学响应。有些神经元只会在声音开始的时候"咔啦"回应，而有些则只在声音结束时。有些神经元会制造出一串有规律的"咔啦"声，有些则什么也不做。有时你听到的不仅仅是一个响应，而是高度可辨识的、听上去就像一段悲伤号哭般的"神经元死亡之歌"（虽然它实际上只是被错放的电极记录到了离子通道放电时通过细胞膜上不恰当的孔释放出钾离子的声音）。

每个神经元都有一个特有的声音，这取决于它自身的状态和输入/输出情况。"神经元理论"已逐渐过时了，这种理论认为，只要我们能观察到大脑的最小独立单元的活动，我们最终就能知道整个大脑是如何运作的。然而与之相反，就算我们花了很多时间去记录单个神经元的活动，我们也会意识到，一个一个地观察神经元对我们理解一整个生命体的作用并不大。在我们的记录区域之外还有整个大脑那几十亿、几百亿的神经元在发放，而每一个神经元都有着自己的电活动模式，这基于它和它紧邻的神经元以及所有其他看似与这个刺激无关的神经元正在做的事情。每天我们都有上千的神经元死去，而几乎没有被替换上去的，但是我们认知或功能上的衰

---

① 阻抗是对一个随时间变化电流的抵抗，所以它和电阻很类似。电极的阻抗越高，你能够录到的量就越小，因此你能记录到信号的神经元就越少。

退都需要好几十年才会出现,甚至对人群中某些幸运儿来说,他们直到总开关被拉了闸(死亡),其认知功能都没有任何的变化。

　　复杂的运算会出现在任何一个大脑里,只要这个脑比漂浮在一只培养皿里的几个神经元更复杂就行。而这样的复杂运算则需要神经元全体或群体编码、成百上千甚至上百万的神经元协作,把模糊的输入分解成独立的特征,这样好搞清楚哪些碎片信息是一起来的,并把过程中的复杂知觉放到一起变成更有趣的东西——比如意识。为了对充满噪声的现实进行编码(和解码),需要一个能够通过神经滤波器和神经放大器把噪音转换成有用信号的系统,其中的模块在运行一些小程序时,收集这些噪音并且在输入循环中对其进行相互作用,将随机的噪音转变为具体的知觉:这个音调、那些气味、那个颜色。

　　人们在思考滤波器的时候通常会犯一个错误,就是沦为以下这种想法的受害者:既然滤波器会移除一些信息,那么滤波后的输出必然没有原来的复杂,而且比原始输入更有局限性。这也是许多哲学式声明背后的基础,比如宣称,人类体验只是现实的一个子集,从物理世界到感觉再到知觉的路是越走越窄的。然而我们的知觉滤波器并不是孤立工作的,就像我们的神经元一样。由于各种各样的神经元群体进行了多重的整合,来自两个(生物学上更有可能是两千个)滤波器的输出结果能够并且一定会产生交互。被过滤后的输出之间可能是并行的,这种情况下它们会相加并强化特定的输入;或者它们也可能完全相斥,产生神经元层面和知觉层面上的相互抵消,不过通常它们都会共振而且相互打架,然后基于大脑更进一步过滤后的输入来创造出新的反应模式。这些神经滤波器并非眼罩或是遮挡帘,正是它们让我们可以在接收到噪音后以生物学速度对其进行处理,不必过于担心那些振动的原子产生的飞秒级热能变化,而只要关注琴弦美妙的和声就好了。

依据大脑状态的不同（清醒、沉睡、唤起、思考、读这本书、挠痒痒），特定的神经活动会被放大，而其他的则会被削弱。然而，只要生物体是活着的，有些趋势会在所有情况下都存在。这些差异是基于大脑的个体差异，与不同声学系统中的滤波器和放大器有所不同是类似的。你的日常习惯会被你的大脑编码为默认设置：因为你会自然地去注意某些输入而忽略其他的。这些默认设置很灵活，让你可以去欣赏你最喜欢的那些歌，也能让你听到一首喜欢的新歌而心情愉悦，或是让你关掉那首让你头疼的歌曲。

大脑的个体差异源自个体的发育、环境、健康，还有文化，几乎所有那些能在活着的有机体上留下痕迹的因素。经由一百到一千亿个神经元的工作以及数万亿突触的参与，并以生物学的相关速率来强化、削弱、打击与循环，这些输出创造了一枚个性化的"神经签名"，类似于一种神经"音色"，每个人都各不相同，就像是一件有上百年历史的乐器有着自己独特的声音一样。如果你敢把大脑想成一个整体，它由数千亿的神经元构成，每个都有其自己的动态声音并随着自己的功能不断变化，那么大脑作为一个整体的功能就能被一个"元声音"反映出来——那是一场神经元的交响。

回想一下我们讲过的心理声学知识以及讲音乐的那一章。一首歌曲是一个副现象，它是一个大于部分之和的整体，由乐器的物理声学、表演空间的建筑声学特质、录音设备、演奏家的技术水平，还有表演那天早饭他吃了些什么等方面构成。同样的道理，所有那些神经元的独立发放、组织液的流动和传送、发生在大脑正常功能中的基因激活与关闭，形成了一个远远不只是一堆可被听见的神经响应的集合那么简单的东西——我们的心智。

没有一个人、一个实验室或者一个领域能单独弄明白大脑和心智。而每年都有三万名神经科学家参加神经科学学会的年会，这能让你感受到我们在内心深处是多么急切地渴望了解大脑。到那些尚未被发表的前沿工作的会议海报之间逛逛，听着关于某个预料之外突破所带来的新方向的讲座，认识到整个研究生涯可以只关注在理解单个微米级分子通道是如何影响到一个可能拥有数万亿类似分子的结构上面，这些会让你开始明白，我们到底有多少要学的东西，以及真正能把一切都弄明白还需要多么长的时间。人类大脑和其中所涌现的心智的工作机制就像星系间的空间一样，大部分都是还未曾被人探索过的疆域。

对于很多神经科学家来说，使用"心智"（mind）这个词其实是非常不容易的。尽管它经常到处被提及——通常是在认知或心理学论文中草率被提及，你一般不会听到一个神经科学家谈论心智，除非他或她已经拿到了诺贝尔奖，说什么都是安全的了。虽然我没有拿到诺贝尔奖，我还是倾向于去关注大脑的功能，主要因为它是心智的家园。但是大脑并不是心智，就好比葵花籽不是向日葵一样。大脑是心智成长、发展、出现、起作用并最终消散的地方。我的大多数同事（包括我）都在数据中找寻心智：大量的电生理追踪结果、神经响应的图表、华丽的刺激—反应示意图等。那些倾向于在分子方面研究的人则在即使是最微小的细胞行为变化中找寻着生化行为的内部机制。而做脑成像的研究者则通过观察一个鲜活而清醒且正在运作着的大脑，希望一窥其中微妙的副现象的涌现。

但是我们所有的研究往往都是存在问题的。心智不可能在时程缓慢的 fMRI 扫描或是纷繁复杂的遗传学操作中被发现。这些手段从时间尺度来看与我们心智运作所处的时间尺度大相径庭。而在脑电图这样记录速度很快但空间分辨率粗糙的数据中，或是在单细胞记录的受限脉冲中，也不可能找到心智的踪影。在过去的五十多年里，我们已经看到过工作状态下的人类大脑内部以及与我们亲缘较近生物的大脑内部，我们见到过对细微的感觉和认知输入做出反应而产生的复杂新陈代谢变化和电活动的变化，并探索过思维、想象和语言的生物化学基础，当发现有一个基因看似为人类所特有时我们欢呼，而随后当在其他上百种有着微妙差别的生物及其大脑中也发现了这个基因时，我们默默抱怨。但是，我们依旧在不停地标识出小碎片。我们正在把心智的基础结构拆分成越来越小的要素，就像早期的粒子物理学家们使用越来越大的对撞机来寻找组成物质的越来越小的粒子一样，然而与此同时，一个大一统的万有理论依然离我们很远。而随着我们对它投入了如此大量的技术、时间和思考，我们仍旧需要将事情简化，以此试图弄明白如何将所有这些各不相同的小碎片拼到一起。

  对于这些杂乱无章的小碎片我们能做的事情就是建立模型。模型是对我们认为或许正在发生的事情的更小尺度上的表征，不仅基于过往的研究，还基于我们对手中数据的发展方向的预测。然而我们预测未来的能力是时好时坏的，而模型本身也是很脆弱的东西。突破性的发现可以完全瓦解掉多年来早已深入人心、甚至成为教条的科学理论，因此，即使是最天才的头脑所想出的大胆模型也得面对持续不断地修正与再评估。这就是光明正大的科学所立足的基石。现在已经有很多模型被提出来描述心智是如何工作的，或者它到底是什么，又或者它像是什么，而每一个模型都来源于对当时最前沿科学研究的公众解读。

  在电话通信很发达的时代，心智被描述成一台电话总机，就像一个老式的电话网络一样将大脑的不同模块之间进行双向连接。在20世纪50年代激光技术和全息成像刚刚兴起之时，心智的稳定性以及它甚至在外伤性脑损伤之后依旧能够保有记忆的能力，使得有些人将心智描述为一台全息成像设备，认为大脑的每个小地方都包含着整个心智的一份全息式记忆。到了 70 年代，当电脑开始在实验室中越来越常见时，心智则被描述成了一台电脑，并且在随后不久，电脑就被试图用来对心智是如何工作的进行建模，由此踏出了发展人工智能（AI）的第一步。到 90 年代后期，随着聚合酶链式反应（PCR）和基因测序设备的出现，我们在基因层面上进行工作变得越来越容易，心智也开始被看作在遗传倾向与环境条件相融合之中所涌现出来的东西，类似于一个神经遗传实体。当进入 21 世纪，而我们的电脑、电话，甚至我们的书籍都开始合并成为一个信息的互联之网时，人们开始提议，智能与心智将从互联网基层的海量数据处理以及纯粹的复杂性之中涌现。而到今天，当我们进入了 21 世纪的第二个十年，我们所持有的大量信息财富还并未给我们带来一个真实有用的心智模型。有些人甚至认为，目前大家对 fMRI 和其他脑成像技术的关注其实是在开倒车，让我们把对大脑实际在做些什么的深入理解都替换成了一些工作中的大脑的好看图像而已。

　　我已经思考这个问题好多年了，也和许多人讨论过这个事（而且有几次观点不合差点打起来）。我确信如果我们真的想从根源上搞明白心智是什么，我们应该从数据挖掘中脱离出来，真正去深思一下我们已经掌握的知识，最好是以新的角度来思考。尝试去写一本涵盖了像声音和心智这么庞大主题的书，其优点之一就是你不得不从一般的日常视角中跨出来，试着去弄清楚真实世界里而不是实验室里的事物是怎么运转的。有时候我会花一整天思考而并不动笔，其中一天，我想起来一场曾经在我的世界中爆发的小战争：有人跟我说蝙蝠或许能够对时间差仅有纳秒级别的声音有所响应（这个时间数量级甚至快于它们神经系统所能应付的时间）。这本来应该是那种仅仅存在于神经科学家之间的一个不会超出学术范畴的争执。但是，这个问题实在困扰着我：蝙蝠怎么能对差异在几百纳秒级的信号变化做出反应呢，它们的神经发放速度都比这要缓慢上千倍，而且目前关于大脑功能的经典模型甚至都无法探测到比这缓慢上百倍的差异，蝙蝠究竟是如何做到的呢？

当我开始在更大的规格上思考这个问题时，我意识到大脑是有一些共性的。如果我们想要追寻心智，那我们以前都是在错误的时间去错误的地方寻找。我们倾向于把对大脑如何运作的思考尺度建立在我们所认为的它的基本单元——它的神经，以及处于次要地位的、与其关联的支持组织——像是神经胶质细胞或是血管之上。但是每个神经，根据其所处大脑位置会有上千或者上百万个前导神经，所有都并不只是对神经冲动的发放给出"是或否"的信息，而是对神经发放或不发放的倾向做出一些微小的调整。我们当前这些"近视的"技术所能探测到的只是通过一个极小的时间窗对一部出奇复杂的神经化学交响乐的管窥之见。这部神经化学交响乐不光有随着让神经元发放或不发放的命令而变化的带电离子流，还创造出一系列潜在变化的状态。对这个海马体细胞的 300 个兴奋性输入会被 40 个抑制性输入所掩盖吗？固有的间隙连接是否为改变启动响应的电流提供了足够支持，以使其对一系列掩蔽了后续输入的周期性脉冲做出反应？以及，所有这些真的会将我刚刚听到的声音存入记忆，还是说仅仅只是把它暂存一下、好与先后发生的事情做个比较？在大脑皮层的任何一个指定区域，100 亿的神经元或许在此前就已经激活了，或许正是在所有的加总输入已经到达，与选择一个输出——去歌唱、去说句话、去微笑、去感到顿悟的神经化学热流涌过——之间的那个瞬间和那种神经张力之中，隐藏着我们的心智，它就像某种心理的量子泡沫一般，任何将来能够发生的可能性状态在此坍缩。

我们的心智由我们的过往经验所构建起来，这些经验要么是生物化学的，要么是外部环境的。我们在成长发育过程中的经历让我们将某些或美好或创伤的经验放大，过滤出不同于过去、被认为没用或者没兴趣事物的东西，这些往往受个人选择或是境遇而调控。简言之，我们的心智是在输入和输出之间一个又一个瞬间的张力里面搭建起来的，由我们的生命经历塑造，就像来自一个萨克斯演奏者的呼吸改变了他们乐器腔体中的能量，再加入金属和空间的回响，以及来自演奏者在手部运动引导下的肺部、嘴唇、脸部还有乐器的放大与滤波一样——但由其所产生的并非仅仅是被调节过的空气振动，而是音乐。

发现新事物的最佳方式之一就是从一个新的角度去看待它们。

那么，心智本身会不会是一种音乐呢？

音乐心智的想法由来已久。你可以在超过 50 本书籍或期刊文章的标题中找到这个字眼，其中包括像《科学》这样的高端专业期刊。不过它通常被用在叙述听到音乐元素时行为或神经功能如何变化，或者受过音乐训练相较于未曾接受过音乐训练的状态有何不同上面。在这里我想说的是，我们可以用琢磨音乐的方式来琢磨心智，我们应该将其作为一个过程来探索，而不是把它作为一个东西去了解。目前为止，科学在定义音乐上的失败，来源于它对音乐的基础细节的过分关注，和对音乐过程和乐流的忽视。一段旋律或一首歌曲不仅仅是一堆已知时长和响度的音符简单连接的产物，也不仅仅是激活了左侧杏仁核却没有激活右侧杏仁核的东西。它并不让你变得更聪明或者更笨。它只是离散事件之间的张力以及后续的流动。这可能描述的也是我们的心智：大脑驱动着大量神经活动的回路，其中每个都贡献了一点点滤波、一点点放大、一点点速度的改变来标示出值得注意的信号，或是当事情变得混乱时标示出噪声的增加。也许，正是在神经的激活与抑制活动的紧张和松弛之间，才是意识涌现的大门。心智，就像音乐一样，对我而言更多的是关于一种信息流而非信息本身，它在所有从量子式到谈话式的输入都已到达之后跳进了意识之中，此时所有的输入都流经了产生心智所需的那些参数，并被进行了加工、过滤，以及放大；那是无言的思维间隙的时刻，也是标志着心智那本质张力的辞藻。是的，就像在音乐中一样。

假如我们能够录制任何一个大脑中所有神经元的所有声音，那么每个大脑都能唱出一首由事件引发的声音与认知导致的声音所共同谱就的歌曲。和聆听者的个性化大脑滤波器相比，你想想，还有比大脑之歌更高度个性化且不断变化的波形吗？这将会是一个不可思议的技术挑战。你不可能真的拿一千亿个生理电极插进某人的大脑里，还能确保不把它从地球上最复杂的信息系统变成一个可导电的大型针插。不过，鉴于如今生物医学上记录与成像技术的发展速度，以及科学家和工程师们玩转现有技术的能力越来越强并造出了更强大的玩具，也许这个梦想也并不太遥远。概念上呢？或许这并非是解决心智之惑的**那个**答案，但可能也算是一种有用的方法，可以让我们以新的思维方式思考大脑功能和心智。

如果我们能够把大脑之歌转制成我们能真实听到的东西，那我们是否就能对一个人的心智中什么起作用或是什么不起作用获得一种直观的感受呢？我们对此已经在外太空先做过一个简单版本的实验了，我们捕捉到木星上质子风暴的磁场中微小的变化并将它用声音表现了出来，这样，木星上高能的质子风暴听起来就像一艘环绕木星的孤单飞船那般发出了凄厉的呼号。那么，由大脑中风所导致的脑局部损伤是否听起来会像交响乐团中缺失了一个部门时演奏出的乐曲呢？我们能否在阿尔茨海默病早期缓慢发展的时候，听到它的声音像交响乐团的弦乐部分有一种缓慢的失谐呢？某些心理疾病是否听上去会像谐波失真呢？顿悟那一瞬间的声音是否会像贝多芬的《英雄》交响曲中渐强的合唱，或是像叫嚷着"我找到了！"的嗓音组成的韵律曲呢？

我真希望我知道这一切的答案。我期待随着我继续研究声音，有一天我会真的了解所有答案。

不过这些也算是留给你们的思考题，尤其是在等待着你的播放列表中下一首歌出现的时候，想一想吧。

新知文库

01 《证据：历史上最具争议的法医学案例》[美]科林·埃文斯 著　毕小青 译
02 《香料传奇：一部由诱惑衍生的历史》[澳]杰克·特纳 著　周子平 译
03 《查理曼大帝的桌布：一部开胃的宴会史》[英]尼科拉·弗莱彻 著　李响 译
04 《改变西方世界的 26 个字母》[英]约翰·曼 著　江正文 译
05 《破解古埃及：一场激烈的智力竞争》[英]莱斯利·罗伊·亚京斯 著　黄中宪 译
06 《狗智慧：它们在想什么》[加]斯坦利·科伦　江天帆、马云霏 译
07 《狗故事：人类历史上狗的爪印》[加]斯坦利·科伦 著　江天帆 译
08 《血液的故事》[美]比尔·海斯 著　郎可华 译　张铁梅 校
09 《君主制的历史》[美]布伦达·拉尔夫·刘易斯 著　荣予、方力维 译
10 《人类基因的历史地图》[美]史蒂夫·奥尔森 著　霍达文 译
11 《隐疾：名人与人格障碍》[德]博尔温·班德洛 著　麦湛雄 译
12 《逼近的瘟疫》[美]劳里·加勒特 著　杨岐鸣、杨宁 译
13 《颜色的故事》[英]维多利亚·芬利 著　姚芸竹 译
14 《我不是杀人犯》[法]弗雷德里克·肖索依 著　孟晖 译
15 《说谎：揭穿商业、政治与婚姻中的骗局》[美]保罗·埃克曼 著　邓伯宸 译　徐国强 校
16 《蛛丝马迹：犯罪现场专家讲述的故事》[美]康妮·弗莱彻 著　毕小青 译
17 《战争的果实：军事冲突如何加速科技创新》[美]迈克尔·怀特 著　卢欣渝 译
18 《最早发现北美洲的中国移民》[加]保罗·夏亚松 著　暴永宁 译
19 《私密的神话：梦之解析》[英]安东尼·史蒂文斯 著　薛绚 译
20 《生物武器：从国家赞助的研制计划到当代生物恐怖活动》[美]珍妮·吉耶曼 著　周子平 译
21 《疯狂实验史》[瑞士]雷托·U.施奈德 著　许阳 译
22 《智商测试：一段闪光的历史，一个失色的点子》[美]斯蒂芬·默多克 著　卢欣渝 译
23 《第三帝国的艺术博物馆：希特勒与"林茨特别任务"》[德]哈恩斯-克里斯蒂安·罗尔 著　孙书柱、刘英兰 译
24 《茶：嗜好、开拓与帝国》[英]罗伊·莫克塞姆 著　毕小青 译
25 《路西法效应：好人是如何变成恶魔的》[美]菲利普·津巴多 著　孙佩妏、陈雅馨 译
26 《阿司匹林传奇》[英]迪尔米德·杰弗里斯 著　暴永宁、王惠 译

27	《美味欺诈:食品造假与打假的历史》[英]比·威尔逊 著	周继岚 译
28	《英国人的言行潜规则》[英]凯特·福克斯 著	姚芸竹 译
29	《战争的文化》[以]马丁·范克勒韦尔德 著	李阳 译
30	《大背叛:科学中的欺诈》[美]霍勒斯·弗里兰·贾德森 著	张铁梅、徐国强 译
31	《多重宇宙:一个世界太少了?》[德]托比阿斯·胡阿特、马克斯·劳讷 著	车云 译
32	《现代医学的偶然发现》[美]默顿·迈耶斯 著	周子平 译
33	《咖啡机中的间谍:个人隐私的终结》[英]吉隆·奥哈拉、奈杰尔·沙德博尔特 著 毕小青 译	
34	《洞穴奇案》[美]彼得·萨伯 著	陈福勇、张世泰 译
35	《权力的餐桌:从古希腊宴会到爱丽舍宫》[法]让–马克·阿尔贝 著	刘可有、刘惠杰 译
36	《致命元素:毒药的历史》[英]约翰·埃姆斯利 著	毕小青 译
37	《神祇、陵墓与学者:考古学传奇》[德]C.W.策拉姆 著	张芸、孟薇 译
38	《谋杀手段:用刑侦科学破解致命罪案》[德]马克·贝内克 著	李响 译
39	《为什么不杀光?种族大屠杀的反思》[美]丹尼尔·希罗、克拉克·麦考利 著	薛绚 译
40	《伊索尔德的魔汤:春药的文化史》[德]克劳迪娅·米勒–埃贝林、克里斯蒂安·拉奇 著 王泰智、沈惠珠 译	
41	《错引耶稣:〈圣经〉传抄、更改的内幕》[美]巴特·埃尔曼 著	黄恩邻 译
42	《百变小红帽:一则童话中的性、道德及演变》[美]凯瑟琳·奥兰丝汀 著	杨淑智 译
43	《穆斯林发现欧洲:天下大国的视野转换》[英]伯纳德·刘易斯 著	李中文 译
44	《烟火撩人:香烟的历史》[法]迪迪埃·努里松 著	陈睿、李欣 译
45	《菜单中的秘密:爱丽舍宫的飨宴》[日]西川惠 著	尤可欣 译
46	《气候创造历史》[瑞士]许靖华 著	甘锡安 译
47	《特权:哈佛与统治阶层的教育》[美]罗斯·格雷戈里·多塞特 著	珍栎 译
48	《死亡晚餐派对:真实医学探案故事集》[美]乔纳森·埃德罗 著	江孟蓉 译
49	《重返人类演化现场》[美]奇普·沃尔特 著	蔡承志 译
50	《破窗效应:失序世界的关键影响力》[美]乔治·凯林、凯瑟琳·科尔斯 著	陈智文 译
51	《违童之愿:冷战时期美国儿童医学实验秘史》[美]艾伦·M.霍恩布鲁姆、朱迪斯·L.纽曼、格雷戈里·J.多贝尔 著 丁立松 译	
52	《活着有多久:关于死亡的科学和哲学》[加]理查德·贝利沃、丹尼斯·金格拉斯 著 白紫阳 译	
53	《疯狂实验史Ⅱ》[瑞士]雷托·U.施奈德 著	郭鑫、姚敏多 译

54	《猿形毕露：从猩猩看人类的权力、暴力、爱与性》[美] 弗朗斯·德瓦尔 著　陈信宏 译
55	《正常的另一面：美貌、信任与养育的生物学》[美] 乔丹·斯莫勒 著　郑嬿 译
56	《奇妙的尘埃》[美] 汉娜·霍姆斯 著　陈芝仪 译
57	《卡路里与束身衣：跨越两千年的节食史》[英] 路易丝·福克斯克罗夫特 著　王以勤 译
58	《哈希的故事：世界上最具暴利的毒品业内幕》[英] 温斯利·克拉克森 著　珍栎 译
59	《黑色盛宴：嗜血动物的奇异生活》[美] 比尔·舒特 著　帕特里曼·J. 温 绘图　赵越 译
60	《城市的故事》[美] 约翰·里德 著　郝笑丛 译
61	《树荫的温柔：亘古人类激情之源》[法] 阿兰·科尔班 著　苜蓿 译
62	《水果猎人：关于自然、冒险、商业与痴迷的故事》[加] 亚当·李斯·格尔纳 著　于是 译
63	《囚徒、情人与间谍：古今隐形墨水的故事》[美] 克里斯蒂·马克拉奇斯 著　张哲、师小涵 译
64	《欧洲王室另类史》[美] 迈克尔·法夸尔 著　康怡 译
65	《致命药瘾：让人沉迷的食品和药物》[美] 辛西娅·库恩等 著　林慧珍、关莹 译
66	《拉丁文帝国》[法] 弗朗索瓦·瓦克 著　陈绮文 译
67	《欲望之石：权力、谎言与爱情交织的钻石梦》[美] 汤姆·佐尔纳 著　麦慧芬 译
68	《女人的起源》[英] 伊莲·摩根 著　刘筠 译
69	《蒙娜丽莎传奇：新发现破解终极谜团》[美] 让－皮埃尔·伊斯鲍茨、克里斯托弗·希斯·布朗 著　陈薇薇 译
70	《无人读过的书：哥白尼〈天体运行论〉追寻记》[美] 欧文·金格里奇 著　王今、徐国强 译
71	《人类时代：被我们改变的世界》[美] 黛安娜·阿克曼 著　伍秋玉、澄影、王丹 译
72	《大气：万物的起源》[英] 加布里埃尔·沃克 著　蔡承志 译
73	《碳时代：文明与毁灭》[美] 埃里克·罗斯顿 著　吴妍仪 译
74	《一念之差：关于风险的故事与数字》[英] 迈克尔·布拉斯兰德、戴维·施皮格哈尔特 著　威治 译
75	《脂肪：文化与物质性》[美] 克里斯托弗·E. 福思、艾莉森·利奇 编著　李黎、丁立松 译
76	《笑的科学：解开笑与幽默感背后的大脑谜团》[美] 斯科特·威姆斯 著　刘书维 译
77	《黑丝路：从里海到伦敦的石油溯源之旅》[英] 詹姆斯·马里奥特、米卡·米尼奥－帕卢埃洛 著　黄煜文 译
78	《通向世界尽头：跨西伯利亚大铁路的故事》[英] 克里斯蒂安·沃尔玛 著　李阳 译
79	《生命的关键决定：从医生做主到患者赋权》[美] 彼得·于贝尔 著　张琼懿 译
80	《艺术侦探：找寻失踪艺术瑰宝的故事》[英] 菲利普·莫尔德 著　李欣 译

81	《共病时代：动物疾病与人类健康的惊人联系》[美]芭芭拉·纳特森-霍洛威茨、凯瑟琳·鲍尔斯 著　陈筱婉 译
82	《巴黎浪漫吗?——关于法国人的传闻与真相》[英]皮乌·玛丽·伊特韦尔 著　李阳 译
83	《时尚与恋物主义：紧身褡、束腰术及其他体形塑造法》[美]戴维·孔兹 著　珍栎 译
84	《上穷碧落：热气球的故事》[英]理查德·霍姆斯 著　暴永宁 译
85	《贵族：历史与传承》[法]埃里克·芒雄-里高 著　彭禄娴 译
86	《纸影寻踪：旷世发明的传奇之旅》[英]亚历山大·门罗 著　史先涛 译
87	《吃的大冒险：烹饪猎人笔记》[美]罗布·沃尔什 著　薛绚 译
88	《南极洲：一片神秘的大陆》[英]加布里埃尔·沃克 著　蒋功艳、岳玉庆 译
89	《民间传说与日本人的心灵》[日]河合隼雄 著　范作申 译
90	《象牙维京人：刘易斯棋中的北欧历史与神话》[美]南希·玛丽·布朗 著　赵越 译
91	《食物的心机：过敏的历史》[英]马修·史密斯 著　伊玉岩 译
92	《当世界又老又穷：全球老龄化大冲击》[美]泰德·菲什曼 著　黄煜文 译
93	《神话与日本人的心灵》[日]河合隼雄 著　王华 译
94	《度量世界：探索绝对度量衡体系的历史》[美]罗伯特·P.克里斯 著　卢欣渝 译
95	《绿色宝藏：英国皇家植物园史话》[英]凯茜·威利斯、卡罗琳·弗里 著　珍栎 译
96	《牛顿与伪币制造者：科学巨匠鲜为人知的侦探生涯》[美]托马斯·利文森 著　周子平 译
97	《音乐如何可能?》[法]弗朗西斯·沃尔夫 著　白紫阳 译
98	《改变世界的七种花》[英]詹妮弗·波特 著　赵丽洁、刘佳 译
99	《伦敦的崛起：五个人重塑一座城》[英]利奥·霍利斯 著　宋美莹 译
100	《来自中国的礼物：大熊猫与人类相遇的一百年》[英]亨利·尼科尔斯 著　黄建强 译
101	《筷子：饮食与文化》[美]王晴佳 著　汪精玲 译
102	《天生恶魔?：纽伦堡审判与罗夏墨迹测验》[美]乔尔·迪姆斯代尔 著　史先涛 译
103	《告别伊甸园：多偶制怎样改变了我们的生活》[美]戴维·巴拉什 著　吴宝沛 译
104	《第一口：饮食习惯的真相》[英]比·威尔逊 著　唐海娇 译
105	《蜂房：蜜蜂与人类的故事》[英]比·威尔逊 著　暴永宁 译
106	《过敏大流行：微生物的消失与免疫系统的永恒之战》[美]莫伊塞斯·贝拉斯克斯-曼诺夫 著　李黎、丁立松 译
107	《饭局的起源：我们为什么喜欢分享食物》[英]马丁·琼斯 著　陈雪香 译　方辉 审校
108	《金钱的智慧》[法]帕斯卡尔·布吕克内 著　张叶　陈雪乔 译　张新木 校
109	《杀人执照：情报机构的暗杀行动》[德]埃格蒙特·科赫 著　张芸、孔令逊 译

110 《圣安布罗焦的修女们：一个真实的故事》［德］胡贝特·沃尔夫 著　徐逸群 译

111 《细菌》［德］汉诺·夏里修斯 里夏德·弗里贝 著　许嫚红 译

112 《千丝万缕：头发的隐秘生活》［英］爱玛·塔罗 著　郑嬿 译

113 《香水史诗》［法］伊丽莎白·德·费多 著　彭禄娴 译

114 《微生物改变命运：人类超级有机体的健康革命》［美］罗德尼·迪塔特 著　李秦川 译

115 《离开荒野：狗猫牛马的驯养史》［美］加文·艾林格 著　赵越 译

116 《不生不熟：发酵食物的文明史》［法］玛丽－克莱尔·弗雷德里克 著　冷碧莹 译

117 《好奇年代：英国科学浪漫史》［英］理查德·霍姆斯 著　暴永宁 译

118 《极度深寒：地球最冷地域的极限冒险》［英］雷纳夫·法恩斯 著　蒋功艳、岳玉庆 译

119 《时尚的精髓：法国路易十四时代的优雅品位及奢侈生活》［美］琼·德让 著　杨冀 译

120 《地狱与良伴：西班牙内战及其造就的世界》［美］理查德·罗兹 著　李阳 译

121 《骗局：历史上的骗子、赝品和诡计》［美］迈克尔·法夸尔 著　康怡 译

122 《丛林：澳大利亚内陆文明之旅》［澳］唐·沃森 著　李景艳译

123 《书的大历史：六千年的演化与变迁》［英］基思·休斯敦 著　伊玉岩、邵慧敏 译

124 《战疫：传染病能否根除？》［美］南希·丽思·斯特潘 著　郭骏、赵谊 译

125 《伦敦的石头：十二座建筑塑名城》［英］利奥·霍利斯 著　罗隽、何晓昕、鲍捷 译

126 《自愈之路：开创癌症免疫疗法的科学家们》［美］尼尔·卡纳万 著　贾颋 译

127 《智能简史》［韩］李大烈 著　张之昊 译

128 《家的起源：西方居所五百年》［英］朱迪丝·弗兰德斯 著　珍栎 译

129 《深解地球》［英］马丁·拉德威克 著　史先涛 译

130 《丘吉尔的原子弹：一部科学、战争与政治的秘史》［英］格雷厄姆·法米罗 著　刘晓 译

131 《亲历纳粹：见证战争的孩子们》［英］尼古拉斯·斯塔加特 著　卢欣渝 译

132 《尼罗河：穿越埃及古今的旅程》［英］托比·威尔金森 著　罗静 译

133 《大侦探：福尔摩斯的惊人崛起和不朽生命》［美］扎克·邓达斯 著　肖洁茹 译

134 《世界新奇迹：在20座建筑中穿越历史》［德］贝恩德·英玛尔·古特贝勒特 著　孟薇、张芸 译

135 《毛奇家族：一部战争史》［德］奥拉夫·耶森 著　蔡玳燕、孟薇、张芸 译

136 《万有感官：听觉塑造心智》［美］塞思·霍罗威茨 著　蒋雨蒙 译　葛鉴桥 审校